APLICADA OU IMPLICADA
QUAL PSICANÁLISE PARA A CIÊNCIA?

Editora Appris Ltda.
1ª Edição - Copyright© 2024 dos autores
Direitos de Edição Reservados à Editora Appris Ltda.

Nenhuma parte desta obra poderá ser utilizada indevidamente, sem estar de acordo com a Lei nº 9.610/98. Se incorreções forem encontradas, serão de exclusiva responsabilidade de seus organizadores. Foi realizado o Depósito Legal na Fundação Biblioteca Nacional, de acordo com as Leis nos 10.994, de 14/12/2004, e 12.192, de 14/01/2010.

Catalogação na Fonte
Elaborado por: Dayanne Leal Souza
Bibliotecária CRB 9/2162

A642a 2024	Aplicada ou implicada: qual psicanálise para a ciência? / Roberta Ecleide de Oliveira Gomes Kelly e Sílvio Memento Machado (orgs.). – 1. ed. – Curitiba: Appris, 2024.
	236 p. : il. ; 23 cm. (Coleção Saúde Mental).
	Vários autores. Inclui referências. ISBN 978-65-250-6276-1
	1. Psicanálise. 2. Ética. 3. Universidade. I. Kelly, Roberta Ecleide de Oliveira Gomes. II. Machado, Sílvio Memento. III. Título. IV. Série.
	CDD – 150.195

Livro de acordo com a normalização técnica da ABNT

Appris editora

Editora e Livraria Appris Ltda.
Av. Manoel Ribas, 2265 – Mercês
Curitiba/PR – CEP: 80810-002
Tel. (41) 3156 - 4731
www.editoraappris.com.br

Printed in Brazil
Impresso no Brasil

Roberta Ecleide de Oliveira Gomes Kelly
Sílvio Memento Machado
(org.)

APLICADA OU IMPLICADA

QUAL PSICANÁLISE PARA A CIÊNCIA?

Appris
editora

Curitiba, PR
2024

FICHA TÉCNICA

EDITORIAL	Augusto V. de A. Coelho
	Sara C. de Andrade Coelho
COMITÊ EDITORIAL	Marli Caetano
	Andréa Barbosa Gouveia - UFPR
	Edmeire C. Pereira - UFPR
	Iraneide da Silva - UFC
	Jacques de Lima Ferreira - UP
SUPERVISOR DA PRODUÇÃO	Renata Cristina Lopes Miccelli
REVISÃO	Camila Dias Manoel
DIAGRAMAÇÃO	Amélia Lopes
CAPA	Carlos Pereira
REVISÃO DE PROVA	Bruna Santos

COMITÊ CIENTÍFICO DA COLEÇÃO SAÚDE MENTAL

DIREÇÃO CIENTÍFICA Roberta Ecleide Kelly (NEPE)

CONSULTORES Alessandra Moreno Maestrelli (Território Lacaniano Riopretense)

Ana Luiza Gonçalves dos Santos (UNIRIO)

Antônio Cesar Frasseto (UNESP, São José do Rio Preto)

Felipe Lessa (LASAMEC - FSP/USP)

Gustavo Henrique Dionísio (UNESP, Assis - SP)

Heloísa Marcon (APPOA, RS)

Leandro de Lajonquière (USP, SP/ Université Paris Ouest, FR)

Marcelo Amorim Checchia (IIEPAE)

Maria Luiza Andreozzi (PUC-SP)

Michele Kamers (Hospital Santa Catarina, Blumenau)

Norida Teotônio de Castro (Unifenas, Minas Gerais)

Márcio Fernandes (Unicentro-PR-Brasil)

Maria Aparecida Baccega (ESPM-SP-Brasil)

Fauston Negreiros (UFPI)

Ao Celso, ainda e sempre presente!

PREFÁCIO

O livro que o leitor tem em mãos convida a Psicanálise a se inscrever em nossa época, nos laços e nos modos de estar na cena do mundo, não recuando diante dos impasses daí decorrentes. Escutar é o desafio da clínica psicanalítica, qualquer que seja o contexto, época ou *setting* em que se exerça. A coletânea de artigos deste livro traz-nos boas questões sobre os desafios do analista diante da aposta na escuta do Inconsciente. Trata-se de uma Psicanálise implicada com a realidade brasileira e que toma claramente partido da diferença. Diferença que já se apresenta de saída, posto ser uma coletânea de trabalhos entrelaçados pelo encontro contingente da universidade. Lugar onde a Psicanálise se sustenta, não sem mal-estar.

Os artigos trazem elaborações de diferentes pontos de percurso em Psicanálise e de singulares modos de colocar a causa a trabalho, construindo um percurso que traz marcas do laço que os une: o trabalho. Trabalho no sentido preciso que lhe dá Freud ao longo de sua obra: trabalho de elaboração.

Freud falou-nos do trabalho psíquico em algumas expressões presentes em sua obra: o trabalho do sonho (1900/1996a), o trabalho de elaboração (1914/1996c) e, também, o trabalho da cultura (1930/1996d). O trabalho do sonho é o alicerce teórico sobre o qual Freud constrói suas elaborações a respeito do funcionamento do Inconsciente. Ele o institui como um trabalho de linguagem que, por meio de condensações e deslocamentos, tece uma narrativa em que um desejo inconsciente se expressa. Assim, um desejo inconsciente é trabalhado na elaboração de um sonho, como Freud deixa claro em uma nota acrescentada em 1925 ao livro sobre *A interpretação dos sonhos*, na qual esclarece que o Inconsciente não é o conteúdo latente, mas o próprio trabalho de elaboração do sonho, a forma pela qual o desejo inconsciente é moldado. Podemos dizer, assim, que o Inconsciente é um trabalho de articulação em torno do problema da satisfação, trabalho diante do qual a Psicanálise não pode recuar.

Desse modo, na apresentação da coletânea, os organizadores, Roberta Ecleide de Oliveira Gomes Kelly e Sílvio Memento Machado, perguntam: "Psicanálise e universidade? Para que e para quem?", ao que podemos propor uma resposta: para aqueles dispostos a trabalhar diante da diferença sem a pretensão da palavra definitiva, e, no entanto, sem recuar diante dos limites da palavra.

É nessa empreitada que Cláudia Márcia Ferreira Geoffroy e Sílvio Memento Machado narram a construção de um espaço de escuta em um hospital por meio da discussão da transferência e das vias de elaboração por ela instaurada num caso bastante singular, pois o estilo escolhido para a redação conta-nos a transferência, que fazem ambos, paciente e analista, com a escuta do Inconsciente e os efeitos que se pode colher do trabalho decorrente dessa aposta. Assim, a analista conclui pelas possibilidades de escuta psicanalítica encontradas e sustentadas no hospital, um giro daquela que se nomeava no início da narrativa de seu texto como psicóloga; giro, também, realizado pelo paciente do caso construído nesse relato, quando este tem um breve encontro com uma analista e pode se posicionar de um modo diferente em relação à sua internação, para além das defesas das demandas excessivas.

O artigo "Psicanálise e transexualidades: sujeitos à sua constituição", de Daniel Luiz da Silva, Roberta Ecleide de Oliveira Gomes Kelly e Celso Fernandes Patelli, discute as sutilezas da posição de sujeito diante das escolhas sexuais, escolhas inconscientes, que dão as diretrizes do desejo, ou seja, a que o sujeito é assujeitado. Convite interessante da Psicanálise: pensar o sujeito como efeito, mas convidá-lo a responder por sua condição de efeito. Talvez possamos, até mesmo, nomear o sujeito como a resposta no campo da sexualidade. Freud (1905/1996b) convida-nos a pensar a sexualidade humana como não determinada biologicamente, embora marcada pela contingência dos corpos, de modo que a constituição psíquica seria um tecido em torno dos pontos impossíveis, que o sexual enuncia. Se a sexualidade presentifica um impossível diante do qual o sujeito deve se posicionar, a escuta analítica deve levar em conta esse impossível, como os autores apontam: uma escuta para além das categorizações, uma vez que parte do impossível delas em dar conta do sexual.

Diante do impossível de uma resposta ao enigma do sexual, o fenômeno do ciúme, tão comum nos relatos clínicos e parte da estruturação psíquica, pode apresentar-se de diferentes maneiras. Assim, o artigo "Ciúmes: definições e articulações psicanalíticas", de autoria de Leonardo Henrique de Oliveira Teixeira e Fernanda Oliveira Queiroz de Paula, discute esse tema tão cotidiano e, ao mesmo tempo, tão pouco explorado na produção psicanalítica contemporânea, levando, até mesmo, a nos perguntarmos o porquê de tal ausência. Seria resistência dos analistas em tratar do tema? Nossos autores não recuam diante dessa questão, buscando em Freud e Lacan os fundamentos que situam as coordenadas do debate. Estando o ciúme na raiz do eu, conforme articula Lacan; ou como ponto de disputa edípica, como coloca Freud; podendo, até mesmo, ser usado no jogo da sedução para fazer laço com o outro, como bem sabe a histérica; qual o limiar entre isso que parece ser constitutivo e a fixação no ciúme como formação de compromisso, isto é, como defesa e via para sustentar a mentira da completude? Os autores brindam-nos com um manejo breve, mas incisivo, dessa problemática.

A clínica, matriz da própria teoria psicanalítica, como nos ensina Freud desde seus primeiros trabalhos, recoloca os conceitos a trabalho em cada aposta na escuta analítica. Dessa maneira, Jaqueline Pala Gatti e Roberta Ecleide de Oliveira Gomes Kelly, no artigo "A perspectiva da Psicanálise em casos de autismo e as possibilidades de intervenção *a tempo*", trabalham com base nas indagações trazidas pela clínica de crianças muito pequenas, clínica na qual a dimensão intersubjetiva do Inconsciente fica evidente ao se fundar na importância do trabalho com os pais. Desse modo, uma clínica do autismo é uma clínica do sujeito. Nas palavras das autoras, "o autismo não é uma deficiência, mas uma particularidade na subjetivação", que uma análise se propõe a escutar e a colocar a trabalho. Importante ressaltarmos, como as autoras destacam, que intervenção *a tempo* não é prevenção, pois é preciso sempre considerar o inédito das respostas do sujeito e, como coletivo, suportar a angústia de não saber tudo sobre a criança, para não determiná-la.

O caráter de formação de compromisso indicado por Freud a respeito do sintoma desde o início de sua obra já nos aponta que o sintoma não apenas é a solução para um conflito do sujeito, fazendo laço entre forças conflitantes, mas também é um modo de fazer laço do sujeito com os objetos e do sujeito com o Outro. Dessa forma, discutir a medicalização da infância em nossa época é discutir o lugar dos pais nessa posição de medicalização, assim como o lugar do social, como trazem Karina Corcetti Valim Silva e Sílvio Memento Machado no artigo "Uma discussão sobre a medicalização da infância na visão da Psicanálise". Esperamos, como apostam os autores em sua conclusão, que a posição da Psicanálise possa ajudar os pais e profissionais que lidam com a criança a deslocarem "do lugar de saber para o lugar de escuta", evitando um saber excessivo, que impossibilite as construções subjetivas singulares.

Outro ponto de desafio da escuta analítica e sustentação do limite do saber é trazido por Lígia Maria Sério Amaral no artigo "Psicanálise e escrita no corpo: Fenômeno Psicossomático (FPS)". Seria a insistência do indecifrável no fenômeno psicossomático uma barreira ao excesso de saber de nossa época, capaz de colocar a trabalho as respostas cristalizadas? A autora trabalha a história do modo pelo qual a dor foi tomada em diferentes épocas e contextos até sua articulação com a dor não localizada na lesão do organismo, colocando questões ao saber médico e, também, ao analítico, e convidando-nos ao trabalho do analista no limite do simbólico. Trabalho impossível, como nos adverte Freud (1937/1996e). Psicanalisar, governar e educar é tarefa impossível, porque envolve prever o efeito de uns sobre os outros, e, quanto mais previsto, menos espaço para que a voz do sujeito possa ser escutada. A recusa a esse saber prévio é a direção de escuta, que Freud nos lega ao inventar a Psicanálise.

Escutar o sujeito do Inconsciente implica apostar no dizer para além do dito, mesmo diante do silêncio das significações, mesmo diante dos dispositivos sociais de silenciamento do sujeito. No artigo "Na parceria entre a pedagogia e a ciência, onde está o sujeito?", Lívia Bastos Rocha Dias e Maria de Fátima M. C. Chaves trazem a perspectiva de controle dos corpos inerente à educação e como os castigos corporais passam a ser substituídos pelas disciplinas ou "ciências" de nossa época, como a Psicologia. A Psicanálise, por sua vez, colocar-se-ia como crítica dessa prática de docilização dos corpos, propondo-se a escutar o mal-estar, modo como o sujeito aparece quando é violentamente silenciado.

É como crítica da violência instituída que o artigo de Maria Caroline Cardoso Gomes e Magali Milene Silva, "Violência e necropolítica: o que pode a Psicanálise pelo laço social", situa a Psicanálise. Partindo da análise feita por Foucault da noção de biopoder como criação de dispositivos disciplinares para controle dos corpos e da atualização dessa proposta para pensar os excessos da lógica neoliberal contemporânea realizada por Mbembe com a noção de necropolítica, as autoras trazem a teorização lacaniana dos discursos como laços sociais e o convite da Psicanálise em escutar o mal-estar e tomá-lo a trabalho, provocando o giro discursivo. Ou seja, haveria algo do discurso do analista em cada giro discursivo, em cada aposta de escuta das questões colocadas pela insistência do mal-estar, que um laço social violento, sob a égide do capitalismo, propõe silenciar. Assim, o discurso do analista, por sua própria constituição, por se voltar àquilo que os discursos rechaçam, tem a crítica como modo de operação.

O artigo de Paula Cristina Reis Silva e Thiago Bellato de Paiva, "O pai caprichoso de Schreber e sua consequente psicose", traz a escuta psicanalítica de um texto, "Memória de um doente dos nervos", e o trabalho frutífero desenvolvido por Freud e Lacan com base neste relato, apontando como algo se transmite entre as gerações marcando a constituição do sujeito. Os autores indicam, ainda, quanto aquilo que podemos tomar como uma lei implacável, que se veicula como total, pode ser avassalador para o sujeito, levando-nos a pensar os efeitos daquilo diante do que não se colocam questões, não apenas para um sujeito, mas para o laço social.

O autor Rafael Pereira Gomes, ao se perguntar "Qual o lugar do psicanalista no sistema prisional", convida-nos a refletir sobre a importância da intervenção do analista também junto à instituição na qual realiza seu trabalho, intervindo para que o sujeito possa ter um espaço de emergência para além das amarras sintomáticas da instituição. Posição delicada, mas necessária, especialmente numa instituição total como a prisão. Escutar e convidar a trabalho, não apenas aqueles que a instituição destina ao analista, mas a própria instituição.

Escutar é uma posição árdua, uma vez que requer a suspensão de um saber prévio. A associação livre, única regra do tratamento analítico enunciada por Freud, implica como contrapartida a atenção flutuante por parte do analista. Recusa da sugestão, da imposição do Bem, do exercício de poder do analista sobre o paciente. Recusa da resposta definitiva e do silenciamento das questões, sustentando o movimento vivo do desejo, pelo qual a formação do analista, também, deveria se orientar. O artigo "A formação do psicanalista: atualizações sobre a análise leiga", de Sidney Kelly Santos e Wericson Miguel Martins, discute o incômodo social causado pela singularidade da proposta psicanalítica e os impasses causados entre os próprios analistas ao tentarem gerir sua prática com organizações institucionais, que respeitem a ética da Psicanálise. Os autores nos conduzem da questão atual da regulamentação da profissão de psicanalista no Brasil para a posição freudiana sobre a formação do analista, passando pela história da Psicanálise brasileira e nos convidando a sustentar a questão da formação do analista como sendo permanentemente recolocada e trabalhada.

O artigo "O engodo da demanda transferencial em um caso de neurose obsessiva: percalços técnicos ou a retificação analítica como via de escuta?", de Tatiane Regina de Assis Sousa, traz as construções de uma análise na direção do tratamento, na travessia de uma analista em constante formação, fornecendo outras nuances das questões inerentes à formação de um analista, a serem apenas provisória e hipoteticamente respondidas, sob risco de silenciamento do sujeito. Assim, em uma questão sustentada como tal durante o trabalho de escuta, a analista pôde construir uma via ao colocar a própria análise como possível de ser questionada, preterida, furada. Operação possível a partir da sustentação de um furo. Não seria essa uma outra maneira de enunciar o que é uma análise?

Parece que é o que nos propõe o artigo de Thiago Bellato de Paiva, "Por um elogio ao dejeto: a Psicanálise implicada ao SUAS", em que discute os desafios de sustentar numa instituição o furo capaz de garantir um espaço para emergência do sujeito para além do sofrimento repetitivo do sintoma não só para cada um, mas no laço social. Nessa lógica, o convite do autor é, ao invés de negar o dejeto, escutá-lo e trabalhar com e a partir do que ele nos causa. Estabelecendo "coordenadas simbólicas para que enfim, esta multiplicidade de formas de gozar que habita nosso solo [brasileiro], eu falo de índios, pretos, sertanejos, mamelucos, cafuzos, ioiôs, iaiás, mucamas, loucos, deficientes, mulheres, gays, trans, idosos e estrangeiros, sulque em nossa terra a letra singular de seus costumes e culturas". O múltiplo não como dejeto do ideal totalizador do universal, mas como verdade constitutiva a ser escutada.

Chegando ao fim da coletânea, quando os organizadores do livro, Roberta Ecleide de Oliveira Gomes Kelly e Sílvio Memento Machado, se perguntam: "O que se faz, ao fim", talvez, possamos responder com uma paráfrase da proposta freudiana para o final da análise: inventamos, ultrapassamos as formações defensivas e ousamos construir diante das contingências. Relançamos a questão. Um novo trabalho. Agora, de um novo lugar.

Magali Milene Silva

Professora de graduação da Universidade Federal de São João del-Rei. Membro do Laço Analítico Escola de Psicanálise. Doutora em Psicanálise pela UFRJ (2012). Mestra em Psicologia pela UFMG (2007). Graduada em Psicologia pela UFSJ (2003).
Orcid: 0000-0001-8602-7084

Referências

FREUD, S. (1900). A interpretação dos sonhos. *In*: FREUD, S. **Edição standard brasileira das obras psicológicas completas de Sigmund Freud**. Rio de Janeiro: Imago, 1996. p. 371-655. v. 5.

FREUD, S. (1905). Três ensaios sobre a sexualidade. *In*: FREUD, S. **Edição standard brasileira das obras psicológicas completas de Sigmund Freud**. Rio de Janeiro: Imago, 1996. p. 117-232. v. 7.

FREUD, S. (1914). Recordar, repetir e elaborar. *In*: FREUD, S. **Edição standard brasileira das obras psicológicas completas de Sigmund Freud**. Rio de Janeiro: Imago, 1996. p. 159-172. v. 12.

FREUD, S. (1930). Mal-estar na civilização. *In*: FREUD, S. **Edição standard brasileira das obras psicológicas completas de Sigmund Freud**. Rio de Janeiro: Imago, 1996. p. 65-147. v. 2.

FREUD, S. (1937). Análise terminável e interminável. *In*: FREUD, S. **Edição standard brasileira das obras psicológicas completas de Sigmund Freud**. Rio de Janeiro: Imago, 1996. p. 223-270. v. 23.

SUMÁRIO

PSICANÁLISE E UNIVERSIDADE? PARA QUÊ E PARA QUEM?..........17

Roberta Ecleide de Oliveira Gomes Kelly
Sílvio Memento Machado

PSICANÁLISE E HOSPITAL: A IMPORTÂNCIA DA TRANSFERÊNCIA ILUSTRADA EM UM CASO..25

Cláudia Márcia Ferreira Geoffroy
Sílvio Memento Machado

PSICANÁLISE E TRANSEXUALIDADES: SUJEITOS À SUA CONSTITUIÇÃO..43

Daniel Luiz da Silva
Celso Fernandes Patelli
Roberta Ecleide de Oliveira Gomes Kelly

CIÚMES: DEFINIÇÕES E ARTICULAÇÕES PSICANALÍTICAS...........67

Leonardo Henrique de Oliveira Teixeira
Fernanda Oliveira Queiroz de Paula

A PERSPECTIVA DA PSICANÁLISE EM CASOS DE AUTISMO E AS POSSIBILIDADES DE INTERVENÇÃO *A TEMPO*......................79

Jaqueline Pala Gatti
Roberta Ecleide de Oliveira Gomes Kelly

UMA DISCUSSÃO SOBRE A MEDICALIZAÇÃO DA INFÂNCIA NA VISÃO DA PSICANÁLISE...97

Karina Corcetti Valim Silva
Sílvio Memento Machado

PSICANÁLISE E A ESCRITA NO CORPO: FENÔMENO PSICOSSOMÁTICO (FPS)....................................107

Lígia Maria Sério Amaral

NA PARCERIA ENTRE A PEDAGOGIA E A CIÊNCIA, ONDE ESTÁ O SUJEITO?..123

Lívia Bastos Rocha Dias
Maria de Fátima Monnerat Cruz Chaves

VIOLÊNCIA E NECROPOLÍTICA: O QUE PODE A PSICANÁLISE PELO LAÇO SOCIAL... 141

Maria Caroline Cardoso Gomes
Magali Milene Silva

O PAI CAPRICHOSO DE SCHREBER E SUA CONSEQUENTE PSICOSE ... 157

Paula Cristina Reis Silva
Thiago Bellato de Paiva

QUAL O LUGAR DO PSICANALISTA NO SISTEMA PRISIONAL?... 169

Rafael Pereira Gomes

A FORMAÇÃO DO PSICANALISTA: ATUALIZAÇÕES SOBRE *A ANÁLISE LEIGA* ... 181

Sidney Kelly Santos
Wericson Miguel Martins

O ENGODO DA DEMANDA TRANSFERENCIAL EM UM CASO DE NEUROSE OBSESSIVA: PERCALÇOS TÉCNICOS OU A RETIFICAÇÃO ANALÍTICA COMO VIA DE ESCUTA?... 197

Tatiane Regina de Assis Sousa

POR UM ELOGIO AO DEJETO: A PSICANÁLISE IMPLICADA AO SUAS... 211

Thiago Bellato de Paiva

O QUE SE FAZ AO FIM? ... 229

Roberta Ecleide de Oliveira Gomes Kelly
Sílvio Memento Machado

SOBRE OS AUTORES, POR ELES MESMOS... 231

PSICANÁLISE E UNIVERSIDADE? PARA QUÊ E PARA QUEM?

Roberta Ecleide de Oliveira Gomes Kelly
Sílvio Memento Machado

Ainda não se está acostumado a contar,
na ciência, com probabilidades psicológicas...
(FREUD, 2023, p. 31-32)

O lugar da Psicanálise não é dos mais fáceis no cenário das ditas "evidências"; aliás, é dos mais difíceis. E dessa dificuldade brotam críticas e apontamentos no sentido de sua ineficácia, ineficiência e não cientificidade.

Onde centrar essa dificuldade ou, mesmo, como pensar tais dificuldades? É importante dar resposta aos questionamentos da viabilidade da Psicanálise, em face de suas possibilidades diante do sofrimento psíquico.

A Psicanálise é uma prática que escuta o sofrimento. Erradicá-la faz parte desses questionamentos e críticas. Óbvio, parece-nos, que a Psicanálise não é a única das práticas humanas que escuta o sofrimento. A Arte também o faz, além da Religião. Mas a Psicanálise só faz isso: dá lugar ao mal-estar de estarmos juntos, no processo civilizatório, ao *pathos* existencial que nos faz consignados ao reconhecimento do outro, à busca da felicidade e das certezas e de garantias (FREUD, 2020).

Desta forma, há uma legitimidade que é outra, mesmo. Não pode e não deve ser descartada em favor de práticas que não concordam com a mesma reflexão, o lugar humano de uma forma específica de existir — ser, em se sabendo finito e limitado. Mas nem por isso pensar assim é menos possível, na efetividade dos acontecimentos que compõem o processo de humanização.

O ofício do psicanalista é uma legitimidade *outra*, por meio do próprio arcabouço de formação: a análise pessoal, a clínica supervisionada e o estudo dos conceitos.

O fato de ser necessário um processo pessoal para vir a ser psicanalista coloca a demanda de entendimento dessa clínica com a especificidade que destoa da pretensão de uma avaliação a ser feita por todo e qualquer interessado. Ou seja, a menos que o observador conheça isso da distância da própria análise, suas considerações serão preconceituosas.

De fora, então, as construções da Psicanálise caem fácil sob os adjetivos de farsa ou bobagem. Mais além, são tidas como não sendo ciência, por falta de objetividade ou de neutralidade[1].

Vale um aparte sobre o tema da objetividade.

Objetivo é descrito ou considerado como o que se manifestaria claramente à percepção em seus detalhes, na exclusão da interinfluência de quem observa e no asseguramento de uma certeza. Ou seja, na exclusão do próprio observador, que não poderia observar de acordo com suas próprias reflexões por serem subjetivas. Nessa perspectiva, cria-se (ou se sustenta) um dualismo que determina o que se exclui — subjetivo — como algo menor, por ser uma verdade pouco específica. Esta concepção parte do princípio de que haveria uma verdade que poderia ser objetivável.

A aliança entre objetividade e verdade mostra-se, nesta perspectiva, como algo esperado e até natural. Tal visão denota a busca incessante de perfeição, que, claro, não passa de uma ideação. No limite de que todos os humanos são defeituosos e imperfeitos, tal ideia é, no mínimo, resultado das expectativas euoicas[2].

A menção ao Eu justifica-se, dado ser essa a instância que conecta as possibilidades do ser humano com o mundo externo e mesmo com as chances de efetivar as demandas do Isso. O "problema" é que o Eu o faz na lógica das defesas e, portanto, na desconsideração dos movimentos do Inconsciente, chamados desejo inconsciente. Assim, é sempre na perspectiva defensiva que, na esteira do medo, impossibilita ganhos ou avanços, pois não corre riscos. Como diz Lacan (1985), no Seminário 2, o Eu é cartesiano.

Como cartesiano, o Eu pauta-se na crença da certeza das certezas, e não na chance dos acertos, de acordo com possibilidades e probabilidades. Desde sua origem, filtra, organiza, classifica, protege e defende. Proteger é a ação que cabe diante dos riscos e falta de garantias inevitáveis aos quais

---

[1] De certa forma, qualquer ciência que se preze tem a noção de que o cientista não pode ser neutro e que parte de suas análises e interpretações é fruto de suas próprias crenças e concepções. Nada é neutro ou isento. A questão científica estaria em quão ciente determinadas ciências estão dessa questão. Passando por um processo pessoal, o que acontece na Psicanálise é que o psicanalista é confrontado com os próprios limites para conseguir escutar sem a contaminação das próprias questões. No entanto, esse confronto não impede que isso aconteça, mas, pela supervisão e pelo estudo, também, que isso seja entrevisto e manejado.

[2] Em referência ao eu, evitando-se a opção já convencionada de ego — egoico (seguindo as atuais traduções do alemão para o português).

estamos continuamente sujeitos, permitindo uma organização ajustada às situações inseguras ou perigosas[3]. As defesas e seus mecanismos, porém fazem-se na antecipação da ideia do ataque. Portanto, a articulação defensiva é necessariamente desprotetora e distorcida.

Na mesma toada, identificamos uma posição defensiva nas propostas que se fazem pela demarcação de uma objetividade absoluta, que, claro, não existe. E isso não acontece por nenhum motivo além do fato de que os próprios pesquisadores ou estudiosos também estão regidos pela divisão do sujeito, pela intensidade da força pulsional e suas demandas, além das já mencionadas defesas.

O que não é objetivo nem por isso deixa de ter uma determinada objetividade. Essa objetividade *outra*, na perspectiva da Psicanálise, segue a lógica da divisão que habita cada sujeito — entre uma forma (da percepção-consciência) e outra forma (de registro). Como fronteira, essa divisão não aponta para uma conexão ou um encaixe.

Longe disso, é dessa fronteira que se aponta para duas lógicas díspares: a do sistema pré-consciente/consciente e a do sistema inconsciente. Na fronteira dessas lógicas, o contraditório, aquilo que não permite consenso, mas que não deixa de fazer efeitos — efeitos de sujeito.

Tal concepção escapa ou mesmo se esquiva de ideias cartesianas e racionalmente colocadas. Exatamente porque o Eu se "situa" de maneira organizada, fechando uma *Gestalt*, (a)creditando que existe a sistematização das coisas, dos objetos e acontecimentos; ignorando, desprezando ou descartando o contraditório que também habita o humano em seus recônditos.

Desta forma, pensar a ciência é entender que pode ser feita e exercida de muitas outras maneiras. E a Psicanálise seria uma dessas outras formas.

Psicanálise e ciência: aplicada ou implicada?

Por ser uma clínica que escuta o contraditório (expresso no sofrimento humano), a Psicanálise choca-se com outras práticas que também ouvem as pessoas, na dimensão do mesmo sofrimento. Nessas outras práticas, o sofrimento é ouvido como índice de um quadro diagnóstico, e não como mais uma versão do contraditório que emerge das particularidades e singularidades.

---

[3] Ajustadas de acordo com a realidade — representação do que se apreende do mundo exterior, como versão externa do que causaria frustrações.

Nessa diferença radical — escuta do sujeito e detecção de sinais de um diagnóstico —, delimita-se o que é ou não ciência na perspectiva cartesiana. Está certo que se identifique a detecção de sinais de um diagnóstico como ciência porque isso organiza a percepção, concordando com a noção euoica.

O problema é que não se é só isso. A linguagem, tecido que trama como se é e como se vive, expressa, do sujeito, as tais contradições. Há, pois, sob os signos, uma outra construção, a do que se entranha no código linguístico, como mensagem dessa mesma contradição (nas formações do Inconsciente).

É isso que a Psicanálise escuta. E, para escutá-la, quem o faz parte de seu próprio (des)encontro com essa contradição. Claro, pois que isso diverge.

No IX Fórum Mineiro de Psicanálise, Christian Dunker fez menção à *Necropolítica* — conceito de Achille Mbembe (2018) —, ideologia que dita quem pode morrer e quem se deixa viver, lógica em que as vidas são numerizadas. Vidas não contam, descontam. Mas o sofrimento conta, pois ele mobiliza a busca de alívio.

Neste sentido, destaca-se novamente que a Psicanálise, como teoria e prática, escuta o sofrimento. No espaço da clínica, o *setting*, mas, também, fora dela, na *pólis*.

De um lado, a Psicanálise é uma clínica; e, de outro, pensa a cultura. Ou seja, não há como escutar o sofrimento existencial sem construir um arcabouço teórico, e isso aponta para a cultura como tecido de sustentação de tudo o que existe na dimensão humana.

Há, pois, uma atuação que se dirige ao exercício clínico, que é a *Psicanálise em Intensão*; e uma outra, para a reflexão cultural, a *Psicanálise em Extensão*. Essa colocação aparece no texto lacaniano em 1967, por meio de "Proposição de 9 de outubro de 1967 sobre o psicanalista da Escola" (LACAN, 2003).

De um lado, da *Extensão*, a função da Escola, ao presentificar a Psicanálise no mundo/no Laço Social, posiciona o psicanalista como sujeito, contestando o saber estabelecido. De outro, a *Intensão*, os operadores éticos e conceituais que sustentam a clínica posicionam o psicanalista como objeto *a*, ou causa de desejo.

Neste texto, tem-se a apresentação da Escola lacaniana enquanto conceito de escola (local de um projeto de transmissão) e como instituição (onde se conduz a formação psicanalítica). E isso se faz, neste caso, em torno do ensino de Lacan.

> O capitalismo e a tecnociência são as Torres Gêmeas que sustentam o mal-estar na civilização contemporânea, levando-a ao desastre e ao terror. A psicanálise não deve se adaptar ao discurso capitalista com o empuxo-à-fama, que o acompanha, nem se curvar ao discurso da ciência, que rejeita a verdade do sujeito. Ao ceder a elas, não há mais lugar para o Inconsciente nem para o real do *sinthoma*. A Escola de Lacan é o lugar de refúgio e crítica ao mal-estar na civilização. (QUINET, 2009, p. 12).

Para dar conta disso, é necessária uma *Psicanálise Implicada*, que se estenda desde a clínica até os enredamentos do sujeito na *pólis*. Para que, fazendo parte do contexto em que vive, no Laço Social, um psicanalista consiga refletir sobre a sustentação teórico-clínica para os que estão em precariedade quanto ao posicionamento como sujeito (ROSA, 2013).

Neste sentido, a escuta do sujeito do discurso, para a Psicanálise, faz-se como um ato político, balizado pela ética que vai na contramão da adaptação e do bem-estar. Reconhece, então, o lugar do sujeito como articulado e enlaçado sociopoliticamente. Sendo assim, importa — e muito — se há precariedade no posicionamento do sujeito. A Psicanálise "leva em conta os efeitos do desamparo discursivo e constrói táticas clínicas que remetem tanto à sua posição desejante no laço com o outro, como às modalidades de resistência aos processos de alienação social" (ROSA, 2015, p. 30).

A Psicanálise que, *Implicada*, se volta para a modalidade de gozo e a economia de desejo que balizam o sujeito em seu lugar discursivo:

> Essa articulação visa evidenciar a estratégia do discurso social e político, carregado de interesses, para capturar o sujeito em suas malhas — seja na constituição subjetiva, seja nas circunstâncias de destituição subjetiva, tese que pretendemos elucidar: trata-se de provocar um equívoco ao apresentar o discurso social como se fosse o discurso do Outro, como se fosse a dimensão simbólica que referencia a pertença do sujeito. (ROSA, 2015, p. 11).

"Extra-muros", em Extensão ou *Psicanálise Aplicada* fora da clínica, sua ética — do sujeito do Inconsciente — chega de forma metodológica e epistemológica. Pode parecer outra questão, mas é a mesma, na face da cultura, no manejo ético-político das questões que movem os acontecimentos sociais.

Qual Psicanálise para a ciência?

Podemos definir, pois, pelo exposto, que há uma radical diferença nas formas pelas quais se pode lidar com as questões humanas.

Da época de surgimento, com base nas construções de Sigmund Freud, as condições do mal-estar mudaram, mas o mal-estar ainda está em pauta. Porque estar com o outro ainda é necessário, ainda é uma das formas de ser humano. Neste sentido, ser e estar para o outro não foi dispensado, por ser condição existencial.

Das mudanças da cultura, a guinada para o sentido econômico fez com que, aliadas à ideia de uma realidade individualista, as pessoas acreditassem na lógica empreendedora. E essa lógica vem desde a ciência que, com suas evidências, não aceita os equívocos ou os riscos como partes do processo em cada fenômeno — sempre no sentido da sua remissão ao máximo, a despeito dos custos (até mesmo da pessoa que sofre).

Como se, nessa perspectiva, houvesse uma redefinição da consideração ao sofrimento humano. Em primeiro lugar, a

> [...] absoluta exclusão do sujeito das causas do seu sofrimento. Em segundo lugar, a compreensão do atual funcionamento social da ciência é necessária para que se apreendam seus efeitos no sujeito enquanto novos *modos de subjetivação*, ou seja, de que modo o sujeito participa, ocupa seu lugar e resiste ao que lhe é oferecido como o "sentido do (seu) sofrimento". (SILVA JR., 2020, p. 36, grifo do autor).

Neste cenário, é importante que se compreendam as formas da patologia que emerge dessas mudanças, do social que as tece. Compreender o surgimento de apresentações mercadológicas cujo marketing aponta para uma consumição desenfreada. Ou seja, aí, o tempo de um processo torna-se obstáculo.

Por isso, inverter a pergunta "Qual ciência para a Psicanálise?" talvez seja o correto. A ciência em que cabem o sofrimento e o contraditório, o manejo que segue no tempo, a escuta que se faz refinada e afinada às possibilidades de cada um é aquela que diz da Psicanálise. Nesta ciência *para a* Psicanálise, pode-se aventar não existirem "evidências", nem por isso a Psicanálise é menos evidente.

Referências

FREUD, S. (1901). Psicopatologia da Vida Cotidiana. *In*: **Obras incompletas de Sigmund Freud**. Belo Horizonte: Autêntica, 2023.

FREUD, S. (1930). O mal-estar na cultura. Cultura, sociedade, religião: o mal-estar na cultura e outros escritos. *In*: FREUD, S. **Obras incompletas de Sigmund Freud**. Belo Horizonte: Autêntica, 2020.

LACAN, J. **O seminário, livro 2**: o Eu na teoria de Freud e na técnica da Psicanálise. 2. ed. Rio de Janeiro: Zahar Ed., 1985.

LACAN, J. (1967). Proposição de 9 de outubro de 1967 sobre o psicanalista da Escola. *In*: LACAN, J. **Outros escritos**. Rio de Janeiro: Zahar, 2003.

MBEMBE, A. **Necropolítica**: biopoder, soberania, estado de exceção, política da morte. São Paulo: N-1 edições, 2018.

QUINET, A. **A estranheza da psicanálise**: a Escola de Lacan e seus analistas. Rio de Janeiro: Jorge Zahar Ed., 2009.

ROSA, M. D. Psicanálise implicada: vicissitudes das práticas clínico-políticas. **Revista da Associação Psicanalítica de Porto Alegre**, [*S. l.*], v. 41, p. 29-40, 2013.

ROSA, M. D. **Psicanálise, política e cultura**: a clínica em face da dimensão sócio-política do sofrimento. Tese (Livre Docência) – Departamento de Psicologia Clínica, USP, São Paulo, 2015.

SILVA JR., N. O mal-estar no sofrimento e a necessidade de sua revisão pela Psicanálise. *In*: SAFATLE, V.; SILVA JR., N.; DUNKER, C. (org.). **Patologias do social**: arqueologias do sofrimento psíquico. Belo Horizonte: Autêntica, 2020.

PSICANÁLISE E HOSPITAL: A IMPORTÂNCIA DA TRANSFERÊNCIA ILUSTRADA EM UM CASO

Cláudia Márcia Ferreira Geoffroy
Sílvio Memento Machado

Introdução

A Psicanálise está no mundo. A previsão ou o desejo de Freud realizou-se. Em alguns momentos de sua construção teórica, ele nos deixou pistas de quanto acreditava na possibilidade de a Psicanálise existir para além dos limites do consultório. E, com base em Freud, Lacan e tantos outros psicanalistas interessados retomaram a questão, possibilitando à teoria caminhar com a prática nos mais diferentes âmbitos sociais.

Um desses espaços é o hospital. Local aonde o sujeito chega primeiramente com o adoecimento no corpo, suplicando que o saber médico amenize e cure sua dor. Sabemos que, quando esse corpo chega ao hospital, traz consigo um sujeito em desamparo, com suas certezas abaladas, e muitas vezes "flertando" com a morte e com as perdas.

Podemos dizer que a Psicanálise, enquanto teoria nascida pelas mãos de Freud, teve o hospital como berço de suas observações. Sabemos que, em função de corpos adoecidos que não obedeciam à lógica da ciência e onde a medicina não encontrava uma etiologia orgânica já classificada, foi possível abrir o campo de observação para um jovem estudante de medicina interessado pela natureza humana.

Freud, em diversos momentos de sua obra, deixou claro o seu desejo de que a Psicanálise fosse reconhecida e difundida. Em "Linhas de progresso na terapia psicanalítica", texto de 1918, ele faz alusão ao futuro da Psicanálise, revelando sua preocupação em abrir novos caminhos e adaptar a técnica às novas condições. No entanto, ele já nos advertia para o fato de que, quaisquer que fossem as formas que a Psicanálise pudesse assumir, ela deveria se manter estrita e não tendenciosa. Ao se referir ao progresso da terapia psicanalítica, já previa que ela poderia, em algum momento, ter que se abrir a novas possibilidades, deixando de ser uma atividade restrita a um pequeno número de psicanalistas e com alcance também restrito a um pequeno grupo de pacientes. Naquela época, Freud vislumbrava a existência de instituições que ofereceriam tratamentos gratuitos, com médicos analiticamente preparados e que pudessem conduzir o tratamento de homens, mulheres e crianças neuróticas (FREUD, 1919/2006).

As previsões de Freud não se realizaram exatamente da forma que previu, mas a Psicanálise hoje está presente em diversas instituições dos mais variados fins, como escolas, asilos, presídios, hospitais etc. No entanto, algumas das expectativas de Freud foram certeiras, na medida em que apontaram para a tarefa de adaptar a técnica da Psicanálise às novas condições. Freud alude a essas questões em outros textos, mas não se trata aqui de construir historicamente os caminhos que o levaram a pensar a Psicanálise para além do seu território inicial, e sim ressaltar que isso já estava no seu horizonte.

A Psicanálise tem sido convocada, considerando o sofrimento humano, a oferecer novas respostas, uma vez que o sujeito que sofre não o faz apenas entre quatro paredes. Assim, a experiência de psicanalistas fora desse limite tradicional faz com que a prática interrogue constantemente a teoria. Se no hospital o adoecimento do corpo tem valor de verdade, podemos pressupor que algo da subjetividade sempre estará abalado. E é com isto que podemos pensar o alcance de nossa prática, na articulação da doença física com uma teoria que privilegia o Inconsciente e as formas mais primitivas do sofrimento humano. Não se trata de tarefa fácil, uma vez que, ao fazer essa articulação, não devemos perder de vista as noções que Freud e Lacan nos deixaram sobre as particularidades da nossa forma de escutar sujeitos e o que fazer com base nessa escuta. Mas o que já sabemos, e que deve ser a rota de que jamais devemos nos desviar, é que a atuação de psicanalistas nos mais diversos campos do conhecimento exige um grande esforço de criatividade, mas que mantenha intacta na sua práxis a sua ética.

Uma psicanalista no hospital

Grande parte das interlocuções com a teoria nascem da experiência. Não foi diferente neste caso. Uma oferta de trabalho em um hospital geral recém-construído numa cidade do interior de Minas Gerais. Um desafio para uma psicóloga que nunca havia transposto os limites de seu consultório e muito menos pensado a respeito da atuação de um psicanalista fora desse contexto. Além disso, atuando em um hospital novo que também iniciava a implantação de seus protocolos, dinâmicas e relações.

No início, só havia perguntas. As primeiras delas foram sobre como ser analista nesse espaço e como responder a um chamado profissional desafiador, cercado pelo saber médico soberano e inquestionável, sem se desarticular da teoria psicanalítica. Vale ressaltar que, para o hospital, não havia no corpo clínico uma psicanalista, e sim uma psicóloga, devidamente reconhecida por um crachá e uma função bordada no jaleco. A Psicanálise era o norte, mas não era um nome.

A estrutura dos atendimentos por si só já abria uma fenda de dúvidas e incertezas que pareciam inviabilizar o trabalho. Eles aconteciam onde era possível: em um corredor, uma varanda, um leito de enfermaria com pessoas ao redor, frequentemente interrompidos por médicos, técnicos, familiares, fisioterapeutas, nutricionistas, profissionais da limpeza etc.

Além disso, os atendimentos só eram realizados sob solicitação médica ou da equipe de enfermagem, "responsáveis" por identificar essa necessidade. Eram muitos os desafios, mas era preciso não recuar, ainda que munida de pouco referencial teórico específico e de um misto de entusiasmo e muitas preocupações diante das dificuldades.

À medida que os impasses foram se apresentando, perguntas aumentavam: como responder a este chamado que não era do paciente? Como produzir efeitos de uma análise, numa situação fora do convencional? Como manejar a questão do pagamento, muitas vezes intermediada pelos convênios? E a pergunta crucial, que se tornou o centro deste trabalho: como a transferência poderia se estabelecer, uma vez que não foi o paciente que procurou o atendimento? E como manejá-la num curto espaço de tempo e nas condições que se apresentavam? A temática da transferência só se tornou objeto de estudo e pesquisa após o fim desse trabalho no hospital, pois ficou pulsando, em aberto, e só mais tarde pôde caminhar rumo a uma elaboração.

O contexto

Estão inseridas no atendimento realizado no contexto hospitalar diversas particularidades que, a princípio, podem sugerir entraves a uma escuta analítica. O paciente internado encontra-se invariavelmente num estado de desamparo, revivendo por meio do corpo o real da castração[4],

---

[4] A palavra "castração" refere-se ao termo "Complexo de Castração", que, de acordo com a definição dada por Freud, por meio do *Dicionário de Psicanálise* de Elizabeth Roudinesco e Michel Plon, refere-se ao "sentimento inconsciente de ameaça experimentado pela criança quando ela constata a diferença anatômica entre os sexos" (ROUDINESCO; PLON, 1998, p. 105). No texto, o uso dessa palavra procura se referir à angústia resultante deste limite, desta condição de falta e incompletude humana.

uma vez que o adoecimento muitas vezes acontece de forma imprevista e repentina. Ainda que sua internação tenha se dado de forma eletiva, ou seja, com data e hora marcadas para algum procedimento, o ambiente hospitalar já suscita uma série de sentimentos e sensações. Há, no processo de internação, certa descontinuidade da vida e a revelação real da precariedade humana. As rotinas são interrompidas, instauram-se novos questionamentos sobre a vida e a morte, ocorre um súbito afastamento dos familiares, ou seja, há sempre algo "no ar" que não encontra ancoragem em um sentido.

No caso dessa experiência própria, a necessidade de sentido não se dava apenas no nível dos pacientes, mas também no da analista em questão. E foi na busca de referenciais que possibilitassem a construção do trabalho e tornassem o terreno dessa nova experiência mais sólido que se deu o encontro com a Clínica de Psicologia e Psicanálise do Hospital Mater Dei, em Belo Horizonte. Um trabalho desenvolvido por uma equipe de psicanalistas, na época sob a coordenação de Marisa Decat de Moura, grande pesquisadora do tema Psicanálise e Hospital. E foi por meio de um curso oferecido pela instituição, mergulhando na literatura disponível, que foi possível arregaçar as mangas e trabalhar.

Algo de fato foi se tornando possível, trazendo um reconhecimento e uma aposta de que cada paciente atendido, ainda que não tivesse buscado esse encontro, era um sujeito em sofrimento subjetivo. E que o acontecimento que o levara até ali poderia ter um efeito traumático[5], em que a falta de contornos significantes não lhe oferecia outro caminho, senão o da angústia. O desafio então era o de criar possibilidades para que ele pudesse falar desse sofrimento, para além da cena hospitalar.

Outra questão que se colocava estava relacionada com o tempo. No hospital, nunca se sabe quanto tempo o paciente ficará internado, estando suscetível à alta, à mudança de instituição, ou mesmo à morte. Muito embora esta seja uma incógnita, sabemos que, para a Psicanálise, o que está em jogo não é o tempo cronológico, mas sim um tempo lógico, singular. Qual seria então o tempo necessário para que um sujeito hospitalizado pudesse transformar sua queixa em demanda endereçada ao psicanalista?

Freud, em seu texto "Sobre o início do tratamento", de 1913, oferece-nos um marcador inicial, um intervalo de uma ou duas semanas,

---

[5] A ideia de trauma refere-se a um acontecimento que, além de sua intensidade, geraria uma incapacidade do sujeito de reagir a ele de forma adequada e que provocaria efeitos patogênicos duradouros em sua organização psíquica (LAPLANCHE; PONTALIS, 2001).

que funcionava como um experimento preliminar ao tratamento em que procurava estabelecer um diagnóstico diferencial de neurose ou psicose e que também visava evitar a interrupção da análise após certo tempo. Para ele, esse experimento preliminar marcava o início de uma análise e, por isso, deveria adequar-se às regras desta. Diz ainda que o primeiro objetivo da análise seria o de ligar o paciente à pessoa do analista; e, para que isto acontecesse, nada precisaria ser feito, apenas conceder-lhe tempo. No hospital não podemos, à maneira de Freud, incluir esse marcador ao tentar romper com as resistências iniciais que o simples falar de si pode suscitar, nem mesmo considerá-lo na expectativa de que algo do Inconsciente compareça (FREUD, 2006c).

Um norteador para essa questão foi o capítulo "Nas vias do desejo...", presente no livro *Psicanálise e hospital*, publicado pela equipe do Hospital Mater Dei. Segundo as autoras, no processo de hospitalização, não é mesmo possível prever o tempo de internação. Mas, sendo o Inconsciente atemporal e diante da irrupção do real, esse tempo pode ser redimensionado, fazendo precipitar o sujeito do Inconsciente, objeto de investigação e de interesse maior da Psicanálise. Assim, mudanças rápidas tornam-se possíveis, uma vez que, diante do acidente na vida do paciente, do imprevisto, do real, pode ocorrer também um acidente no discurso desse sujeito, o que permite colocá-lo num trabalho de elaboração psíquica (MOHALLEM; SOUZA, 2000). Este pequeno fragmento pôde trazer à tona um novo cenário e uma verdadeira aposta no trabalho.

O paciente e o chamado

Sabe-se que no hospital o discurso que prevalece é o do médico, e isso tem grande importância, uma vez que a ciência dispõe de fato de recursos potentes para aliviar o sofrimento do corpo. Entretanto, em alguns casos, as tentativas de aliviar o sofrimento do paciente, por parte do médico ou da equipe de enfermagem, tornam-se insuficientes. É neste momento que a preocupação com o estado emocional do paciente viabiliza um chamado.

Aproximar-se de um paciente que não convocou uma escuta e que, frequentemente, se encontra "fechado, blindado", sem conseguir fazer deslizar sua cadeia significante, não é tarefa simples. Quando o paciente se coloca em posição de falar, mesmo que a princípio ele não possa se desprender da doença ou das razões que o levaram até ali, abre-se um caminho para que o psicanalista o interrogue. Mas, se as demandas do paciente e de sua família estão, num primeiro momento, dirigidas ao saber médico, único capaz de suplantar o vazio da dúvida, essa aproximação torna-se delicada e precisa insistir. Afinal, o discurso médico, representante típico do discurso da ciência, oferece ao paciente a possibilidade de obter todo um arsenal terapêutico para enfrentar o inimigo mortífero em jogo, a doença, dando provas de sua mestria e seu domínio.

Um ponto de abertura dá-se, muitas vezes, quando, mesmo diante desse saber e da possibilidade de respostas, o vazio permanece. No discurso médico não está incluída a dimensão do sujeito, mas da doença. A Psicanálise, por sua vez, coloca-se no lugar de ouvir a urgência subjetiva, criando possibilidades para que surja no paciente o desejo de ser escutado para além da sua enfermidade.

Sabemos que o discurso da Psicanálise não é avesso ao discurso da ciência, e no hospital tende-se a funcionar com base neste último, ou seja, espera-se também do psicanalista uma resposta rápida, que possa trazer alívio imediato. No entanto, no hospital, não é apenas o paciente que se angustia. Médicos, enfermeiros, técnicos, familiares e outros profissionais da assistência também se sentem desamparados diante de um quadro que não evolui ou que não consegue ser tratado. Nesse momento, a regra preconizada por Freud, da atenção flutuante[6] por parte do analista, torna-se um pressuposto para que o paciente, a família e a própria equipe possam ser escutados.

No discurso médico, o momento de ouvir o paciente é o da anamnese. Ali, num jogo de perguntas e respostas, o paciente tem a possibilidade de falar sobre todos os aspectos de seu adoecimento. Trata-se de afirmar a onipotência do discurso da ciência, pautado em diagnósticos e prognósticos. No encontro com o psicanalista, quando se coloca em prática a regra fundamental da Psicanálise, o que surge é uma possibilidade de falar e de se ouvir para além do diagnóstico médico. Aqui, lembramos Freud (2006b, p. 129), que nos dizia que o psicanalista devia simplesmente escutar e contentar-se com algo semelhante à seguinte frase dita por um cirurgião de tempos antigos: "*Fiz-lhe os curativos. Deus o curou*". Ele se referia ao fato de que o psicanalista não deveria ter ambição terapêutica em alcançar algo que produzisse um efeito convincente sobre as pessoas e de forma rápida. Essa cisão entre os discursos, longe de ser um conflito, é a principal diferença

---

[6] Termo criado por Sigmund Freud, em 1912, para designar a regra técnica segundo a qual o psicanalista deve escutar seu paciente sem privilegiar nenhum elemento do discurso deste e deixando que sua própria atividade inconsciente entre em ação (ROUDINESCO; PLON, 1998).

entre o trabalho do médico e do analista. E não precisamos de teoria para saber que a ciência não é absoluta. Ela manca, falha e, quando se cala, oferece-nos o silêncio, elemento frutífero para as formações do Inconsciente.

Mas, apesar dessa prevalência do discurso científico no hospital, é suposto também ao analista um saber. Quando todos os recursos se esgotam, quando os prognósticos não se realizam satisfatoriamente, quando a morte é iminente ou quando o paciente se torna um obstáculo ao processo, o analista é convocado a responder. Esse recorte trazido para o hospital não difere de nossa prática clínica no consultório. Muitas vezes recebemos pacientes esgotados por pesquisas diagnósticas que não deram conta de nomear o seu sintoma. Sabemos que trabalhamos com o resto da medicina, o que muito nos interessa.

O analista, presença simbólica que não deixa de ser uma presença física, quando convida o sujeito a falar livremente o que lhe vier à cabeça, trazendo à tona a regra fundamental preconizada por Freud, aponta para o analisando que sua fala produzirá efeitos de significação e elaboração. Esse convite inevitavelmente carrega uma crença de que essa elaboração virá do analista, aquele detentor de um saber sobre o sofrimento. E, ainda que o analista seja colocado no lugar de quem oferecerá respostas, de preferência rápidas, para alívio do sofrimento psíquico causado pela internação ou pela doença, não é desse lugar que ele deve responder.

No hospital, essa crença se instala muito rapidamente também entre a equipe. Numa situação de urgência do corpo e com sofrimento psíquico, quem mais oferecerá respostas sobre a subjetividade humana e a morte? É deste lugar que o analista é convocado a intervir. Do lugar imaginário daquele que sabe e que pode aplacar a angústia e o sofrimento, minimizando os efeitos do processo de internação e adoecimento. É esse lugar imaginário que nos abre as portas e permite que algo da transferência possa se estabelecer. O conceito de transferência será abordado mais amplamente neste texto, mas por ora cabe oferecer uma definição encontrada no *Vocabulário da Psicanálise*: "processo pelo qual os desejos inconscientes se atualizam sobre determinados objetos no quadro de um certo tipo de relação estabelecida com eles e, eminentemente, no quadro da relação analítica" (LAPLANCHE; PONTALIS, 2001, p. 514).

Sabemos que o fenômeno da transferência não é exclusivo da relação analítica. O paciente muitas vezes chega ao hospital já transferido com o médico que o encaminhou ou, muito rapidamente, se liga à figura dos médicos ou das equipes que vão assisti-lo durante a internação. Pode chegar também transferido com aquela instituição hospitalar específica, com alguém que conhece e que trabalha ali, ou seja, a transferência estabelece-se no laço social do paciente. A diferença da transferência numa relação analítica está na maneira como o analista maneja e no uso que pode fazer dela para o avanço da análise. Para melhor introduzir o tema da transferência no hospital, faremos uso de uma vinheta clínica.

Um caso

Chamaremos de João um paciente internado pelo serviço de cardiologia para o tratamento de complicações cardíacas. Em função de um quadro de arritmia, que podia estar associado a sintomas emocionais, o serviço de psicologia foi acionado. Nos primeiros atendimentos, João permanecia quieto, expressando-se muito pouco. Sua fala estava sempre relacionada aos procedimentos, aos exames e ao prognóstico, como se a psicóloga ali presente fosse apenas uma continuidade da equipe de assistência e parte do protocolo médico. O paciente era extremamente ligado à figura do médico que já o assistia de forma eletiva, ou seja, estava muito bem localizado para ele onde se encontrava o saber, e, naquele momento, era preciso que fosse assim.

Com o passar dos dias, João foi ficando mais receptivo ao atendimento psicológico, mas seu discurso ainda privilegiava o adoecimento, embora já fosse possível dizer da dificuldade de estar fora de casa, onde encontrava tudo "no lugar certo" e "na hora certa". Durante essas entrevistas, foi ficando claro que João comandava sua casa e que toda a rotina da família girava em torno de suas decisões e vontades. Ao longo da internação, as demandas de João foram se ampliando para além dos cuidados da enfermagem, passando, por exemplo, a solicitar bebidas e comidas fora da dieta nutricional. Sua dieta não era muito restritiva, e o serviço de nutrição do hospital passou a enfrentar o desafio de dizer "não" às solicitações exageradas de João. Vale ressaltar aqui que o hospital em questão, localizado numa cidade do interior de Minas Gerais, tinha uma política de acolhimento um pouco distinta de um hospital de grande centro, onde as regras são mais rígidas; e o acesso a certos setores do hospital, mais restrito. Não era difícil para o paciente e sua família, portanto, terem acesso a esses setores, o que era, muitas vezes, intermediado pelo próprio médico que compunha o quadro de acionistas.

APLICADA OU IMPLICADA: QUAL PSICANÁLISE PARA A CIÊNCIA?

Nesse momento, os profissionais que lidavam com o paciente já estavam ficando confusos, sem saber discernir o que era uma demanda real e o que não era. Ao mesmo tempo, a não satisfação das demandas exageradas do paciente começou a gerar conflitos e desconfortos entre ele e a equipe. Com relação às visitas da psicóloga, João mantinha-se pouco interessado e maciçamente endereçado à figura do médico.

Certo dia, ao chegar para atendê-lo, a psicóloga soube que ele havia procurado a responsável pelo Serviço de Nutrição e Dietética (SND) para solicitar a realização de um almoço para sua família no restaurante do hospital no domingo seguinte, a fim de comemorar seu aniversário. A nutricionista, que havia sido pega de surpresa, disse que seria difícil, mas que verificaria a possibilidade com a administração do hospital.

Quando a psicóloga entrou no quarto para atendê-lo, João estava enfurecido, dizendo aos berros ser um absurdo o hospital não se prontificar a atender ao seu pedido. Esse era um momento de escutar, e, quando João encerrou sua catarse de insatisfações e frustrações, ouviu a seguinte pergunta: "É assim que o *senhor se sente quando não é prontamente atendido?*" Essa simples pergunta fez com que João se calasse, caindo em seguida num choro intenso e prolongado. Não havia nada a ser dito naquele instante, pois o silêncio havia sido preenchido pela irrupção desse choro quase convulsivo e, de certo modo, inimaginável naquele homem.

Tamanha privação estava sendo insuportável para aquele sujeito, que se debatia de todas as maneiras diante de sua doença. Ele tentava manter a ordem de sua vida a todo custo. Queria que a enfermagem o obedecesse, assim como os funcionários da sua empresa. Queria que a cozinha do hospital funcionasse à maneira de sua própria casa. E assim, erguendo-se num cenário de pura fantasia, ele tentava escamotear o vazio e a dor causados pela doença.

Após o choro, foi possível para João falar do sofrimento e da dor que sentia por ter ficado doente. Contou que era ele quem administrava a sua empresa e todos os seus outros negócios. Era ele quem decidia, quem ditava as regras, quem "dava as ordens". Disse que sempre foi saudável e que nem uma gripe o pegava. Nos fins de semana, reunia seus filhos e netos, o que era motivo de grande alegria.

Para aquele homem, a doença significava uma grande ruptura; e a internação representava renúncia, privação e dor. O sujeito cheio de respostas passou então a se questionar. Ele dizia *"Por que comigo?"*, como se em sua potência estivesse imaginariamente protegido da doença e da dor. Havia chegado o momento de não responder, mas sustentar as perguntas para que tivessem valor de enigma para aquele sujeito.

A partir desse momento, os atendimentos foram completamente diferentes. João aguardava ansioso o momento da chegada da psicóloga. Contava histórias, chorava, dizia de sua dor e de seus medos. Sua relação com a equipe também se transformou. Não mais exigia. Parou de queixar-se dos outros e passou a queixar-se de si mesmo. Falava de sua dureza, dos conflitos familiares que resultavam de sua maneira rígida de agir e pensar. Falou do medo de morrer e pôde, em algum momento, falar da *"dureza de seu coração"*, agora afetado por uma doença cardíaca.

O período de internação desse paciente foi relativamente longo, o que possibilitou que ele formulasse não só a própria demanda de tratamento, mas também retificasse algumas posições, não apenas diante da internação, mas perante a própria vida. Nesse caso, o tempo cronológico estava a favor do Inconsciente. No entanto, sabemos que nem sempre isso é possível. As intervenções realizadas junto ao paciente nunca tinham tido como objetivo provocar um efeito imediato e impressionante, mas eram uma aposta na possibilidade de que ele fizesse alguma retificação, o que realmente aconteceu por meio de uma pergunta quase retórica. Na medida em que tomou a palavra, João pôde se ouvir e se abrir para a possibilidade do novo.

A transferência

Para desenvolver um pouco desse conceito, de forma a pensá-lo no contexto hospitalar, torna-se necessário um breve passeio pela teoria, partindo de Freud até Lacan. Entretanto, não é objetivo deste trabalho pormenorizar a trajetória de Freud no que se refere à construção do método psicanalítico, nem citar de forma detalhada os grandes influenciadores nos seus estudos sobre a histeria. Porém, é mister descrever brevemente a forma pela qual o fenômeno da transferência veio a tornar-se um dos mais importantes conceitos da Psicanálise.

Sabemos que Freud iniciou suas pesquisas sobre a origem psíquica dos fenômenos patológicos por meio da hipnose, considerada inicialmente um método que respondia de forma rápida às suas tentativas de suprimir os sintomas histéricos mediante a sugestão. Como os sintomas não eram eliminados, e acabavam retornando, Freud passou a verificar a pouca confiabilidade do método. Influenciado pelos trabalhos do grande fisiologista

APLICADA OU IMPLICADA: QUAL PSICANÁLISE PARA A CIÊNCIA?

Josef Breuer e sem abandonar completamente a hipnose, passou a se interessar pelo método catártico, que consistia em auxiliar o paciente a reviver mentalmente eventos traumáticos que podiam estar relacionados ao seu adoecimento. A ideia era de que a recuperação dessas memórias trouxesse êxito na eliminação dos sintomas (MAURANO, 2006).

Foi por intermédio do famoso caso Anna O., nome fictício dado à Berta Pappenheim, paciente de Breuer, médico e amigo de Freud, que se deu o desdobramento do método catártico para o psicanalítico e foi possível descobrir a função da transferência na relação do médico com a paciente. Não nos cabe aqui pormenorizar o caso nem explorar com detalhes os desdobramentos históricos, mas ressaltar que foi com base em um elemento que se produziu nesse caso que Freud passou a pensar no papel da transferência. Esse elemento teve a ver com o abandono do caso por Breuer, a partir de um fato que, para Freud, veio a confirmar sua ideia de que a sexualidade se encontrava na origem das neuroses. De forma resumida, Breuer, que investia muito de seu tempo e cuidados nessa paciente, acabou despertando o ciúme de sua esposa e, diante da melhora do quadro, decidiu se afastar, comunicando isto à paciente. Nesse mesmo dia, foi chamado às pressas para atendê-la e se deparou com uma grave crise, em que a paciente simulava o parto de um filho dele. Assustado, Breuer abandona o caso, mas deixa para Freud os rastros do fracasso desse atendimento, que possibilitaram a este perceber claramente a relevância dos afetos presentes na relação com o médico e a importância desse fenômeno espontâneo chamado transferência. Foi o divisor de águas entre o fim definitivo da hipnose e a criação do método psicanalítico.

O conceito de transferência atravessou toda a obra de Freud, sofrendo reformulações, mas sem perder sua importância como um dos mais fundamentais conceitos da Psicanálise. As primeiras referências de Freud acerca da transferência aparecem em seus "Estudos sobre a histeria", em que relata vários casos clínicos e nos quais pôde observar que, durante o processo de análise, algumas pacientes passavam a nutrir por ele sentimentos afetuosos que, a priori, não poderiam estar presentes naquele tipo de relação (FREUD, 2006a).

Em seu texto "A dinâmica da transferência", Freud aponta-nos que o modo como o sujeito se relaciona com o outro já se encontra estabelecido desde a infância, tendendo a uma reimpressão em suas experiências futuras; o analista não estaria naturalmente fora dessas representações. A transferência então estaria estreitamente relacionada com a repetição, uma vez que comportava esse reencontro com o passado esquecido. Mas a repetição não se dava apenas por seu caráter de reprodução de fatos, tornava-se um fato atualizado e vivido na sua relação com o analista. No entanto, Freud também observou que, ao mesmo tempo que a transferência viabilizava o acesso ao paciente, permitindo que este fizesse suas reedições por meio da figura do analista, ela funcionava como poderosa resistência ao tratamento. Ele observou que a interrupção nas associações livres do paciente indicava uma resistência à análise. Isto se devia ao medo de que o lugar amoroso em que o analista era colocado pelo analisando pudesse estar em risco (FREUD, 2006b).

Em "Observações sobre o amor transferencial", Freud aponta-nos para a importância do manejo da transferência por parte do analista. O amor de transferência, sentimento que o paciente tende a nutrir pela figura do médico, deve estar incluído na relação analítica e reconhecido por sua força explosiva, exigindo que o analista suporte estar incluído nesse lugar (FREUD, 2006f). Nesse ponto e seguindo o pensamento de Freud sobre o amor transferencial, cabe introduzir o pensamento de Lacan, também fundamental para as relações que faremos entre a transferência e a instituição hospitalar. No Seminário 8, destinado à transferência, Lacan retorna ao tema para dizer que ela pode ser definida, num primeiro momento, como algo que se assemelha ao amor e que põe também em causa sua ambivalência (LACAN, 1960/2010).

Essa experiência que põe em causa o amor começa pela busca de alguém pelo saber, por um suposto saber que o analista deteria. A suposição de um saber localizado no Outro é considerada por Lacan como o pivô da transferência e a via que leva o analista a ocupar um lugar. Uma vez que esse saber é apenas suposto e que está longe de ser o lugar assumido pelo analista, o que o analisando encontrará nesse lugar será a falta. É nessa articulação entre a busca pelo saber e a falta que será possível o encontro com o próprio desejo (LACAN, 1960/2010).

Com essa colocação, podemos nos perguntar: como fica então a questão do manejo do analista considerando o lugar em que é colocado na análise? Se, para Freud, a transferência funciona como um suporte das representações inconscientes e também como um obstáculo à análise, a saída para o seu manejo seria o de interpretar a transferência, visando vencer a resistência imposta pelo lugar em que é colocado pelo analisando. Para Freud, essa interpretação consistia em comunicar ao paciente, no momento certo, que a resistência estava em operação, para que este pudesse se familiarizar com ela, podendo então elaborá-la e superá-la. Só assim seria possível o retorno das associações livres (FREUD, 2006d).

Lacan, no entanto, considerava a interpretação da transferência um equívoco, na medida em que nunca se sabe o que o analisando de fato projeta no analista; afirmava que a única resistência verdadeiramente existente na análise é a do analista. Para ele, não deveria ser tarefa do analista se preocupar com os significantes advindos do sujeito, tentando dar a eles alguma significação. No capítulo "Intervenção sobre a transferência", presente nos *Escritos*, Lacan faz a seguinte pergunta: *"O que é, então, interpretar a transferência?"* E, em seguida, responde: *"Nada, além de preencher com um engodo o vazio desse ponto morto"* (LACAN, 1951/1998, p. 225, grifo nosso). Ele nos deixa claro que o silêncio do analista é sua própria interpretação, na medida em que permite que algo do enigma, do desejo do analisando, apareça.

O sujeito endereça-se ao analista visando a que ele dê nome ao seu desejo. O analista, apesar de convocado a ocupar esse lugar, responde com seu desejo de analista. Esse desejo está longe de ser um desejo de cura ou de oferecer respostas que tamponem a questão. Diante dessa demanda, muitas vezes, responde com contornos, perguntas ou com o silêncio, indicando que nesse lugar há algo de indizível. Onde o paciente clama por um saber, encontra o silêncio. Com isso, Lacan oferece-nos um novo sentido àquele dado por Freud sobre a transferência. Uma mudança radical, no sentido em que desloca o amor de transferência da categoria do imaginário, ou seja, como fruto das representações do analisando sobre o analista, para o amor de transferência endereçado a um saber do analista sobre seu sofrimento. Uma vez que esse saber é da ordem do impossível, ele se insere na categoria do Real[7], sem objeto. O que o analisando encontrará não será esse objeto que contempla o saber da ciência que veio buscar, mas um vazio que denuncia que o amor de transferência é um engano, e, no entanto, é esse engodo que possibilitará a abertura de um novo lugar, lugar causa de desejo.

O psicanalista e sua ação

Collete Soler (2013), em um artigo intitulado "A oferta, a demanda e... a resposta", diz-nos que o primeiro passo do ato analítico se refere a uma

---

[7] O uso da palavra "real" em Psicanálise foi tomado por Lacan como um substantivo, para designar uma realidade fenomênica que é imanente à representação e impossível de simbolizar (ROUDINESCO; PLON, 1998).

oferta por parte do analista e que essa oferta tem como principal objetivo a instauração da transferência, ou seja, a introdução da significação do sujeito suposto saber.

A autora ressalta, ainda, que não se trata de uma oferta de diálogo nem de cuidado, e sim de uma oferta dirigida ao saber inconsciente, capaz de produzir a instauração da transferência e que faça emergir, das queixas e das demandas de cuidado, uma demanda de interpretação. A oferta indica ao sujeito que tudo o que ele disser terá um efeito do qual ele próprio se beneficiará, na medida em que pode levar ao avanço de sua análise. Na verdade, a resposta dada pelo analista terá como objetivo, exatamente, reduzir o engodo da oferta, para assim produzir análise (SOLER, 2013).

A demanda, que é sempre de amor, costuma aparecer no paciente internado sob a forma de atendimento de suas necessidades básicas, como água, comida, ser trocado, ser coberto etc. Ao entrar em cena, o psicanalista pode se tornar também destinatário dessas demandas e, ao não atendê-las, permite que se produza um discurso, apontando para o sujeito que não existe um Outro[8] que possa preencher sua falta, brecha necessária para a emergência de seu próprio desejo.

Esse discurso está inicialmente endereçado ao lugar de suposto saber ao qual esse profissional é alçado. O paciente então, ao colocar o psicanalista nesse lugar, permite que este opere com a transferência, podendo levá-lo a produzir, por sua própria palavra, o saber inconsciente. Em "Sobre o narcisismo", de 1914, Freud diz-nos que uma pessoa atormentada por uma dor ou mal-estar orgânico deixa de se interessar pelas coisas do mundo externo, uma vez que tais coisas não se relacionam com seu sofrimento. Assim, o paciente retira o interesse libidinal de seus objetos amorosos e, enquanto sofre, deixa de amar. Quando o psicanalista surge nesse contexto oferecendo sua escuta e acolhendo a queixa do paciente, ao mesmo tempo que se recusa a satisfazer-lhe as demandas, oferece a este a possibilidade do despertar do desejo. Com base neste deslocamento, é possível apostar na mudança de estatuto do sintoma, saindo de um lugar de resposta para o de uma pergunta e tornando possível instigar o sujeito a decifrá-lo (FREUD, 2006e).

Para compreendermos melhor essa noção de desejo, torna-se necessário articulá-lo com a necessidade e a demanda, retomando brevemente as primeiras experiências de satisfação do bebê. A criança, ao nascer em

---

[8] Lacan utilizava a palavra "Outro", com O maiúsculo, para designar o outro imaginário ou lugar da alteridade especular (ROUDINESCO; PLON, 1998).

APLICADA OU IMPLICADA: QUAL PSICANÁLISE PARA A CIÊNCIA?

uma condição de absoluto desamparo, é incapaz de efetuar uma ação que aplaque a tensão causada por suas necessidades, como de alimentação, ser aquecida, trocada, acalentada etc. Esse estado de tensão, fonte de desprazer, torna-a incondicionalmente dependente de um outro, capaz de uma ação específica que reduza ou elimine essa tensão para ela, uma vez que esta é incapaz de efetuar sozinha essa função. Essa primeira experiência, embora ocorra no nível orgânico, inscreve-se no nível do aparelho psíquico como um traço que preserva a imagem e a percepção do objeto que proporcionou satisfação. Desta forma, essa primeira experiência carregará este traço, podendo ser resgatado a cada necessidade vindoura e, a partir de então, a manifestação dessa pulsão não estará mais somente atrelada à necessidade (MOHALLEM, SOUZA, 2000).

Essa condição de ser cuidado pelo Outro em seu desamparo original torna o bebê assujeitado a esse Outro, que seguirá introduzindo a criança no mundo da linguagem, ou seja, na cultura. A operação resultante da condição de estar alienada ao desejo do Outro é de fundamental importância para a constituição do sujeito, e Lacan faz referência a isso desde o início de seus seminários. No Seminário 11, *Os quatro conceitos fundamentais da Psicanálise*, que marca o fim de seu retorno às ideias de Freud, ele enfatiza que é no campo do Outro que o sujeito se constitui, uma vez que ele é o efeito da ação da linguagem desse Outro (LACAN, 1964/2003).

Voltemos ao paciente internado. Esse desamparo, que o adoecimento reaviva, já passou por todo o processo de construção do mundo simbólico da linguagem e foi atravessado por conteúdos fantasmáticos, imaginários, que ao longo da existência do sujeito foram compondo sua trama de relações com o Outro. Os sujeitos em desamparo carregam então a tiracolo seus sintomas e demandas e, por essa razão, respondem à experiência de internação das mais variadas formas, indo da indiferença à ira, da apatia à agitação, da submissão ao ataque, do fascínio ao horror.

Ao sustentar a emergência do vazio, o analista pode ter como resultado imediato o surgimento de uma angústia ainda maior, pois o real do adoecimento mostra sua face. Entretanto, esse encontro com o real pode ter como consequência o rompimento da repetição advinda do sintoma, possibilitando uma certa desorganização em sua posição fantasmática. O caso ilustrado aponta para isso. O paciente revivia de forma maciça sua posição imaginária diante dos objetos como se a estrutura hospitalar não existisse. O quarto que habitava, os corredores, as varandas do hospital tinham as cores e os móveis de sua própria casa. Ele parecia enxergar aquele ambiente através de uma lente, de forma distorcida, como se não se desse conta de onde realmente estava. Por diversas vezes, nós o encontramos andando pelos corredores vestindo um roupão azul de veludo e pantufas como se estivesse à vontade em sua intimidade. Algo, a partir da intervenção analítica, rompeu esse fluxo imaginário, deixando à mostra o real da doença e da internação. A marca da falta, da castração, produziu um novo sentido para aquele paciente.

Entretanto, a experiência mostrou que muitas vezes o real pode ser insuportável. No caso de pacientes em que não tenha sido possível estabelecer um diagnóstico estrutural (neurose, psicose e perversão) ou que não tenham chegado à instituição com o diagnóstico revelado pelo médico ou pela família, há o risco de que ocorram surtos psicóticos, que podem levar a delírios, alucinações ou mesmo tentativas de autoextermínio. Mas, mesmo em pacientes neuróticos, é preciso modular o manejo analítico, uma vez que certas intervenções podem produzir efeitos insuportáveis. Daí a importância que o analista deve dar ao seu ato no ambiente hospitalar, onde não tem como aliado o tempo necessário para um diagnóstico estrutural. Mas, ainda assim, é preciso oferecer o acesso à palavra e insistir para que essa via se abra, por intermédio de uma escuta incondicional e apostando na abertura das compotas significantes.

Considerações finais

Recolhemos, neste momento, duas falas que foram fundamentais para responder a uma série de questões acerca dos limites de atuação de um analista no hospital. Ambas foram incessantemente repetidas durante o curso de Psicanálise e Hospital vivenciado no Hospital Mater Dei, já mencionado em outro momento neste texto e publicado no livro *Psicanálise e hospital*, também referenciado aqui. Uma delas é que o objetivo do trabalho do psicanalista no hospital não é que o paciente faça análise, pois não se trata de converter o leito em um divã, mas iniciar e sustentar um discurso que possibilite a produção de algum efeito; não se trata de efeitos imediatos e impressionantes, mas da possibilidade de despertar do desejo inconsciente para o sujeito, ainda que isso se dê por meio do adoecimento deste. A segunda fala marcante e jamais esquecida é que no hospital é preciso sempre acreditar na possibilidade de que algo possa surgir ou se modificar, não como efeitos de uma terapia breve, mas como efeitos possíveis num breve encontro com o psicanalista.

APLICADA OU IMPLICADA: QUAL PSICANÁLISE PARA A CIÊNCIA?

Pensar a Psicanálise numa instituição hospitalar exige muito mais do que um avanço teórico. Significa também pensar sobre as possibilidades de atuação suportada pela ética que orienta a intervenção do psicanalista, e muita, muita criatividade. As instituições hospitalares têm feito um apelo a psicanalistas e psicólogos que contribuam com seus saberes. A resposta dos psicanalistas a esse chamado abre um rico campo de discussões sobre o que a Psicanálise tem para oferecer nesse espaço de vida humana.

O psicanalista que atua em um hospital não pode pretender que os pacientes façam análise. Além disso, o hospital apresenta demandas e características bastante distintas do atendimento em consultório particular. Trata-se, portanto, de discutir e reinventar a Psicanálise considerando e jamais se afastando de sua dimensão ética.

Freud, como um homem sempre à frente de seu tempo, já previa que a Psicanálise avançaria para além dos consultórios particulares e que sua prática seria inevitavelmente difundida. A contemporaneidade tem aberto portas que ele jamais imaginaria que seriam abertas. A pandemia que vivemos há pouco foi um exemplo de quanto a realidade e o real podem nos convidar a novos questionamentos e reinvenções. Ainda há muito o que avançar, mas podemos dizer, sem sombra de dúvidas, que a Psicanálise pode oferecer sua contribuição nos mais diversos espaços sociais e, assim, continuar respondendo com base em seu lugar, que é único. Esse foi o legado que Freud nos permitiu recolher à luz do seu desejo de que a Psicanálise abrisse suas asas sobre o mundo.

Referências

FREUD, S. (1912). A dinâmica da transferência. *In*: FREUD, S. **Edição standard brasileira das obras psicológicas completas de Sigmund Freud**. Rio de Janeiro: Imago, 2006a. v. 12.

FREUD, S. (1893-1895). Estudos sobre a histeria. *In*: FREUD, S. **Edição standard brasileira das obras psicológicas completas de Sigmund Freud**. Rio de Janeiro: Imago, 2006b. v. 2.

FREUD, S. (1919). Linhas de progresso na terapia psicanalítica. *In*: FREUD, S. **Edição standard brasileira das obras psicológicas completas de Sigmund Freud**. Rio de Janeiro: Imago, 2006c. v. 17.

FREUD, S. (1915). Observações sobre o amor transferencial (novas recomendações sobre a técnica da Psicanálise III). *In*: FREUD, S. **Edição standard brasileira das obras psicológicas completas de Sigmund Freud.** Rio de Janeiro: Imago, 2006d. v. 12.

FREUD, S. (1914). Recordar, repetir e elaborar (novas recomendações sobre a técnica da Psicanálise II). *In*: FREUD, S. **Edição standard brasileira das obras psicológicas completas de Sigmund Freud.** Rio de Janeiro: Imago, 2006e. v. 12.

FREUD, S. (1912). Sobre o início do tratamento (novas recomendações sobre a técnica da Psicanálise I). *In*: FREUD, S. **Edição standard brasileira das obras psicológicas completas de Sigmund Freud.** Rio de Janeiro: Imago, 2006f. v. 12.

FREUD, S. (1914). Sobre o narcisismo: uma introdução. *In*: FREUD, S. **Edição standard brasileira das obras psicológicas completas de Sigmund Freud.** Rio de Janeiro: Imago, 2006g. v. 14.

LACAN, J. (1951). Intervenção sobre a transferência. *In*: LACAN, J. **Escritos.** Rio de Janeiro: Jorge Zahar, 1998.

LACAN, J. (1964). **O seminário, livro 11**: os quatro conceitos fundamentais da Psicanálise. Rio de Janeiro: Jorge Zahar, 2003.

LACAN, J. (1960-1961). **O seminário, livro 8**: a transferência. Rio de Janeiro: Jorge Zahar, 2010.

LAPLANCHE, J.; PONTALIS, J. B. **Vocabulário da Psicanálise.** São Paulo: Martins Fontes, 2001.

MAURANO, D. **A transferência.** Rio de Janeiro: Jorge Zahar, 2006.

MOHALLEM, L.; SOUZA, E. Nas vias do desejo... *In*: **Psicanálise e hospital.** 2. ed. Rio de Janeiro: Revinter, 2000. p. 17-30.

MOURA, M. D. Psicanálise e urgência subjetiva. *In*: **Psicanálise e hospital.** 2. ed. Rio de Janeiro: Revinter, 2000. p. 3-15.

ROUDINESCO, E.; PLON, M. **Dicionário de Psicanálise.** Rio de Janeiro: Jorge Zahar, 1998.

SOLER, C. A oferta, a demanda e... a resposta. **Stylus**, Rio de Janeiro, n. 26, p. 15-28, jun. 2013. Disponível em http://pepsic.bvsalud.org/scielo.php?script=sci_arttext&pid=S1676-157X2013000100002&lng=pt&nrm=iso. Acesso em: 27 fev. 2023.

PSICANÁLISE E TRANSEXUALIDADES: SUJEITOS À SUA CONSTITUIÇÃO

Daniel Luiz da Silva
Celso Fernandes Patelli
Roberta Ecleide de Oliveira Gomes Kelly

Vemos frequentes discursos sobre a sexualidade hoje em dia, tema ainda visto como um tabu. Percebemos como resultado, portanto, que, pelo velamento do assunto, há um sentimento de estranheza e, ao mesmo tempo, curiosidade de aprofundar-se naquilo que é desconhecido. Um assunto envolto de uma atmosfera moralista, em que valores norteiam o certo e o errado de forma tão severa, tão impositiva, que seria desrespeitosa.

Temos, todos e todas, condições de singularidade, carregados de uma história intrinsecamente pessoal. E, considerando a sexualidade como um ponto nodal, isso é parte da constituição do sujeito. Devemos, sim, falar sobre sexualidade. De todos os seus desdobramentos, inclusive.

Discursar sobre a transexualidade é, pois, pertinente e contemporâneo, afeito à Psicanálise. Desde sua fundação, a sexualidade é bastante debatida e, por consequência, alvo de discursos variados; alguns incongruentes. Em meio a isso, não há como desconsiderar a transexualidade como fenômeno da mesma sexualidade humana.

Muitos debates decorrem daí, bem como questionamentos, sejam estes políticos, sejam sociais, culturais, midiáticos, médicos ou científicos. Todos pertinentes, embora alguns precários em suas propostas no entendimento da singularidade desta outra forma de se ver e ser.

Para falar do tema, devemos distinguir pontos essenciais para discussão, esclarecendo o *sexo biológico*, a *identificação de gênero* e a *orientação sexual*. Sexo biológico diz a respeito ao sexo com o qual o indivíduo nasceu, ou seja, aquele corpo orgânico é macho ou fêmea de acordo com o órgão genital. Assim, as características biológicas enquadram-se em qual fisiologia? Em uma questão puramente biológica, baseada no órgão sexual de nascimento (LANZ, 2014).

Por essa distinção, historicamente e em muitas culturas, como afirma Lanz (2014), as sociedades humanas definiram dois gêneros concomitantes ao *sexo biológico*, para os quais não seriam aceitos equívocos de enquadramento. Os machos biológicos deveriam seguir o gênero masculino, e, em contrapartida, o único outro gênero, o feminino, seria destinado às fêmeas biológicas[9].

Dessa demarcação, advém a *identificação de gênero*: as representações e os papéis sociais comuns esperados para determinado sexo biológico. Por nascermos inertes em relação ao gênero, resta-nos, pela nossa falta de identidade natural, a composição de uma identificação (CECCARELLI, 2017).

Como último item, a *orientação sexual*, de acordo com a circunvolução da pulsão em torno de um objeto — neste caso, em torno do objeto que serve ao movimento erótico e emocional. Diferentemente dos animais, os humanos, por não serem naturais, lidam com a sexualidade de outra maneira, de acordo com as marcas culturais. Dizem Coutinho Jorge e Travassos (2018) que, por não haver uma finalidade biológica de reprodução, a atividade sexual humana subverte o propósito da natureza, fazendo com que se busque a satisfação para além do coito sexual. Além do mais, isso é uma elaboração singular para o campo sexual. Ceccarelli (2017) não trata diretamente essa questão como orientação, mas, sim, como uma solução no sentido matemático do termo: uma equação que comporta diferentes variantes, a qual, no fim das contas, o sujeito apresentará uma solução; dita pelo autor como *solução sexual*.

Paralelas a esses esclarecimentos, é importante demarcar outras diferenças essenciais de identidades gênero-divergentes que se enquadrariam aí de forma geral. Em relação à heterocisnormatividade, descumprem, violam, ferem e/ou afrontam o binarismo de gênero de alguma forma e em algum grau. O termo "trans" é vasto, concebido de terminologias distintas, em que vemos a *transidentidade*, a *transgeneridade*, a *transexualidade*, o *transvestismo* e a *transvestilidade* (LANZ, 2014).

Os transgêneros são aqueles que destoam do binarismo de gênero, ou seja, das representações sociais masculinas e femininas estabelecidas na cultura, tornando-os inseridos na transidentidade (identificação oposta ao gênero correspondente ao sexo biológico). Os transexuais são as pessoas que desacordam com o órgão sexual de nascimento e, por esse conflito interior, querem se ajustar; podem desejam fazer a cirurgia de redesignação

---

[9] Importante demarcar, porém, que essa dimensão biológica teve outras interpretações fora da lógica heterocisnormativa, característica da Modernidade — em que os valores de uma família se circunscrevem em torno da justeza de homem provedor/mulher mãe —, não se aceitando demarcações que não girassem em torno da reprodução. Nas Idades Antiga e Média, essa demarcação não era preponderante.

sexual a fim de harmonizar o corpo à sua alma. Sentem-se em desconforto com o sexo biológico, e isso pode ir desde o anseio expresso de modificar ou eliminar os genitais, ou abdicar de características do próprio sexo, na busca mais estreita das características do sexo que julga ser o seu.

São pessoas, portanto, que apresentam discordância, conflito ou não conformidade com as normas de conduta socialmente aceitas e sancionadas para o gênero correspondentes ao sexo biológico. Para Ceccarelli (2017), o transexual seria aquele que transita por meio da sexuação com destino mais além, que, em tese, escolheria um dos lados, mas, na verdade, não deixa um pelo outro, mas sim um abandono de atributos de um sexo pelas aparências externas do outro sexo.

Já as "travestis", termo usado no feminino, refletem aqueles sujeitos que se transvestem com adereços e vestes femininos e que desejam manter e/ou valorizar a genitália masculina. São, aliás, marcados pelo sentimento prazeroso dessa manutenção, distantes da intervenção cirúrgica para aceitação social. O que difere o transvestismo do transexualismo é que, neste último, pode haver o desejo de adequação do corpo ao gênero, incluindo a genitália (COUTINHO; TRAVASSOS, 2018).

"Transvestismo" ("travestismo" ou "*crossdressing*") significa, literalmente, vestir-se com as roupas do gênero oposto, valendo mais para os homens, já que, para a mulher, a moda lhe permite a transição de gênero com mais fluidez. Quando decidido por uma mulher o uso de vestimenta masculina, o julgamento e a crítica não são os mesmos que para um homem quando decide fazer o mesmo — ao menos não agora, na contemporaneidade do século XXI.

Diferentemente das *drag queens*, as quais se montam para fins artísticos, as travestis apresentam-se femininas no cotidiano, independentemente de seu trabalho, circunstância ou lugar. Sendo ainda um universo mais vasto, o conceito de travestilidade, segundo Pelúcio (2007), engloba a pluralidade do ser travesti, sinalizando-se a multiplicidade de experiências diante da construção de desconstrução dos corpos.

Compreender o sexo biológico pode ser mais fácil, mas não significa um determinismo para as demais condicionantes. Não necessariamente o corpo biológico corresponderá ao gênero preestabelecido, tampouco a resposta será a orientação sexual culturalmente correlata. São direcionamentos distintos e de acordo com muitos fatores. Essa complexidade é fonte de dúvidas e, por vezes, repulsa da sociedade. Os arranjos e adequações para alguém *trans* demandam várias reflexões.

Isso significa que *identificação de gênero* e *orientação sexual* são questões construídas ao longo da história de alguém que, em dado momento, estará na condição de sustentar suas escolhas. De acordo com Ceccarelli (2017), de algum modo, ao se constituir, toda pessoa responde ao lugar que acredita ocupar nas expectativas postas e impostas a ela na família; como sujeito, responde ao discurso endereçado às atribuições dadas a ele preliminarmente e ao longo de sua história.

Para Ceccarelli (2017), a questão da escolha pode ser incerta e ambígua; afinal, para escolher, é preciso identificar as diferenças — dados não localizáveis facilmente — para gerar um posicionamento. Este contexto é processual, porque, nessas apostas, uma pessoa pode ou não corresponder às expectativas de gênero e orientação sexual. As representações que os gêneros exercem socialmente são distintas, e são passíveis de discordância nesse processo de identificação. Quando se discute a dinâmica de alguém *trans*, não existem caminhos simples, nem fáceis ou superficiais: tudo é complexo e profundo (LANZ, 2014).

> Embora ter nascido macho seja condição *sine-qua-non* para que alguém tenha acesso ao treinamento social para tornar-se homem (assim como nascer fêmea é o pré-requisito indispensável para se aprender a ser mulher), não significa que todo e qualquer indivíduo macho (ou fêmea) vá se submeter de forma tranquila, confortável, natural e espontânea ao processo de formação [...]. E é daí que advêm todos os intermináveis conflitos e tensões vividos pelas pessoas transgêneras. (LANZ, 2014, p. 112).

Diante da norma binária de gênero, associada ao órgão genital, os destinos do gênero apresentam variações. Na transgressão dessa norma, que caracteriza a existência do transgênero, há a distinção em relação às pessoas heterocisnormativas. Em termos técnicos, segundo Lanz (2014), o transgênero pode ser descrito como alguém cuja identidade de gênero discorda, conflita ou não conforma com as normas esperadas socialmente e sancionadas para a categoria de gênero apostadas desde o nascimento — em determinada época cultural.

Seriam eles os identificados sem autorização, afinal, como a autora menciona, um macho não tem permissão social para se identificar com o gênero feminino, e vice-versa. O transgênero seria um *desviado da norma*, cuja regra de gênero estaria descumprida, por não seguir os pressupostos representativos esperados no pacto com o seu corpo biológico, desrespeitando premissas sociais, políticas e culturais.

Por outro lado, os heterocisnormativos seguiriam as regras fundamentalistas das três condicionantes, o que lhes proporcionaria certo conforto nesse sentido; por seguirem o que a sociedade direcionaria. Eles possuem o discurso dominante. Alguns dispositivos o sustentariam como norma ou até natureza humana, dificultando que se percebam as tramas da construção histórica e cultura e a exclusão social decorrente disso para outras pessoas[10], o que faz com que muitos não a percebam como é construída e como ela é excludente.

Isso significa que são correspondentes as variantes esperadas para o sexo biológico: uma mulher, por exemplo, que se identifica com o sexo feminino e que se sente sexualmente atraída por um homem. A questão é que não basta nascer biologicamente fêmea: "*ninguém nasce mulher: aprende a ser*" (BEAUVOIR, 1967, p. 9). Muito embora o conforto seja aparente, configura-se também um labor individual; tornamo-nos mulher ou homem pelo reflexo que recebemos de como é sê-los.

Identificar-se e pôr-se a ser: eis o movimento que cada um faz, independentemente das condicionantes anteriormente citadas. Um processo individual que requer uma percepção do que vem a ser todo esse contexto do gênero, identificando-se e sustentando-se na escolha de apresentar-se como tal para a sociedade. Não haveria, portanto, outra forma, senão essa, pois temos de ter um parâmetro para começar a vida (LANZ, 2014).

As definições de gêneros nada mais são do que uma padronização do que se espera para os indivíduos biológicos, que logo devem seguir algumas premissas, ou seja, devem cumprir papéis representativos que a figura social correspondente exerce no meio em que vive.

> Gênero [...] diz respeito às diferenças psicológicas, sociais e culturais entre homens e mulheres. O gênero está ligado a noções socialmente construídas de masculinidade e feminilidade; não é necessariamente um produto direto do sexo biológico de um indivíduo. A distinção entre sexo e gênero é fundamental, já que muitas diferenças entre homens e mulheres não são de origem biológica. (GIDDENS, 2005, p. 102).

Os gêneros são invenções sociais que se enraízam na cultura como arcabouços ou diretrizes. De acordo com Ceccarelli (2017), não se nasce

---

[10] Importante demarcar que, do lado dos heterocisnormativos, não está tudo bem — as relações não são perfeitas, já que isso não existe. A Heterocisnormatividade deve ser entendida como uma metanarrativa, uma referência que faz a marca das expectativas culturais, versadas de maneiras variadas; como o Patriarcado, a masculinidade, a feminilidade etc.

psiquicamente menino ou menina; isto é um devir que se faz, psiquicamente, no sentido de um homem ou uma mulher. Nos estudos de Lanz (2014), a autora afirma que, por meio de processos culturais, o corpo orgânico passa a ser um corpo sexuado. Isso nos leva a pensar na transformação da biologia propiciada pela cultura, denotando a ausência da natureza no ser humano — ser cultural, histórico, político e social.

É pelo aprendizado social que uma criança adquire os caracteres de cada gênero e os diferencia. Há, nesse momento, a intermediação de adultos que receberam culturalmente as mesmas instruções, transmitem-nas; interferindo, aí, nas marcas históricas. Nenhuma criança se define como transgênero, de acordo com Coutinho e Travassos (2018). Esta nomeação chega dos adultos, geralmente da família e, posteriormente, dos especialistas. A infância é bastante lábil em relação às identificações, e algumas variações de apresentação de gênero podem dizer respeito a isso.

Segundo Lanz (2014), os dispositivos normativos são acompanhados por grande parte das pessoas, configurando, então, uma minoria discordante — que pode ser discriminada ou atacada. A transgressão à ordem colocaria em risco a sobrevivência cultural da tradição e a manutenção dos padrões; sob pena de condenação e julgamentos sociais, chegando até uma configuração patológica. Com base no binômio de gêneros, no sentido da manutenção de uma determinada organização, os transgêneros podem ser vistos eventualmente como doentes. Ao serem identificados como fora da normalidade, isso seria um comportamento patológico?

Coutinho e Travassos (2018) ressaltam a crescente discussão quanto à terminologia, uma vez que o sufixo "-ismo" caracteriza uma condição patológica. Para contrapor-se a essa ideia, usa-se o termo "transexualidade", que condiz com as reivindicações dos movimentos contemporâneos que lutam pela despatologização dessas identidades. Já a nomeação de "disforia" corresponderia à diferença dos sexos como questão cultural: tratando a transexualidade como fenômeno social, e não como doença.

Segundo Bedê e Belo (2019), na 11ª edição da Classificação Internacional das Doenças (CID), em vigor desde janeiro de 2022, o tema reflete muitas mudanças, na medida em que tópicos ligados ao gênero e à orientação do desejo sexual já não são tratados dentro do campo dos transtornos mentais, mas em capítulos dedicados à saúde sexual. Os autores afirmam que esta forma de classificação condiz com outros manuais psiquiátricos ainda patologizantes.

Lanz (2014), nesse tema da patologia, destaca pontos importantes para reflexão. Uma de suas colocações é quanto ao conceito de normalidade: as pessoas são consideradas normais quando correspondem a condutas diante dos padrões e expectativas sociais, e, quando isto é infligido, são caracterizadas como não conformes, sociodivergentes, transgressoras e/ou anormais. Os destaques para terminologias como "desvio" e "transgressão" levam a pensar em violação de normas, infração de leis, subversão da ordem, perversão moral, libertinagem de costumes, delinquência e desobediência civil, chegando-se a considerar alguém *trans* como pervertido, depravado ou doente mental, por estar identificado a um modelo referencial interditado — social, política e culturalmente.

Na visão de Ceccarelli (2017), o estudo da transexualidade propicia uma discussão da relação entre normal e patológico. Discussão essa envolta no questionamento a ser sempre retomado sobre esse ponto de referência que é a normalidade.

Os *trans* seriam as pessoas que subvertem a ordem da sociedade, considerados uma ameaça à cultura. Os homossexuais, por sua vez, afligem a lei por discordarem da concomitância do sexo biológico com a orientação sexual. Os transgêneros transcendem ainda mais a regra, pois discordam das normas do binarismo, bem como os transexuais, que desaprovam a genitália do nascimento e requerem mudanças físicas para corresponderem ao sexo com que se sentem confortáveis. Ao saírem da normalidade, esse seria, portanto, um comportamento patológico?

Relacionar o assunto à patologia requer muito cuidado. E, mesmo assim, é possível o enorme perigo de a pessoa enganar-se a respeito de quem ela pensa que é, supondo estar pronta e convicta para submeter-se aos processos de transição. Na contemporaneidade, o corpo tornou-se plástico, sujeito a ser esculpido e estilizado, com fins de padronização:

> Como resultado dos avanços científicos, o corpo está se tornando cada vez mais um fenômeno sujeito a muitas opções e escolhas [...]. Esses avanços aumentaram substancialmente tanto o potencial das pessoas transgêneras controlar seus próprios corpos como também em ter os seus corpos controlados por outros. Na medida em que a ciência facilita maiores graus de intervenção no corpo, ela também desestabiliza o nosso conhecimento sobre o que afinal são os corpos, assim como aguça nossa capacidade de fazer julgamentos morais sobre até onde a ciência deve ser autorizada a ir no

> processo de reconstrução do organismo [...]. Para as pessoas transgêneras, o corpo sempre apareceu como um projeto de transformação, um vir-a-ser da própria pessoa, o que implica em aceitar sua aparência, tamanho, forma e até mesmo o seu conteúdo como amplamente abertos à reconstrução. (LANZ, 2014, p. 110).

Dizer-se *trans* requer o reconhecimento da pessoa a despeito dos profissionais que a nomeiem. Coutinho e Travassos (2018) destacam o papel da ciência na determinação e ratificação do tratamento dos corpos em detrimento da elaboração psíquica. Diante da desarmonia ocasionada entre sexo biológico, identificação de gênero e orientação sexual, há uma tendência de a ciência médica reduzir a questão, propondo soluções invasivas, que descartam as particularidades.

Na oportunidade de acolhimento e escuta, esta demanda permite a emergência desse discurso outro, configurando um lugar de sujeito. A cirurgia de redesignação seria um meio de enquadramento de gênero, uma realocação para moldar o sujeito ao que lhe parece como única solução?

> A discussão em torno das solicitações de cirurgias para adequação do sexo ao gênero coloca em pauta uma série de elementos que devem ser considerados. Mas o principal, que conduz o discurso de muitos transexuais, é a necessidade de, muitas vezes, adequar com ares de perfeição o corpo biológico à imagem que ele ou ela faz de "ser um homem" ou "ser uma mulher"; por mais que o transexual diga que aquelas "adequações" são para satisfazer sua autoimagem, sabemos que é também para o outro. Todos nós pagamos o preço de ser quem somos, porém uns pagam com palavras e sentimentos e outros pagam com a carne. (COUTINHO; TRAVASSOS, 2018, p. 105).

Ceccarelli (2017) indica a cautela e a prudência como norteadoras no tratamento das transexualidades. Qualquer forma de acessar essas pessoas deverá contemplar a particularidade do trajeto transexual e os conflitos advindos de eventuais questões. Há um corpo que vai mal.

Não apenas o corpo, mas a sociedade também vai mal com os sujeitos *trans*. Dados recentes ilustram quão especulativo é o tema e, assim, suscetível de debates e criticidade no que vem ocorrendo na sociedade contemporânea, em especial o trato a esse público pelos profissionais da saúde, como mencionado anteriormente, mas também um ponto sobre a segurança dessas pessoas. Segundo dados apresentados pela Associação Nacional de Travestis e Transexuais, ANTRA (2022), foram registrados 175 casos de assassinato no ano de 2020, 140 em 2021, e 131 em 2022, sendo as maiores incidências (em ordem decrescente) nas regiões: Sudeste (São Paulo) Nordeste (Ceará, Bahia), Sudeste (Minas Gerais, Rio de Janeiro), Sul (Paraná), Centro-Oeste (Goiás, Mato Grosso) e Norte (Amazonas), respectivamente.

Este grupo tem em média 40 anos a menos de perspectiva de vida, comparada à estimativa para a população brasileira. A maioria dos crimes acometeu pessoas entre 15 e 39 anos de idade, considerando 89% dos casos. Em 65% dos assassinatos, houve requintes de crueldade: agressão física, tortura, espancamento, linchamento, esquartejamento, afogamento e outras formas brutais de violência. A maioria dos assassinos desconhece as vítimas.

O Brasil mantém-se na liderança do ranking mundial de assassinatos de pessoas *trans* no mundo, seguido por México e EUA. Mas não apenas em assassinatos desse público, também outros quantitativos chamam atenção. De acordo com Patelli (2019), no ranking da Alexa, o qual mostra os sites mais visitados do mundo, encontra-se o site pornográfico Pornhub, em 27.º lugar. É possível encontrar um quantitativo que mensura perfis de usuários e pesquisas mais comuns. Entre todos os países, o Brasil ocupa o décimo lugar dos visitantes mais frequentes, e a categoria de pornografia a que, proporcionalmente, se procura, mais do que nos demais países, é "transgênero", representando 86% a mais que a média do mundo todo.

Vemos, então, um contraponto a se destacar de suma importância: ao mesmo tempo que o Brasil é o país que mais pesquisa esse tipo de pornografia, por que é o país que mais mata a população *trans* no mundo? Algo de mal resolvido é explícito nesse contexto, o que de fato comprova que a sexualidade é maldita, principalmente em um país ultrajado de intenções de vanguarda, mas que, em essência, ainda é moralista e intolerante diante das diferenças: nada pode ser transgredido, tudo deve ser padronizado.

Evidencia-se, portanto, a importância de falar sobre a sexualidade. Algo inerente à constituição do sujeito. E, para tanto, as propostas psicanalíticas articulam-se muito bem, mesmo que polissêmicas, sobre a discussão da transexualidade, principalmente por tratarem de modo singular como vem a ser a escolha sexual do sujeito, respeitando as minúcias de sua história e tratando-as com cuidado.

Comecemos pelo conceito de Complexo de Édipo, mito grego com o qual Freud ilustra a encruzilhada estrutural da constituição do sujeito (DUNKER, 2016). De longe, um drama infantil, em que, para além da hostilidade em face do genitor oposto, é um momento de socialização e humanização, quando a criança se apropria do seu desejo, e elabora essa dinâmica inconsciente. É o momento de resposta à castração e à falta alocadas na diferenciação sexual. Esta discussão e esta elaboração conceitual, que abarca todos os humanos, começam na apresentação da sexualidade infantil (FREUD, 1905/1996).

Segundo a proposta freudiana, o Complexo de Édipo está ligado à fase fálica da sexualidade infantil, quando, por volta de 2 ou 3 anos de idade, o menino começa a sentir sensações voluptuosas. Apaixonado pela mãe, ele a deseja, e em contrapartida coloca-se como rival do pai. Mas adota igualmente, em segundo momento, a posição inversa: ternura para com o pai, e hostilidade quanto à mãe na percepção de ela não ter o pênis (FREUD, 1905/1996; ROUDINESCO; PLON, 1998).

Os autores complementam que o Complexo de Édipo desaparece com o Complexo de Castração: o menino vê no pai o obstáculo para realizar seus desejos. Abandona o investimento feito na mãe e passa a se identificar com o pai; o que lhe permite, no futuro, outra escolha de objeto amoroso e novas identificações.

É importante destacar que a dissolução do Édipo para o menino se dá pela angústia da castração. É pela mesma via que se dá a entrada da menina no Complexo de Édipo — para ela, tudo se inicia com a descoberta da castração, levando à inveja do pênis. Ao contrário do menino, a menina desliga-se de um objeto do mesmo sexo (mãe) por outro de sexo diferente (pai).

Tanto para meninos quanto para meninas, o apego à mãe é o elemento comum — a mãe é objeto de amor e identificação nos primeiros tempos para ambos. Posteriormente, os caminhos seriam distintos para cada um e cada uma no que tange à diferença sexual.

O interdito é postulado para ambos, e cada indivíduo faz a própria elaboração, para se estruturar psiquicamente. Na maioria das pessoas ditas neuróticas, essa barreira é instaurada, e, em algum momento, o gozo poderá ser desfrutado; mas diante de regras — resultado da operação de recalque. O Complexo de Édipo resulta na estruturação psíquica, e, em meio a isso, a formação do supereu, a identificação. É com base nesse contexto que a criança fará sua escolha de objeto sexual, identificando-se com a figura materna ou com a figura paterna (NOCCHI, 2010). Desse modo, o Complexo de Édipo implica tanto a perda de gozo, sua interdição, quanto a eleição inconsciente do parceiro — acrescentando-se, porém, que a experiência do encontro sexual contribui nisso de maneira significativa.

De acordo com Garcia-Roza (2009), em *Três ensaios sobre a teoria da sexualidade*, valendo-se da pulsão, o desejo busca se realizar, chegar à satisfação, que é o alívio de tensão. Freud (1915/1996e) cria o conceito de pulsão para contrapô-lo à noção de instinto. Assim, é por meio do circuito pulsional que, em torno das zonas erógenas, há a constituição da sexualidade humana. Nesse circuito, definem-se o objeto e o objetivo sexuais. O objeto sexual é a pessoa de quem procede a atração sexual, e o objetivo sexual é o ato a que a pulsão conduz em busca do alívio de tensão.

O instinto estaria ligado à biologia, para qual a função dominante é a reprodução. Na sexualidade humana, que não tem apenas este caráter, outros usos do contato sexual pervertem essa ordem, levando a outras configurações para estar com o outro. Freud (1915/1996e) encontra, então, na sexualidade comum, desvios em relação aos objetivos sexuais.

A discussão da sexualidade infantil, à época freudiana (e mesmo hoje), trazia desconforto. A tendência era (e ainda é) a negação da sexualidade infantil — negação advinda da repressão social e da amnésia que incide sobre os primeiros anos da infância (sob recalque). Negam-se, pois, os impulsos sexuais infantis, mantendo-se o interdito recalcado — o "esquecimento" do que se sabe da sexualidade infantil é uma via que se manifesta na recusa da infância perversa[11].

Nesse texto, aliás, Freud propõe-se a reconstruir a pré-história da sexualidade e as vicissitudes a que ela foi submetida (GARCIA-ROZA, 2009). No último dos ensaios, Freud (1905/1996b) dedica-se à análise da sexualidade genital. As pulsões sexuais, que até o momento eram satisfeitas no autoerotismo, encontram outra forma por meio de um objeto sexual. Garcia-Roza (2009) acrescenta que a relação sexual resulta muito mais que fins de reprodução, em função dessa busca de prazer — que, ao fim das contas, é o alívio de tensão.

Freud (1912/1996c), ao escrever *Sobre a tendência universal* à *depreciação na esfera do amor*, apresenta-nos um impasse ao dizer que *a anatomia é o destino*. De acordo com Coutinho e Travassos (2018), não podemos deixar de repensar a importância da anatomia na formação da psicossexualidade, e indagam: seria a anatomia um ponto de partida ou, antes, um ponto de chegada que corre o risco de não ser jamais alcançado?

---

[11] Perversão não se refere à perversidade, mas ao que se perverte em uma lógica de circuito pulsional.

Os autores ainda comentam que, se, do ponto de vista anátomo-morfológico, o sexo da criança é determinado nas primeiras semanas de vida fetal, o início da construção da identidade sexual não coincide com o nascimento. Dito de outra forma, o gênero ao qual o sujeito sente pertencer estaria tramado desde antes de cada um nascer; desde as tramas da História. Na particularidade, pensando o papel do Inconsciente na vida psíquica, isto também "decide" o gênero. Talvez Stoller (1975 *apud* COUTINHO; TRAVASSOS, 2018) tenha razão quando diz que *a anatomia não é, de fato, o destino*. O destino vem do que os humanos fazem da anatomia.

Quando, então, levamos essas reflexões para a clínica com alguém *trans*, a aplicabilidade e a compreensão são tão desafiadoras quanto para qualquer outro analisante, com a mesma cautela. Para a Psicanálise, o diagnóstico não passa pela nomeação de psicopatologias, considerando essa nosografia como sintoma social (COUTINHO; TRAVASSOS, 2018).

Para a Psicanálise, a sexualidade é singular e constrói-se segundo processos inconscientes complexos. Freud (1905/1996 *apud* COUTINHO; TRAVASSOS, 2018) faz menção ao mito de Aristófanes, ao discernir dois polos distintos da sexualidade: o da *identificação* e o do *desejo*, que não se confundem nem se complementam; não há vinculação natural entre homem/mulher, masculinidade/feminilidade e heterossexualidade/homossexualidade. Na obra freudiana, há em detalhes a ausência de conexão entre escolha de objeto e identificação sexual, o que também denota a radicalidade do sexual no genital — pensando-se que o sexual está muito além do genital.

Quando se diz que a orientação sexual é uma escolha, destaca-se que não é uma escolha qualquer, mas aquela conduzida pelo Inconsciente. Ao longo da obra freudiana e presente na escuta clínica, encontra-se a escolha inconsciente de objeto. Em outras palavras, o corpo do qual a Psicanálise trata é da ordem pulsional, não havendo nenhum parâmetro natural.

Ao discutir a sexualidade, mesmo sem referência à temática transexual, podemos notar grande contribuição freudiana. De suas obras, a derivação para os textos lacanianos.

Segundo Bedê e Belo (2019), Lacan menciona, nos Seminários 18 e 19, brevemente, casos de transexuais atendidas por Stoller; e apontamento à psicose. Essa formulação foi feita antes de muitos debates e elaborações dentro e fora da Psicanálise sobre a temática, que inauguraram outras leituras possíveis, mais atentas à escuta dos sujeitos *trans*.

As posições teórico-clínicas sobre o tema podem ser agrupadas em duas grandes correntes: de um lado, Stoller; e, de outro, Lacan, como afirma Ceccarelli (2017, p. 42):

> O que diferencia são suas bases que sustentam a teoria usada na compreensão da dinâmica transexual. Stoller trabalha com o dinamismo pulsional e os movimentos identificatórios constitutivos do eu, enquanto Lacan se apoia na noção de sujeito. Enquanto Stoller sustenta suas teorias a partir de um trabalho clínico consistente, as posições de Lacan são eminentemente teóricas, sem respaldo clínico.

Ceccarelli (2017) ainda comenta que Stoller não considera o transexual psicótico, por não encontrar indícios nem sintomas reconhecidos como tipicamente psicóticos. Tampouco se trata de uma perversão. Finalmente, conclui que, por não serem acessíveis a nenhuma forma de psicoterapia, nem mesmo à Psicanálise, o tratamento hormonal e a cirurgia seriam recomendáveis.

Para Lacan (1970-1971/2009), o transexual encarna o falo e procura, pela cirurgia, libertar-se do lugar do significante. Logo, trata-se de uma psicose, em que o transexual tenta, por falta do significante do Nome-do-Pai, amarrar, pela cirurgia, o real, o simbólico e o imaginário.

No que se refere à direção do tratamento psicanalítico, no entanto, um fenômeno nunca é o fator determinante ou suficiente para se elaborar um diagnóstico clínico. Só o um a um, recortado da escuta do sujeito na transferência, autoriza cernir um diagnóstico que oriente o trabalho psicanalítico. No quesito das transexualidades, não seria diferente, e toda prudência é recomendada (CECCARELLI, 2017).

A escuta sob transferência, orientando-se pelo real de cada caso, apresenta-se como o recurso possível para fazer corte na conjunção que se promove artificialmente entre o que o sujeito supostamente busca e aquilo que a ciência oferece, na medida em que esta última acaba por recolher sua própria demanda de forma invertida (KOSOVSKI, 2016).

Coutinho e Travassos (2018) afirmam que, para a Psicanálise, o diagnóstico não pode, nem deve, ser considerado exclusivamente pela ótica médica de nomeação de patologias, visto que muitas vezes ele apresenta características de um verdadeiro sintoma.

A noção de sintoma, em Psicanálise, reveste-se de uma significação particular e bastante ampla: tem a ver com uma forma de estar no mundo, um posicionamento subjetivo que implica tanto um sofrimento quanto um gozo. Logo, o sintoma não é aquilo que deve ser eliminado: ele é a expressão do desejo do sujeito e de tudo o que envolve esse desejo. O sintoma expressa a resultante de um conflito psíquico — intrínseco ao ser da linguagem — que alia, de modo inconsciente, uma proibição e uma demanda imperativa de satisfação, seja ela qual for. Assim, um percurso de análise visa um *savoir faire*, busca encontrar novas formas para o sujeito lidar com o sintoma, e não a extirpação deste.

Com ofertas de cirurgias e procedimentos correlatos, surge a resposta à demanda equivocada que, de acordo com Marques, Lavinas e Muller (2018), é justamente o erro comum. O transexual pode querer se livrar desse erro da não conformação entre a aparência do corpo ao sexo identificado, e haveria uma promessa tangível por meio das alterações orgânicas.

De acordo com Marques, Lavinas e Muller (2018), mesmo com as inúmeras ofertas de adequação e harmonia do corpo ao gênero, isso não concerne ao real em jogo, indizível, que não pode ser simbolizado.

No Seminário 18, Lacan (1970-1971/2009, p. 30) diz:

> O transexualismo consiste, precisamente, num desejo muito energético de passar, seja por que meio for, para o sexo oposto, nem que seja submetendo-se a uma operação, quando se está do lado masculino [...]. Desta forma, para ter acesso ao outro sexo, realmente é preciso pagar o preço, o da pequena diferença, que passa enganosamente para o real por intermédio do órgão, justamente no que ele deixa de ser tomado como tal e, ao mesmo tempo, revela o que significa ser órgão. Um órgão só é instrumento por meio disto em que todo instrumento se baseia: é que ele é um significante. É como significante que o transexual não o quer mais, e não como órgão. No que ele padece de um erro, que é justamente o erro comum. Sua paixão, a do transexual, é a loucura de querer livrar-se desse erro, o erro comum que não vê que o significante é o gozo e que o falo é apenas o significado. O transexual não quer mais ser significado como falo pelo discurso sexual, o qual, como anúncio, é impossível. Existe apenas um erro, que é querer forçar pela cirurgia o discurso sexual, que, na medida em que é impossível, é a passagem do real.

Nos estudos de Marques, Lavinas e Muller (2018), a diferença anatômica entre os homens e as mulheres e o resultante estranhamento do corpo denunciado pelos transexuais apontam para o mal-estar produzido pela linguagem — contribuição fundamental de Lacan à Psicanálise. Miranda (2015) considera que o corpo é esculpido pela linguagem, habitado pelo sujeito do Inconsciente e é marcado e erogenizado pelo outro que transmite a linguagem.

> Da perspectiva lacaniana, a transexualidade problematiza o papel que joga a anatomia em relação ao corte, e nos permite voltar a pensar que a escolha sexual, e as identificações, mais que identidade, que a partir de agora se colocarão em jogo, não são algo meramente fenotípico ou nominativo, mas sim um assunto de inscrição subjetiva na ordem da linguagem. Para aceder ao "outro sexo" é necessário pagar o preço, justamente o da pequena diferença, que passa enganosamente ao real através do órgão, e se faz instrumento pela operação significante. (PEREGRÍN, 2017, p. 1).

Quando dizemos sobre a escolha do parceiro: esta também é marcada pelo inconsciente. Embora os novos objetos da vida adulta sejam escolhidos com base nos traços dos objetos primordiais, só se chega à cópula pela linguagem:

> [...] os corpos copulam porque as palavras copulam no inconsciente, na linguagem. [...] Não há apenas obsessões, conversões, etc., o próprio casal, casal de gozo, é sintoma. Tanto no nível do gozo quanto no do parceiro eleito pelo inconsciente. (SOLER, 2012 *apud* MARQUES; LAVINAS; MULLER, 2018, p. 1).

Independentemente do sexo do parceiro escolhido, homem ou mulher, o que está em jogo é o *diferente*: o parceiro como objeto causa de desejo do sujeito. É assim que conseguimos constatar que a relação sexual entre o sujeito e o objeto que lhe causa é uma formação do Inconsciente, uma fantasia, visto que o parceiro do sujeito não é tomado como outro sujeito, mas como objeto que, por meio de seus traços, traz a promessa de reencontro com o objeto primordial, perdido desde sempre. Disso se conclui que, independentemente de seu sexo, o parceiro será sempre um recorte, reduzido à dimensão de objeto por sua função de causa ao sujeito. Portanto, não importa se a escolha de objeto é hetero ou homossexual; como seres de linguagem, é com o falo, e não com o parceiro, que nos relacionamos; seja no nível do *ser*, seja do *ter* o falo.

Segundo Nocchi (2019), nas obras de Freud, são poucas as vezes em que ele menciona a palavra "falo", sempre como sinônimo de pênis, posto em uma relação privilegiada como zona erógena e ao seu papel decisivo na instalação do Complexo de Castração diante da diferença sexual e de suas consequências psíquicas. Já Lacan, ainda em Nochi (2019), poucas vezes emprega o termo "pênis"; pelo contrário, apresenta o papel que esse órgão desempenha na fantasia, em vez de destacá-lo em uma dimensão biológica. Ou seja, Lacan refere-se ao pênis como órgão sexual masculino, dado anatômico, e ao falo no que diz respeito às funções que este ocupa no registro simbólico.

Tolipan (1992) descreve o falo como o primeiro significante que empresta significação aos demais. Ele representa a falta do sujeito, ao mesmo tempo que representa o objeto que recobriria essa falta. Como todo significante, aponta a presença e ausência, e pode ser significado de inúmeras maneiras, desde o prestigiado pênis, como também adquirir valores como inteligência, beleza, poder, conhecimento etc.

Em Marques, Lavinas e Muller (2018), não obstante o falo, significante da falta, possa se apoiar na imagem corporal, possibilitando ser sexuado pela via do discurso, o acesso à aparência jamais se reduzirá a ela. Essa é a questão em torno da qual o sujeito, referido ao Outro, como marca da alteridade, tenta ancorar a resposta sobre seu próprio sexo. Logo, ser homem ou ser mulher não é uma questão anatômica, mas uma escolha do sujeito, uma escolha inconsciente do sexo diante dos efeitos corpóreos produzidos pela incorporação do simbólico, marca que produz sua forma para além de qualquer silhueta a ser refeita cirurgicamente, para além de qualquer transplante ou remoção do sexo.

Ao tratar do tema, Lacan (1949/1998 *apud* ROUDINESCO; PLON, 1998) apresenta o Estádio do Espelho, momento ao qual a criança antecipa o domínio sobre sua unidade corporal por meio de uma identificação com a imagem do semelhante e da percepção de sua própria imagem num espelho.

Nocchi (2010) acrescenta que Lacan também postula o conceito de sujeito em sua marca indelével: sua divisão. Ainda, afirma que toda essa dinâmica não estabelece apenas a instauração da falta ao desejo, mas também apresenta uma função normativa e normalizadora, em referência à estrutura clínica e ao posicionamento sexual. É a maneira singular como cada um atravessa o Complexo de Édipo que determinará o seu posicionamento enquanto sujeito sexuado, bem como sua escolha de objeto sexual.

Nos estudos de Miranda (2015), sabemos que a imagem do corpo não é simbolizada totalmente, e comporta um real indizível que atormenta o sujeito. O horror ao pênis que alguns transexuais revelam pode ser, nesse sentido, horror à ereção, forma de gozar masculina, presentificação do desejo no macho. A imagem do órgão viril ereto revelaria para o transexual um real insuportável que ele não simbolizaria. Alguns transexuais afirmam que não necessitam da ablação do pênis, basta o tratamento com hormônios para que não tenham ereção.

Ainda segundo Miranda (2015), Freud diz que não se nasce mulher, torna-se; mas tampouco se nasce homem. É preciso construir, pela via dos semblantes, um parecer ser homem ou mulher. Uma transexual, ao se construir como mulher, saberia mais o que é ser mulher do que qualquer outra mulher, demonstrando que o suposto original é apenas uma construção. Não há uma identidade sexual de base; ao sujeito dividido, acrescentar-se-ão os atributos masculinos ou femininos, mas nenhum atributo proporcionará uma identidade sexual. A identidade é construída por meio da cristalização das identificações, das fixações de gozo, da inserção da castração, de sua negação, sua recusa radical ou de seu desmentido. Há em torno do significante *falo* a construção de semblantes do *ter* ou do *ser*, e os transexuais fazem um parecer ser mulher ou homem para esconder o que são, sabendo que não são: eles seriam o semblante por excelência.

> Se há partilha dos sexos, e o saber de que se trata no inconsciente é o não-saber sobre o sexo, não há saber sobre essa partilha, há semblante. Se, por um lado, o real do sexo escapa ao saber, por outro, há um saber fazer com esse real através do semblante de ser homem ou mulher. [...] masculino e feminino são apenas semblantes, máscaras construídas, roupas, maquiagem ou ainda temperamento afirmativo que este sujeito supõe ao masculino. Sentir-se homem ou mulher é uma questão de, através da cristalização das identificações, encontrar uma identidade. (MIRANDA, 2015, p. 58).

Não se trata, no transexual, da certeza de se sentir homem ou mulher em um corpo trocado, a certeza de que se trata é que o remédio indicado para o mal-estar dos transexuais seria a cirurgia e a endocrinologia. O desejo do transexual seria, pois, abolido em prol da posição de objeto do gozo do Outro da ciência. Esses sujeitos acreditariam que, transformados, conseguiriam abolir o mal-estar inerente ao ser de fala que, por definição, é inadequado, fruto da subversão da natureza. Aqui a cirurgia não tem efeitos sobre o mal-estar, que é psíquico.

O esforço exercido pelo transexual, ao se adequar à pauta de condutas, de comportamentos, gostos e atitudes esperadas de determinado gênero, demarcam a função de semblante presente na transexualidade. Para Cossi (2010), o semblante faz parte do universo da aparência e, por sua vez, o transexual faz semblante de que as identidades sexuais realmente existem, caracterizando algo permanente e definível para os gêneros. A esse respeito, o referido autor trata ainda que o transexual atribui uma essência à sua identidade, reconhecendo aí um engodo para escapar do seu sofrimento de desidentificação com o sexo de nascimento.

Ceccarelli (2017) chama de "identidade" essa vivência íntima que nos dá o sentimento enganoso, mas indispensável, de um conhecimento de si. O sentimento de pertencer ao gênero masculino ou ao feminino está intrinsicamente ligado à questão identitária: quando alguém diz "Eu", encontra-se aí implícito o sexo e o gênero ao qual o sujeito se sente pertencer. O que define o sujeito na sua mais absoluta diferença (identificar alguém), mas também o que assemelha a um outro qualquer, graças a um certo número de traços em comum.

A identificação continua sendo reconhecida como o momento fundador da constituição do eu. A identificação primária (a identificação aos pais) trará ao sujeito os elementos que permitirão posicionar-se ao lado dos homens, ou do das mulheres. Essa tomada de posição será reforçada pelas identificações oriundas das escolhas de objeto — identificações secundárias — responsáveis pelas relações que o sujeito estabelecerá com a masculinidade e a feminilidade. Seria necessário, primeiramente, posicionar-se como menino ou menina (identificação primária; inserção do sujeito na função fálica) para, então, identificar-se (identificações secundárias) aos atributos culturais do masculino e do feminino (CECCARELLI, 2017).

O que se depreende é que ninguém nasce sexuado, já que as bases que sustentam as identificações constitutivas do eu e as futuras escolhas de objeto são vicissitudes das relações do humano com a linguagem:

> [...] no psiquismo não há nada pelo que o sujeito possa situar-se como ser de macho ou ser de fêmea [...] aquilo que se deve fazer, como homem ou mulher, o ser humano terá sempre que aprender, peça por peça, do Outro. (LACAN, 1964/1985, p. 194).

Segundo Coutinho e Travassos (2018), é pelo Outro — lugar da palavra, como detalhou Lacan — que a criança obterá meios para constituir sua sexualidade. É essa ação que produz um sujeito enquanto efeito da linguagem e, por isso mesmo, a ela assujeitado.

O corpo, segundo Miller (2004 *apud* SOUTO *et al.*, 2016, p. 1), "é um corpo onde se passam coisas", onde ocorrem coisas imprevistas. Ao considerar o Estádio do Espelho, Lacan (1966/1998) fornece subsídios para se pensar a essencial diferença entre o organismo biológico e o corpo visual — este último constituindo uma imagem que encarna o sujeito sob identificações imaginárias, uma matriz de sua corporização. É na sua teorização sobre o Estádio do Espelho que Lacan (1966/1998) estipulará que a imagem corporal total com a qual o sujeito se identifica tem valor de vida para este.

No espelho, ou na especularidade, o sujeito espera encontrar a confirmação da imagem que ele reivindica, a imagem ideal que responde ao olhar do Outro; mas, ao mesmo tempo, existe o perigo de encontrar também ali a imagem que deve, a qualquer preço, permanecer recalcada (CECCARELLI, 2017).

Nota-se, portanto, que o corporal é uma contingência para o sujeito. O corpo é inscrito pelo desejo e as noções de homem e de mulher são apenas significantes. Conforme aponta Coutinho e Travassos (2018), o sujeito não tem sexo, o sujeito é o sexo, uma vez que é ele quem habita o intervalo entre os lugares designados aos significantes do homem e da mulher. O transexual vive em busca de uma autenticação do seu sexo. Aquilo que lhe aflige por não corresponder ao seu desejo pode ser substituído pela urgente redesignação sexual e, principalmente, autenticado pelo Outro como forma de validação da assunção da imagem do corpo.

De acordo com Ceccarelli (2017), seja como for, os transexuais afirmam que o que se lhes retira são, precisamente, as insígnias sexuais que lhes recordam o sexo em contradição com o sentimento de identidade sexual. O pedido transexual não deve ser entendido como uma demanda de castração, no sentido de querer se livrar do falo que ele crê encarnado no pênis. Pela sua reivindicação, ele procura resolver um conflito entre seu sexo anatômico e seu sentimento de identidade sexual. É o discurso biomédico, ou social, que vê na reivindicação do transexual uma castração, enquanto, para o transexual, trata-se de uma correção que implica a retirada dos órgãos genitais. É antes da operação que os transexuais se consideram privados (castrados) do que deveriam ter.

Os transexuais, segundo Coutinho e Travassos (2018), reivindicam um lugar e recorrem à ciência e ao direito para legitimar seu enunciado por meio da adequação corporal e do registro civil. Parecem demandar do outro o reconhecimento enquanto homem ou mulher — como se o olhar do outro pudesse reiterá-los de uma falta irreparável.

Essas reivindicações de adequação colocam em pauta uma série de elementos que devem ser considerados. Mas o principal que conduz o discurso de muitos transexuais é a necessidade de, muitas vezes, adequar com ares de perfeição o corpo biológico à imagem que ele ou ela faz de "ser um homem" ou "ser uma mulher"; por mais que o transexual diga que aquelas adequações são para satisfazer a própria imagem, sabemos que é também para o outro. Todos nós pagamos o preço de ser quem somos, porém uns pagam com palavras e sentimentos, e outros pagam com a carne (COUTINHO; TRAVASSOS, 2018).

As propostas psicanalíticas, mesmo que polissêmicas, sobre a discussão da transexualidade articulam a questão; principalmente por tratar de modo singular como vem a ser a escolha sexual do sujeito, respeitando-se as minúcias de sua história e tratando-as com cuidado, na lógica das particularidades.

As enunciações de Freud, ao apresentar a sexualidade desde a infância causaram, e ainda causam, muito desconforto. Como então uma criança jamais apresentada a estímulos sexuais poderia nessa fase inicial ter desejos voluptuosos? Mas não é disso que se trata. Dizemos algo do que difere o humano dos demais animais. Diferença muito explícita nos textos sobre pulsão, a qual antagoniza o conceito de instinto. O que se trata é de algo operante no sistema psíquico que exige nada menos que satisfação, mais além dos atos sexuais.

Os Complexos de Édipo e Castração elucidam a primeira dinâmica entre os atores que, junto à criança, constituirão, para esta, as funções operantes para sua constituição como sujeito, além de lhe apresentarem a diferença anatômica entre os sexos, que logo será ampliada a outras contextualizações, como a interpretação fálica. E, fundamentalmente por esta experiência, a noção de lei junto à constituição da estrutura psíquica (neurose, psicose e perversão). São operações tão importantes que resultam também em traços de identificação e escolha de objeto. Ponto primordial com o qual devemos ter cuidado ao discutir e compreender, afinal são assuntos relacionados a sexo biológico, gênero e sexualidade.

As identificações originadas das operações supracitadas propiciam ao sujeito um direcionamento de identidade, que lhe atribuirá leituras distintas dos gêneros, e com base nisso fará sua escolha com que gênero se identificar. Mas também lhe resulta uma operação quanto à relação com o objeto, que ao longo de sua vida será refletida na eleição inconsciente do parceiro. Inconsciente, uma vez que esta elaboração é tratada nesta instância por uma operação lógica.

Ao tratar ainda sobre pulsão, vemos que o objeto sexual é a pessoa de quem procede a atração, e o objetivo sexual é o ato ao qual a pulsão conduz. Não devemos interpretar essa dinâmica de modo correlacional. São três nichos distintos, que não precisam necessariamente corresponder à cultura do grupo. É então que vemos a lógica da pulsão: o objeto identificado primeiramente, em outro momento, dar-se-á a alguém, independentemente de suas condicionantes (sexo biológico x identificação de gênero x atração sexual) objetivando simplesmente a satisfação do desejo.

A biologia diz respeito apenas à anatomia do indivíduo, portanto nula quanto à atração sexual. O gênero responde à identificação, que logo fundamenta a identidade singular. E a orientação sexual advém da dinâmica com o objeto, outrora posta e elaborada inconscientemente; que na vida será com um parceiro.

O cuidado da Psicanálise está na compreensão instaurada pela transferência, e ouvir o sujeito em face da ordem do seu sintoma; longe de seguir protocolos, ou manuais diagnósticos, mas sempre preocupados em ouvir aquele que pode dizer mais de si do que ninguém. Não é possível a padronização de tratamento para sujeitos *trans*, assim como para nenhum outro. Não nos interessa o sexo biológico, o gênero identificado e tampouco a quem é direcionado o desejo sexual.

Em uma análise, o que importa são as minúcias de sua história, e compreender junto ao sujeito o lugar em que se organizam a escolha e o preço das escolhas, mesmo que o preço a ser pago seja com a própria carne. É desses sujeitos, por vezes alocados na escória social, a quem o psicanalista também se presta a escutar como nenhum outro clínico ouviria. A operação pode estar além dos bisturis, cortes ou próteses, por meio de uma delicada operação pela linguagem, com a emersão do sujeito inconsciente. A aposta é em sujeitos desejantes, e não em objetos de gozo do Outro da ciência.

Referências

ASSOCIAÇÃO NACIONAL DE TRAVESTIS E TRANSEXUAIS (ANTRA). **Dossiê**: Assassinatos e violência contra travestis e transexuais no Brasil em 2020. Disponível em: https://antrabrasil.files.wordpress.com/2023/01/dossieantra2023.pdf. Acesso em: 2 dez. 2019.

BEAUVOIR, S. **O segundo sexo**. São Paulo: Difusão Europeia do Livro, 1967. v. 2.

BEDÊ, H. M.; BELO, F. R. R. O analista em cena: uma clínica da transexualidade mais além do diagnóstico. **Rev. Latinoam. Psicopat. Fund.**, São Paulo, v. 22, n. 1, p. 54-71, mar. 2019. DOI 10.1590/1415-4714.2018v22n1p54.4.

CECCARELLI, P. R. **Transexualidades**. 3. ed. São Paulo: Pearson Clinical Brasil, 2017.

COSSI, R. K. Transexualismo e Psicanálise: considerações para além da gramática fálica normativa. **A Peste**, São Paulo, v. 2, n. 1, p. 199-223, 2010.

COUTINHO, J. M. A.; TRAVASSOS, N. P. **Transexualidade**: o corpo entre o sujeito e a ciência. Rio de Janeiro: Zahar, 2018.

DUNKER, C. O que é o Complexo de Édipo para a psicopatologia clínica? **Canal Christian Dunker**, 2016. Disponível em: https://www.youtube.com/watch?-v=x6optR2yDiI. Acesso em: 24 jan. 2020.

FREUD, S. (1896). A etiologia da histeria. *In*: FREUD, S. **Edição standard brasileira das obras completas de Sigmund Freud**. Rio de Janeiro: Imago, 1996a. v. 2.

FREUD, S. (1905). Três ensaios sobre a teoria da sexualidade. *In*: FREUD, S. **Edição standard brasileira das obras completas de Sigmund Freud**. Rio de Janeiro: Imago, 1996. v. 7.

FREUD, S. (1912). Sobre a tendência universal à depreciação na esfera do amor (Contribuições à psicologia do amor II). *In*: FREUD, S. **Edição standard brasileira das obras completas de Sigmund Freud**. Rio de Janeiro: Imago, 1996c. v. 11.

FREUD, S. (1915). O Inconsciente. *In*: FREUD, S. **Edição standard brasileira das obras completas de Sigmund Freud**. Rio de Janeiro: Imago, 1996d. v. 14.

FREUD, S. (1915). O instinto e suas vicissitudes. *In*: FREUD, S. **Edição standard brasileira das obras completas de Sigmund Freud**. Rio de Janeiro: Imago, 1996e. v. 14.

GARCIA-ROZA, L. A. **Freud e o Inconsciente**. 24. ed. Rio de Janeiro: Zahar Ed, 2009.

GIDDENS, A. **As consequências da modernidade**. São Paulo: Unesp, 1991.

KOSOVSKI, G. F. Lacan e o transexual de Stoller. **Revista Trivium Est. Interd.**, ano 8, v. 2, p. 133-142, 2016.

LACAN, J. O estádio do espelho como formador da função do eu. *In*: LACAN, J. **Escritos**. Rio de Janeiro: Zahar, 1998. Originalmente publicada em 1966.

LACAN, J. **O seminário, livro 18**: de um discurso que não fosse semblante. Rio de Janeiro: Jorge Zahar, 2009. Originalmente publicada em 1970-1971.

LACAN, J. **O seminário, livro 11**: os quatro conceitos fundamentais da Psicanálise. Rio de Janeiro: Zahar, 1985. Originalmente publicada em 1964.

LANZ, L. **O corpo da roupa**: a pessoa transgênera entre a transgressão e a conformidade com as normas de gênero. Dissertação (Mestrado em Sociologia) – Departamento de Ciências Sociais, Universidade Federal do Paraná, Curitiba, 2014.

MARQUES, L. R.; LAVINAS, G.; MULLER, V. A transexualidade e o estranhamento do corpo: sobre os recursos à mudança de sexo. **Stylus**: Revista de Psicanálise, Rio de Janeiro, n. 35, p. 133-151, fev. 2018.

MIRANDA, E. R. Transexualidade e sexuação: o que pode a Psicanálise. **Revista Trivium Est. Interd.**, ano 7, ed. 1, p. 52-60, 2015. DOI 10.18370/2176-4891.2015v1p52.

NOCCHI, R. F. **A estrutura do complexo de Édipo em Freud e Lacan**. Trabalho de Conclusão de Curso (Bacharelado em Psicologia) – Universidade Regional do Noroeste do Estado do Rio Grande do Sul – Ijuí, 2019.

PATELLI, C. F. **Transpareser**: uma experiência de intervenção psicossocial no campo da política pública de assistência social em Poços de Caldas – MG. Dissertação (Mestrado) – PUC Minas, Belo Horizonte, 2019.

PELÚCIO, L. **Nos nervos, na carne, na pele**: uma etnografia sobre prostituição travesti e o modelo preventivo de aids. Tese (Doutorado em Ciências Sociais) – São Carlos, Universidade Federal de São Carlos, 2007.

PEREGRÍN, M. M. **Do "trans"**: significante, corpo, identidade. Disponível em: http://lacanempdf.blogspot.com/2017/10/do-trans-significante-corpo-identidade. html. Acesso em: 1 fev. 2020.

ROUDINESCO, E.; PLON, M. **Dicionário de Psicanálise**. Rio de Janeiro: Zahar, 1998.

SOUTO, J. B. *et al*. As vias da transexualidade sob a luz da Psicanálise. **Cad. Psicanál. (CPRJ)**, Rio de Janeiro, v. 38, n. 34, p. 187-206, jan./jun. 2016.

TOLIPAN, E. **A estrutura da experiência psicanalítica**. 1992. Dissertação (Mestrado em Psicologia) – Instituto de Psicologia, UFRJ, Rio de Janeiro, 1992.

CIÚMES: DEFINIÇÕES E ARTICULAÇÕES PSICANALÍTICAS

Leonardo Henrique de Oliveira Teixeira
Fernanda Oliveira Queiroz de Paula

Sofro quatro vezes: porque tenho medo de perder aquela que amo;
porque me sinto humilhado só de pensar que sou traído; porque tenho
raiva de mim por não ter sabido preservar o amor dela; e, finalmente,
porque odeio a cena em que minha amada excitada e radiosa,
seduz meu rival. O medo, a humilhação, a culpa e o ódio, eis a cruel
engrenagem que me arruína. Mas acima de tudo, me sinto devorado
pela dúvida e envergonhado de ser ciumento.
(NASIO, 2003, p. 64)

Introdução

O método psicanalítico, enquanto processo de investigação do inconsciente, possibilita o estudo de distintas questões humanas, disponibilizando significativos subsídios para a compreensão dos processos de subjetivação, da psicodinâmica das relações, da formação de sintomas e dos embaraços daí decorrentes. Com a articulação desses aspectos, nota-se um sintoma frequente na clínica, que reflete as relações amorosas primevas do sujeito, sendo, talvez, uma das mais interessantes vicissitudes do amor: os ciúmes.

O ciúme é um afeto ordinariamente humano, um sentimento antigo, atemporal, que atravessa diferentes épocas e contextos (BARONCELLI, 2011). Perpassa tanto a relação de casais quanto as relações cotidianas do social, presente em menor ou maior intensidade, mas que todos já puderam experienciar. Revela a dinâmica da inclusão de um terceiro numa relação antes supostamente a dois, e da consequente suposição de exclusão do próprio sujeito. Um sentimento que dá notícias do faminto desejo pelo desejo do Outro[12], pelo amor e reconhecimento. Enuncia o medo da perda de um lugar especial no desejo do amado, do desamor, da separação e da

---

[12] Lacan (1998) utiliza *outro*, com letra minúscula, para se referenciar ao semelhante, e *Outro*, com letra maiúscula, para se referenciar ao Outro simbólico, representante da alteridade, uma instância que desempenha a função de determinação sobre o sujeito.

incompletude. É da ordem das relações triádicas[13], herdeiro das etapas iniciais do desenvolvimento humano, a infância e o Complexo de Édipo. É nesse contexto triangular que todos um dia se questionaram: qual o objeto causa do amor? O que esse outro possui e que a mim falta? Em outras palavras, o sujeito constrói uma interpretação em busca do objeto que causa o desejo. Tais perguntas encontram um limite no real, uma vez que não têm uma resposta definitiva, e, por isso mesmo, é processo e presença contínua em nossos deslocamentos no campo do amor (DUNKER, 2017).

Sobre as causas do ciúme, é comum que as pessoas leigas o atribuam a um problema de autoestima. Entretanto, esse diagnóstico é um tanto reducionista, uma vez que sua causalidade pode ser variável e complexa, o que torna necessário avaliar caso a caso. Para além de pensar suas causas, é relevante fazer um esforço em localizar a posição subjetiva da pessoa em relação ao par amoroso e quais as consequências nas relações. Permanecer fixado no ciúme desponta, minimamente, uma situação extremamente custosa e desgastante, na qual o sujeito contesta e, simultaneamente, reivindica o seu valor para o outro e o Outro. Sendo assim, pode ocorrer um comprometimento global das atividades diárias, já que o pensamento adquire características obsessivas, na medida em que é incitado a se ocupar em grande parte do tempo com essa questão (PONTALTI, 2020).

Pela frequência da presença desse afeto nas relações amorosas e como sintoma na clínica, e ainda devido à relativa escassez de trabalhos sobre os aspectos psicanalíticos da questão, o presente estudo tem como objetivo realizar um recorte, via pesquisa bibliográfica, da definição de ciúmes para a Psicanálise de orientação freudo-lacaniana e suas repercussões nos relacionamentos amorosos. Para tanto, vamos nos debruçar sobre textos de Freud, Lacan e alguns comentadores. Acredita-se que a investigação e descrição das definições de ciúmes por intermédio desses autores podem auxiliar na compreensão psicodinâmica desse afeto, assistindo no manejo clínico e elucidando seu papel na composição subjetiva do sujeito.

---

[13] Na literatura psicanalítica, é muito comum essa denominação da relação de pais e filhos como uma relação triangular ou triádica. Trata-se de uma metáfora que exprime a estrutura edípica em jogo no desenvolvimento humano. Fink (1998) indica que a triangulação familiar pode ser descrita como formada pelo Nome-do-Pai, Desejo Materno e Objeto *a*.

As camadas dos ciúmes: contribuições freudianas

O ciúme é um estado emocional, entre outros, que pode ser descrito como normal. Simbolicamente faz referência às relações triádicas reais ou fantasiadas, assim como à alternância entre presença e ausência dos envolvidos (DUNKER, 2017). Sendo assim, seus extremos é que apresentam características mais curiosas e, por vezes, preocupantes. Sua intensidade pode ter consequências significativas no cotidiano das relações, beirando a patologia. Por outro lado, sua aparente ausência pode nos indicar que uma severa repressão permeia a vida mental do indivíduo, advertindo que esse afeto pode vir a desempenhar um papel maior em sua vida inconsciente (FREUD, 1996b). Quando ocorre juntamente a características de personalidade narcisista, a ausência da capacidade para o ciúme pode refletir a incapacidade de comprometer-se suficientemente com alguém, tornando, assim, irrelevante a infidelidade. A ausência do ciúme também pode sugerir uma fantasia inconsciente de ser tão superior a todos os rivais que a infidelidade do parceiro é inimaginável (KERNBERG, 1995). De toda forma, o ciúme, normal, patológico ou elipsado, é uma reação complexa que conjuga diferentes afetos e associações.

Freud (1996b), no texto "Sobre alguns mecanismos neuróticos no ciúme, na paranoia e na homossexualidade", apresenta os ciúmes sob três graus ou camadas: o competitivo ou normal, o projetado e o delirante. O primeiro seria a forma mais superficial, com características mais gerais e visíveis do afeto. Já o segundo e o terceiro níveis indicam-nos posições daquele que é tomado pelos ciúmes, apresentando características mais preocupantes e profundas, que demandam atenção e cuidados, devido a sua forma de estruturação e às possíveis consequências.

O ciúme competitivo, embora esteja dentro de uma normalidade, não é um estado racional. Em virtude de não ser, em absoluto, proveniente de uma situação real ou completamente controlado pelo Eu consciente, já que deriva da reedição de vivências edípicas inconscientes, as quais não encontraram uma resolução ou solução satisfatória. Neste nível, distingue-se alguns focos de comiseração: o sofrimento que se associa a possibilidade de luto e perda do objeto amado; a dor de uma ferida narcísica, em consequência de não conseguir se sustentar como especial e indispensável ao seu eleito; apresentação de sentimentos hostis direcionados a um terceiro mais forte, valioso e desejado, o rival; ademais, a presença de autocrítica, que busca responsabilizar o próprio Eu pela perda (FREUD, 1996b).

No segundo nível, o ciúme projetado, começam a surgir pensamentos mais estruturados sobre uma suposta infidelidade por parte do parceiro. Isto é, há algo do registro das certezas de que o seu par amoroso é infiel, independentemente de as evidências indicarem o contrário. Costuma derivar dos próprios movimentos de infidelidade do ciumento na vida concreta ou de impulsos inconscientes nessa direção. Não podendo reconhecer em si mesmo tais representações, projeta-as sobre a vida do(a) parceiro(a). Freud (1996b) pontua que a fidelidade, principalmente a exigida pelo casamento, se mantém às custas de sustentar tentações contínuas, o que não ocorre sem geração de tensão ao aparelho psíquico. A projeção do desejo de trair possibilita um certo encaminhamento dessa tensão, podendo obter alívio e absolvição da consciência. No entanto, o que é sentido como redução de tensão no aparelho psíquico pode custar os relacionamentos.

O ciúme delirante ou paranoico também advém de impulsos reprimidos no sentido da infidelidade, mas o objeto desejado, nesses casos, costumam ser uma pessoa do mesmo sexo do ciumento. Ou seja, há um componente homoafetivo que não pode ser reconhecido, e, para se proteger, o Eu faz a seguinte acusação: "Eu não o amo, é ela que o ama" (FREUD, 1996b, p. 233). Nesse nível, é comum que os ciúmes tenham contornos mais potencializados; assim também ocorre com os pensamentos e as ações relacionadas a infidelidade do outro, assumindo uma posição cada vez mais estruturada para ratificar a traição. Aqui, assim como no ciúme da segunda camada, quanto maior a resistência em reconhecer seus impulsos inconscientes, mais intensamente produz defesas. A agressividade pode se tornar mais explícita, com frequência incontrolável, podendo beirar a violência. Características que se associam aos chamados "relacionamentos abusivos".

As cenas que abrigam esse afeto são derivadas de um período mais arcaico, atualizando angústias tenras, nas quais a triangulação amorosa, as experiências de separação e o medo da perda do lugar de preferido foram inerentes à constituição do psiquismo de todo indivíduo. Falar sobre as origens dos ciúmes é falar também sobre a origem do amor, sobre a relação mãe/bebê, e os complexos familiares, o que Lacan (1938/2003) evidencia no texto "Os complexos familiares na formação do indivíduo"[14].

---

[14] É um texto referente ao início do ensino de Lacan, anterior aos Seminários e à formalização do que ele denominou "metáfora paterna". Também anterior ao "Estádio do espelho", texto que aborda a constituição do Eu e a relação com o outro (semelhante) e com o Outro (alteridade).

Ciúme primordial: contribuições lacanianas

O bebê humano nasce em estado de desamparo, ou seja, requer cuidados de um adulto para sobreviver, o que se estende por um longo período. Nas palavras de Freud (1996a, p. 99), "a criança aprende a amar outras pessoas que a ajudam em seu desamparo e satisfazem suas necessidades". Entre as inscrições iniciais produzidas no psiquismo do bebê, está o registro da satisfação propiciada pelo peito diante da necessidade, a fome. Essa marca primária de prazer, evocada após cada mamada, proporciona um efeito de bem-estar e possibilita no bebê o surgimento de um suposto sentimento de completude. Isto significa que o bebê e o peito, junto de sua extensão, a mãe, constituem uma totalidade (LACAN, 1938/2003). Embora ilusório, esses primeiros momentos são essenciais ao desenvolvimento da subjetividade, auxiliando na manutenção dos níveis de tensão e integralidade psíquica.

Com a chegada do tempo do desmame, a ilusão construída e mantida com dificuldade, devido a o peito começar a faltar ou se adiar, dará lugar ao mal-estar vivenciado pelo rompimento dessa totalidade. O desmame é uma crise vital no psiquismo em formação, ele dá origem a sentimentos arcaicos e estáveis, que enlaçam o indivíduo à família e deixam uma marca permanente da relação de dependência que ele corta, com base na qual outras relações de desejo serão construídas (LACAN, 2003). Em outros termos, o formato de nossas primeiras relações com a alteridade e com os meios de satisfação é confluente das nossas relações futuras.

O desmame, assim como o nascimento, pertence à série de rupturas fundamentais a serem vivenciadas pela mãe e o bebê. Essa experiência de cisão possibilitará a ocorrência de acontecimentos cruciais referentes a constituição do eu e composição do sujeito, que se encontram diretamente conectados com a vivência primordial do ciúme. A cada separação, começa a se delinear no sujeito, ainda primitivo, a consideração de que além dele existe um terceiro, para o qual a mãe direciona a atenção que antes era sua, acontecimento que é vivido como uma intrusão na relação de suposta completude entre mãe e bebê. Com a diminuição gradual da dependência, proporcionada pelo desenvolvimento, é natural que o olhar do cuidador de referência comece a vacilar do bebê, sendo direcionado a outros objetos. Aqui se impõe inconscientemente o seguinte raciocínio: se dá atenção ao outro, é porque ama esse outro mais que a ele. E o ama mais porque, com certeza, o outro é melhor e mais valioso (ROLÓN, 2008). Assim, com o *complexo da intrusão*[15], a ameaça de ruptura e de perda do primeiro objeto de amor/satisfação, a mãe e o seio, estaria formalizada, colocando em xeque o sentimento de completude até então alimentado, e incluindo a rivalidade no complexo familiar (LACAN, 2003).

Em decorrência dessas mudanças, em nada insignificantes, o psiquismo da criança é banhado de afetos que passam a coexistir nas relações, como a raiva e a agressividade. São formas de tentar resistir à separação, insistindo em manter-se completa, toda, como se supôs anteriormente. Essas cenas e a constelação de afetos decorrentes fazem referência ao ciúme primordial, dizendo como se dá a instalação e apresentação desse afeto na origem das relações. Embora esse momento de triangulação seja vivenciado com mal-estar e incômodo, sua não ocorrência deixaria o ser desamparado, refém do gozo, da não castração, da não entrada na linguagem e na própria cultura, ou seja, o sujeito em constituição encontraria seu destino na alienação. Quanto antes a triangulação começar a operar, melhor será para que o sujeito possa se normatizar, adentrar a cultura e a vida social. Assim como mais facilmente os conflitos subjetivos expressar-se-ão de maneira funcional (RIOS, 2013).

Há uma participação significante do ciúme na experiência precipitadora da constituição do sujeito, assim como de sua sociabilidade. Lacan (2003, p. 43) pontua que "o ciúme, no fundo, representa não uma rivalidade vital, mas uma identificação mental". Ao longo do desenvolvimento, considerando a fala e os investimentos libidinais, percebe-se que o olhar da mãe começa a apontar para outros objetos, ou seja, seu desejo não está mais localizado exclusivamente na relação com o filho. A criança, por meio dos significantes presentes na fala da mãe, supõe que esse olhar esteja voltado para um outro da relação, representado pelo Nome-do-Pai. Algo falta à criança, assim como à mãe, algo que se supõe presente na alteridade. Portanto, é com esses significantes, que supostamente atraem o olhar e o desejo materno, que a criança se identifica, elegendo os atributos necessários de possuir para tentar retomar seu lugar perdido de reconhecimento e completude (FINK, 1998).

Esse estado nostálgico de suposta totalidade, uma vez vivenciado, passará a ser incessantemente buscado, embora esteja destinado a nunca ser reencontrado. O regresso desse afeto primevo comunica, ao mesmo

---

[15] Termo utilizado por Lacan (1938/2003) para se referir à experiência feita pelo sujeito, ainda primitivo, quando um ou vários de seus semelhantes participam com ele da relação materna, percebendo-se um entre outros.

APLICADA OU IMPLICADA: QUAL PSICANÁLISE PARA A CIÊNCIA?

tempo, uma reivindicação do todo, e uma negação do não todo, sendo uma tentativa de retorno à unidade mãe/bebê, momento em que o sujeito imaginariamente se supunha único e insubstituível. O rival, por sua vez, é aquele que detém o que lhe foi roubado, seu brilho fálico no desejo do Outro. Nesse ponto jaz uma ambivalência, o rival é alguém que representa, concomitantemente, um objeto para se identificar e delator de uma verdade: da incompletude, do não todo e da falta fundamental do sujeito e do Outro (LACHAUD, 2001). O ciumento carrega a marca do ciúme primordial, experiência que será constantemente reapresentada ao longo da vida, seja nos relacionamentos amorosos, seja nos cotidianos.

Incidências dos ciúmes nos relacionamentos amorosos

Com base nas relações primevas com as pessoas que exercem a função materna ou paterna, vamos coletando atributos e significações para percorrer os jogos amorosos. Algumas vezes nos capacitam a suportar as vicissitudes do amor. Em outras, empurram-nos a um circuito que pode transitar entre o abandono, a traição e o ciúme. O amor aparenta ser o lugar do qual todas as outras paixões e neuroses se erguem, assim como nós mesmos. Com base nas relações com os pais, à medida que as fronteiras do Eu vão se formando, muitas das intrusões angustiantes e nomeações da alteridade vão se inscrevendo consciente e inconscientemente em nós. Em outras palavras, aqueles que encarnam a função materna ou paterna transmitem aos filhos como eles próprios se arranjaram com o amor, com a falta, com a castração e com o desejo. Como todo recalcado, este também está sujeito a retornar. Afinal, o amor adulto é um dos principais convites para esse retorno. Deparar-se com o outro atual reanima tudo aquilo que vivemos com aquele outro dos primórdios. Reencontramos o amor, e com ele, frequentemente, a alienação, a intrusão, a passividade, o ciúme, a rivalidade e a parceira de todas as horas: a falta.

A relação entre o ciúme e o amor é estrutural, estavam juntos na amalgamada formação do Eu, portanto nada mais comum do que sua apresentação fusionada. Em outras palavras, não existe amor sem ciúmes, uma vez que é próprio do apaixonado exigir exclusividade. A questão é: como esse afeto será elaborado e apresentado? Antes mesmo que um relacionamento se solidifique, o estado ciumento pode se apresentar ou ser excitado no outro, até mesmo como uma técnica de sedução. Mostrar sentir ciúme, de certa forma, revela ao outro o potencial de amá-lo e, com isso, sua vulnerabilidade diante do outro, como se transmitisse a seguinte mensagem: "Posso amá-lo; por isso, tenho medo de perdê-lo, tamanho meu afeto por ti". Dependendo do receptor, a mensagem pode ser lida como um elogio narcísico, dissimulando a manipulação por trás do afeto. Nestes casos, o que importa para o sedutor é algo superficial: ter a sensação e a ratificação de que é amado e querido por alguém, de que ocupa um lugar especial na vida afetiva do eleito. O ciúme entra para intencionar o objeto, sugerir que ali se encontrará o preenchimento da falta (DUNKER, 2017). Essa busca constante pode ser algo problemático, uma vez que o estado de suposta completude e reconstrução de uma visão de Eu ideal nunca alcançará níveis satisfatórios, por ser da ordem do impossível.

Em outras cenas, os ciúmes não mais aparecem como uma estratégia de sedução, mas como uma formação de compromisso que mantém uma verdade do sujeito encoberta. Nestes casos, esse afeto comumente tende a adquirir contornos mais intensos, quanto mais perigosa à verdade ao Eu, maior o empenho na defesa, o que pode mobilizar tendências agressivas e paranoicas. Para não se haver com suas próprias questões, como desejos de infidelidade ou homoafetivos, o ciumento supõe algo em que não há nada, por via de mecanismos como projeção e formação reativa. Conforme o ciúme avança, pensamentos e ações orientam-se como uma obsessão para flagrar o ato de infidelidade do parceiro. É comum identificar no ciumento dois sentimentos concomitantes e opostos: o da expectativa e o do temor de que o par amoroso confesse a sua infidelidade. Tal momento temido e esperado seria o que, supostamente, daria condições legítimas para que aquele que sente ciúmes saia do relacionamento (DUNKER, 2017).

Algo comum à vida do ciumento é o discurso: "Eu dei/fiz tudo para a pessoa". Contudo, parte do manejo do ciúme transcorre pela descoberta de que não cabe ao amor "aceitar tudo" ou "dar tudo" ao outro, tampouco possuir alguém ou desempenhar uma dedicação plena da sua vida para o amado (DUNKER, 2017). Relaciona-se, na verdade, com dar ao outro a sua própria falta, o que foge ao controle e à posse. É o que Lacan (2005, p. 122) nos ensina: "o amor é dar o que não se tem. [...] Para poder ter o falo, para poder fazer uso dele, é preciso, justamente, não o ser. Quando voltamos às condições em que parecemos sê-lo [...] é sempre muito perigoso". Para o ciumento essa fórmula é decodificada ao contrário: amar é possuir, reter, não perder de forma alguma o outro, não se haver com a falta. Esse movimento comum ao personagem ciumento é um modo de tentar garantir que todo o desejo do eleito tenha um único endereçamento. No entanto, o que acaba por denunciar é a impossibilidade de completude, trazendo um terceiro e a falta para o jogo amoroso.

A cena forçada pelo ciumento por meio de sua fantasia, composta por três atores, o sujeito, seu objeto de amor, e um outro rival, é da ordem das relações triádicas, que remonta às vinculações primevas com os pais. Essa suposta triangulação tem como base uma fantasia inconsciente de que há a possibilidade de que algum dos componentes dessa relação seja excluído, ou seja, alguém ficará de fora. Juntamente do temor da existência de um outro idealizado, o temível rival, alguém que seria mais satisfatório para o seu parceiro, replicando o rival edípico. Esse terceiro temido pode ser a origem da insegurança emocional ou sexual na intimidade do par amoroso.

Essa dinâmica conjugal triangular pode, na pior das hipóteses, destruir o casal ou, no melhor dos casos, reforçar sua intimidade e estabilidade. Neste caso, nota-se que a capacidade para o ciúme normal implica esforços em um tipo de jogo de conquista, um investimento para tolerar a rivalidade. Trata-se de substituir a suspeita pela sedução, a fim de manter seu parceiro. Uma das características da pós-modernidade é o fato de as tradições, que propiciavam previsibilidade e manutenção do relacionamento no tempo, não mais nortearem a conjugalidade. Nesse novo formato, cabe aos parceiros gerenciarem o relacionamento, utilizando como suporte suas próprias regras e significações, o que pode ser um campo fértil ao ciúme (BARONCELLI, 2011).

Homens e mulheres apresentam experiências em comum, derivadas da cena edípica, que se constituem como um organizador para as esferas de interação do casal. Para Freud (1976), o medo da angústia da castração no menino equivale ao medo da perda do amor na menina, o que nos leva a considerar que o ciúme pode exercer uma exigência psíquica maior para as mulheres. Nasio (2003) pontua que, quanto ao conteúdo dos ciúmes, é possível notar algumas diferenças entre os sexos, norteadas pelo ponto de vulnerabilidade de cada um: no homem, o poder; na mulher, o amor. No homem, a avidez de possuir é mais presente, juntamente de um desejo de dominar, temendo a humilhação de ser despossuído. Na mulher, a angústia é de perder, concomitante ao medo de ser abandonada, temendo a solidão.

Considerações finais

O ciúme consiste em um estado afetivo comum e de grande ocorrência nos mais variados relacionamentos, principalmente entre casais. Traduz o drama da inclusão e da exclusão dentro de relações triádicas. Tanto sua ausência quanto sua intensidade são indicativos de que há questões subjetivas significativas em jogo. Sua presença, em quantidades comedidas, pode ser saudável ao casal, testemunhando o afeto existente entre eles, possibilitando manter vivo o jogo de sedução necessário a um relacionamento sadio. No entanto, quando um do par amoroso tem conflitos edípicos não elaborados, o ciúme normal, contaminado pela fixação edípica, pode se tornar patológico, invadindo a vida do casal. Expresso desde queixas a manifestações por atos violentos, esse afeto, em alguns casos, pode levar o ciumento a destruir justamente o que lhe é mais caro, o amor de seu parceiro. Representam uma espécie de acusação temível direcionada ao companheiro: "Ou você me pertence, ou te destruirei". Concomitantemente, as manifestações do ciumento configuram uma espécie de tentativa de ser tudo para o Outro, um falo imaginário, ao mesmo tempo que tenta que o Outro seja tudo para ele. Em outras palavras, os ciúmes flertam com a totalidade, ou melhor, com sua suposição. O ensino de Lacan possibilita a compreensão dos primórdios desse afeto, de sua importância na constituição do sujeito, e de sua atualização nos relacionamentos posteriores. O regresso desse afeto primevo comunica, ao mesmo tempo, uma reivindicação do todo e uma negação do não todo, sendo uma tentativa de retorno à vivência imaginária de uma unidade mãe/bebê, momento em que o sujeito primitivo se supunha único e insubstituível. Freud, ao falar sobre as camadas dos ciúmes, auxilia na construção das posições subjetivas ocupadas pelo portador desse afeto, situando-o como um mecanismo sobre o qual conflitos conscientes e inconscientes se articulam, seja via projeções, seja via paranoia. A investigação das definições psicanalíticas desse afeto, assim como outras articulações advindas dos autores, mostra-se fundamental à compreensão clínica, possibilitando intervenções mais sólidas e conectadas à problemática dos ciúmes nas relações conjugais e do cotidiano social.

Referências

BARONCELLI, L. Amor e ciúme na contemporaneidade: reflexões psicossociológicas. **Psicologia & Sociedade**, [S. l.], v. 23, n. 1, p. 163-170, 2011.

DUNKER, C. O ciúme e as formas paranoicas do amor. *In*: DUNKER, C. **Reinvenção da intimidade**: políticas do sofrimento cotidiano. São Paulo: Ubu Editora, 2017. p. 62-70.

FINK, B. **O sujeito lacaniano**: entre a linguagem e o gozo. Rio de Janeiro: Jorge Zahar Editora, 1998.

FREUD, S. (1922). Sobre alguns mecanismos neuróticos no ciúme, na paranoia e na homossexualidade. *In*: FREUD, S. Edição standard brasileira das obras psicológicas de Sigmund Freud. Rio de Janeiro: Imago, 1996b. v. 18.

FREUD, S. (1908). Sobre as teorias sexuais das crianças. *In*: FREUD, S. **Edição standard brasileira das obras psicológicas completas de Sigmund Freud**. Rio de Janeiro: Imago, 1976. v. 9.

FREUD, S. (1905). Três ensaios sobre a teoria da sexualidade. *In*: FREUD, S. **Edição standard brasileira das obras psicológicas de Sigmund Freud**. Rio de Janeiro: Imago, 1996a. v. 7.

KERNBERG, O. **Psicopatologia das relações amorosas**. Porto Alegre: Artes Médicas, 1995.

LACAN, J. (1962-1963). A causa do desejo. *In*: LACAN, J. **O seminário, livro 10**: a angústia. Rio de Janeiro: Jorge Zahar, 2005.

LACAN, J. (1946). O estádio do espelho como formador da função do eu. *In*: LACAN, J. **Escritos**. Rio de Janeiro: Jorge Zahar Ed., 1998.

LACAN, J. (1938). Os complexos familiares na formação do indivíduo. *In*: LACAN, J. **Outros escritos**. Rio de Janeiro: Jorge Zahar, 2003.

LACHAUD, D. **Ciúmes**. Rio de Janeiro: Companhia de Freud, 2001.

NASIO, J.-D. O amor e o prazer sexual. *In*: NASIO, J.-D. **Um psicanalista no divã**. Rio de Janeiro: Jorge Zahar, 2003. p. 49-84.

PONTALTI, C. **Ciúmes**. São Lourenço: [s. n.], 2020. Disponível em: https://www.cezarpontalti.com.br/ciume.html. Acesso em: 20 nov. 2022.

RIOS, F. C. Sobre ciúmes e erotomania: reflexões acerca de um caso clínico. **Revista Latinoamericana de Psicopatologia Fundamental**, [S. l.], v. 16, n. 3, p. 453-467, 2013.

ROLÓN, G. **Histórias de divã**: oito relatos de vida. São Paulo: Editora Planeta do Brasil, 2008.

A PERSPECTIVA DA PSICANÁLISE EM CASOS DE AUTISMO E AS POSSIBILIDADES DE INTERVENÇÃO *A TEMPO*

Jaqueline Pala Gatti
Roberta Ecleide de Oliveira Gomes Kelly

Introdução

Partindo da Psicanálise, este artigo discorre sobre a particularidade da constituição subjetiva no autismo, apresentando as possibilidades de intervenção clínica na forma de *Intervenção a Tempo*. Isso se faz na aposta quanto à possibilidade de advir um sujeito, desde os sinais de risco e atrasos de desenvolvimento, até o quadro de autismo. Situa-se, também, o lugar dos pais no diagnóstico e no tratamento do autismo.

O estudo apresenta considerações teóricas psicanalíticas, tendo-se o autismo como quarta estrutura. Os pais são convocados a sustentarem a aposta não anônima que lhes cabe. O diagnóstico, se precoce, é precipitado; já na "aposta precoce", há a chance do devir do sujeito.

Como objetivos, têm-se a apresentação do autismo em seus aspectos históricos, o estudo dos aspectos conceituais que sustentam o autismo enquanto quarta estrutura. Finalmente, a apresentação da intervenção precoce como *Intervenção a Tempo*.

O autismo seria uma estrutura clínica cujo funcionamento traz especificidades às formas de estar no Laço Social e na linguagem. Os comportamentos estereotipados, as dificuldades na interação, as formas incomuns de interesses e atividades são pensados como outra forma de existir.

Construção histórica do diagnóstico de autismo

O termo "autismo" foi usado pela primeira vez por Bleuler (1911 *apud* KAUFMANN, 1996, p. 56), designando a tendência patológica de isolamento nos esquizofrênicos. O autor usou o termo freudiano "Autoerotismo", destacando a ausência de Eros (investimento libidinal).

Em 1943, Leo Kanner (1997) descreveu os "Distúrbios autísticos do contato afetivo", valendo-se do relato de 11 casos de crianças que denominou de autistas. Kanner concluiu que, "apesar das semelhanças notáveis, em muitos aspectos, este estado difere de todas as outras formas conhecidas de esquizofrenia na criança". Entre os sintomas identificados, estavam a dificuldade em se relacionar, *um fechamento autístico* — "um desejo fundamental de isolamento e ausência de mudança" (KANNER, 1997, p. 165, 168). Kanner destacou também linguagem sem intenção comunicativa, ausência de falas espontâneas; fala usada para nomeação de objetos com ecolalias e interesse acentuado por objetos, "uma tendência clara a desenvolver um centro especial de interesse que vai dominar completamente suas atividades do dia". Ruídos, movimentos e alimentação tendem a ser sentidos como intrusão; monotonia repetitiva e limitação na atividade espontânea (KANNER, 1997, p. 140). Essas crianças, quando bebês, apresentavam falhas na atitude antecipatória ao colo, evitavam o olhar e o contato físico; provavelmente o quadro seria inato.

Concomitantemente a Kanner (1997), Hans Asperger (2015), em 1943/1944, especificou características semelhantes em crianças (maioria do sexo masculino). Seu estudo foi denominado "Os psicopatas autistas na idade infantil", chamando o quadro de "psicopatia autista" (com a mesma escolha da palavra "autismo", feita por Kanner). Asperger (2015, p. 328) descreveu o autista como "totalmente entregue aos seus impulsos espontâneos, sem considerar minimamente o estranhamento dos outros". O autor identificou características semelhantes às de Kanner (1997): desinteresse dos autistas pelas pessoas, fixação por objetos, interesse especial desenvolvido, fracasso em relação à convivência social; chamou este aspecto de *dificuldade de mecanizar,* "impossibilidade de pensar da forma apresentada pelos adultos, de aprender com estes e, ao invés disso, extrair tudo somente de suas próprias experiências e pensamentos" (ASPERGER, 2015, p. 526).

Escrito em alemão, o estudo de Asperger (2015) ficou desconhecido. Donvan e Zucker (2017) indicam que Hans Asperger teria possível associação com os nazistas, mais um destaque negativo para a divulgação do texto.

Lorna Wing, psiquiatra, mãe de uma menina autista, traduziu o texto em 1981, ressaltando ambos os autores. Para a autora, haveria um *continuum* autista, como espectro: "fato de as características autistas se manifestarem em uma variedade tão ampla de intensidades e combinações, entre pessoas das mais divergentes capacidades intelectuais e sociais"

(DONVAN; ZUCKER, 2017, p. 311). Seus estudos revolucionários e seus livros, acessíveis e simples, ajudavam as famílias a enfrentarem o autismo. De forma ativa, foi defensora de direitos para os autistas.

Wing 1981 (*apud* DONVAN; ZUCKER, 2017), pensou que o autismo afeta as pessoas de diferentes maneiras. As características autísticas manifestar-se-iam tão variadamente que só a palavra "espectro" caberia em sua complexidade[16]. Wing também usou o termo "neurodiversidade" sobre a questão de ser inato.

O *Manual Diagnóstico e Estatístico dos Transtornos Mentais*, quarta edição (DSM-IV), reconheceu o diagnóstico em 1994. Logo,

> Os limites em torno do distúrbio se alargaram de modo exponencial. Sem esses dois desenvolvimentos, parece improvável que a noção de autismo cunhada por Leo Kanner em 1943 pudesse se dilatar a ponto de incluir um grande número de pessoas. (DONVAN; ZUCKER, 2017, p. 526).

O autismo, como quadro específico, com Asperger (2015) e Kanner (1997), apareceu antes na Classificação Estatística Internacional de Doenças e Problemas Relacionados à Saúde/CID-10 (OMS, 1992), respectivamente, como Autismo Infantil e Síndrome de Asperger.

No DSM-5 (APA, 2014), surge o autismo como Transtorno do Espectro Autista (TEA). Esta lógica é reatualizada na CID-11 (OMS, [2018]) da mesma forma. Em ambas as classificações, o TEA está no grupo dos Transtornos do Neurodesenvolvimento.

Como TEA, na CID-11 (OMS, [2018]), houve o agrupamento de outros quadros, como a Síndrome de Asperger e a Síndrome de Heller. Nos critérios diagnósticos, a condição quantitativa das alterações de comunicação, de interação e interesses é mais ressaltada que a qualitativa. Isto causou o aumento de diagnósticos de autismo. Mas será que aumentaram os casos?

> Em termos quantitativos, todas as pessoas têm alguma alteração de interação social, de comunicação/linguagem e de interesses e prazeres. O que pode gerar diagnósticos tardios, falsos diagnósticos e descaso com o entorno dos acontecimentos. (KELLY, 2022, p. 32).

---

[16] Todavia, não é assim, no sentido da variedade e da diversidade, que se tem usado a palavra "espectro". O uso tem se pautado por uma lógica de graus, elencando-se leve, moderado ou grave — condição que não aparece nem na proposta de Kanner (1997) nem na de Asperger (2015), e muito menos na CID-11 (OMS, [2018]).

Segundo os dados da OMS (2022), a prevalência de autismo é de um para cada cem crianças. O diagnóstico de autismo tem aparecido como primeira opção da parte dos especialistas em saúde, em consulta rápida, com base nos critérios diagnósticos dos manuais; dispensam-se a escuta e a observação clínica. Os diagnósticos e os tratamentos tendem a formulários padronizados, predominando-se o discurso da quantificação e da homogeneidade.

A criança é submetida à avaliação generalizada sem levar em conta suas particularidades, construções e invenções; sem que se levem em conta outras causas para o atraso do desenvolvimento, como o Transtorno de Processamento Sensorial ou deficiências sensoriais. Diante da pandemia do coronavírus, não se deveria pensar em nenhum diagnóstico. Fora da escola, sem contato com outros adultos cuidadores e outras crianças, a aquisição dos marcos de desenvolvimento foi inegavelmente afetada.

Laurent (2014, p. 19) identifica, pois, que lutar pela diversidade das abordagens, pela pluralidade de horizontes, faz-se na forma de uma *batalha do autismo* — batalha pela diversidade —: "que cada criança elabore, com seus pais, um caminho próprio, e prossiga nele na idade adulta".

A constituição do sujeito e o autismo

A Psicanálise estabelece que o sujeito não nasce pronto; constitui-se. Isto não aparece na obra freudiana, mas é dedutível do conceito de desejo inconsciente. Lacan (1964/2008) conceitua o sujeito e afirma que sua constituição está vinculada à alteridade, na função do Outro.

Em Lacan, o Outro primordial, matriz simbólica, oferece-se como um espelho, em especularidade gestáltica. O bebê, em impotência motora e dependente total, encontrará na imagem especular o apoio que servirá de matriz, orientada pelas identificações. Dos movimentos, ações, gestos, "intenções" que o bebê direciona ao mundo e aos outros, o Outro primordial da função materna (pertencedor) devolve a imagem como tradução ao sujeito; ou seja, reflete e devolve ao sujeito uma imagem dele mesmo (LACAN, 1998).

> Uma divisão inaugural do sujeito, originária da submissão do sujeito a uma ordem terceira que é a ordem simbólica, mais precisamente, a ordem que irá mediatizar a relação do sujeito com o real, enlaçando, para o sujeito, o imaginário e o real. Esta operação efetua-se na instauração do processo da

> metáfora paterna, ao fim do qual um símbolo da linguagem (o nome-do-pai, S2) vem designar metaforicamente o objeto primordial do desejo tornado inconsciente (significante do desejo da mãe, significante fálico S1). (DOR, 1989, p. 102).

A constituição do sujeito dá-se pela linguagem, compreendida como conjunto de signos (as palavras), composta de significantes (sons) que vêm junto aos significados (conceitos). A linguagem está no discurso que permeia o ato de cuidado que se cumpre a um bebê. Discurso que se faz em atos endereçados, identificação da criança ao adulto em seus cuidados, "Este desejo se articula no que falta à mãe: o falo, este fica sendo orientador dessas identificações" (JERUSALINSKY, 2012, p. 12).

Enquanto o bebê ainda não fala, a mãe (função materna de pertencimento) deduz suas necessidades ou seus sentimentos, intuindo e se equivocando. Há equívoco porque a ação da mãe é sua interpretação, baseada na suposição do estado do seu bebê. O laço entre o bebê e a mãe é construção, perpassado pelos cuidados maternos endereçados ao bebê, revestidos pelo investimento libidinal e pela oferta de significantes ao bebê, que nele ganham correspondência (JERUSALINSKY, 2012; KELLY, 2022).

A mãe pressupõe que há, no bebê, um ser de vontades e saberes, como ela. Esse laço é que vai possibilitar ao bebê se tornar sujeito de desejo. Campanário (2008, p. 55) aponta que "é a chamada 'loucura natural das mães', expressão muito feliz de Winnicott (1993), [...] a mãe enxerga coisas que o bebê ainda não é capaz de fazer, mas o fato de que ela 'enxergue antes' faz toda a diferença". Essa antecipação da mãe é a aposta não anônima.

A subjetividade que a mãe atribui ao bebê, com base nas nomeações, é o que vai garantir o próprio lugar de falante ao bebê, conversando com ele de forma ritmada, às vezes infantilizada, e utilizando-se o *manhês*, maneira particular e melódica de a mãe falar com o bebê: "A mãe faz de conta que o bebê está falando", traduzindo os sons emitidos pelo bebê como demandas, e dando lugar para que ele responda (CAMPANÁRIO, 2008, p. 94).

Na interlocução entre a aquisição da linguagem e a Psicanálise, encontra-se que "a subjetivação acontece nas pausas do manhês, para destacarmos a importância da pulsão invocante na constituição do sujeito" (CAMPANÁRIO, 2008, p. 94). O bebê responde aos signos colocados pela mãe, quando esta faz as pausas ao conversar com o filho, reconhecendo seu lugar como sujeito. "Esse acesso ao simbólico que representa a identificação do filho ao discurso da mãe compõe o corpo nas dimensões imaginária e de linguagem" (NEVES; VORCARO, 2010, p. 385).

Essa pressuposição da mãe ao filho é o fenômeno do transitivismo. Lacan (1998) parte de Bühler e refere que a criança reage àquilo que se faz com os outros; da mesma forma, isso acontece do lado da mãe, pois age como se fosse o bebê para lhe dar a posição de interlocutor. Em meio a isso,

> [...] é o significante que introduz os cortes nesse infinito indiferenciado. [...] Se a criança for enunciada como um sujeito suposto de desejo, ela em seguida é lançada à posição de um sujeito desejante (JERUSALINSKY, 2012, p. 11).

Nos quadros de autismo, a Psicanálise aponta para a dificuldade no laço entre o agente materno e o bebê, em risco de constituição do sujeito. Para Jerusalinsky (2012, p. 11), "O sujeito nasce à mercê de um ato de ruptura da identidade, o que permite precisamente a identificação, para os humanos nada faz diferença no real". Quando não acontece a subjetivação, não é possível uma separação do real, o que acontece no autismo.

No autismo, o primeiro ponto é, conforme Kanner (1997), seu inatismo. De acordo com Campanário (2008), anormalidades organoneurobiológicas são encontradas em crianças autistas, mas cabe a indagação: a criança estaria mais propensa a desenvolver um quadro de autismo relacionado aos fatores biológicos, ou apenas psíquicos? Não se deve tomar partido: "a criança vem ao mundo com um real orgânico que se apresenta em seu corpo, perfeito em alguns casos, sindrômico em outros, que pode facilitar ou não seu caminho em direção à subjetivação" (CAMPANÁRIO, 2008, p. 40). A etiologia estaria nessa organogênese, além dos impasses na relação com o Outro.

O real orgânico apresenta-se de maneira diferente em cada indivíduo:

> Não se trata de negar que exista um real orgânico no bebê, mas de pensar que esse real orgânico é recoberto pelo imaginário (lembremos da dor-fantasma de um membro amputado, por exemplo) e sofre a incidência do simbólico. (CAMPANÁRIO, 2008, p. 55).

A proposta psicanalítica estabelece-se na escuta de cada sujeito, mesmo no autismo; desde Melanie Klein (1969), no caso "pequeno Dick", às contribuições de Frances Tustin, em 1972; mais recentemente, em abordagem lacaniana, Rosine Lefort e Robert Lefort (1984), Alfredo Jerusalinsky (2012) e Jean-Claude Maleval (2017).

Em Lefort e Lefort (2017, p. 10), "o Outro constitui um lugar para a criança, o pequeno sujeito, aquele do significante, da palavra, do objeto do qual este sujeito o faz portador, em suma, o lugar da dialética da linguagem". Não haveria Outro na estrutura autística.

Na ausência desse Outro, há o impedimento da representação que permitiria o acesso do autista aos operadores da linguagem. Se o sujeito é efeito da linguagem, no autismo faltaria a alienação ao campo do Outro por intermédio da língua.

> Sem o Outro, sem as referências compartilhadas, a criança autista tem que reinventar: o Outro, o discurso, o corpo e o diálogo – faria isso por meio dos objetos ditos autísticos – objetos que permitem que o autista não mergulhe em total isolamento e dão a ele a condição de segurança e regulação do gozo. (KELLY, 2022, p. 60).

O Outro, no autismo, seria alteridade do real, sem furo, do qual se resguarda, ignorando a voz, o olhar e o toque, que demanda e o invade. Lefort e Lefort (2017, p. 27) apontam que

> Essa ausência de buraco no Outro e, portanto, de alienação no significante do Outro que não existe, faz do duplo outro componente fundamental e estrutural do autismo. Tal ausência de significante do Outro, com efeito, exclui a identificação.

O autista constrói estratégias de defesa, invenções singulares para conseguir lidar com essa invasão. Sem alienação ao significante, não há divisão do sujeito pela linguagem, emerge o duplo.

Das invenções, Maleval (2015, p. 33) situa a borda autística, constituída de três elementos, ou seja, objeto autístico, duplo, e interesse específico/hiperfoco: "A borda autística possui três propriedades principais: ela constitui uma fronteira frente ao mundo exterior, um canal na direção deste, e um captador dinamizador de gozo".

Acerca do duplo no autismo, Maleval (2017) aponta que esse mecanismo serve de ponte entre o autista e o outro, ainda que se resguardando. O duplo (p. ex., utilizar a mão de alguém para pegar um objeto, fazer a voz de uma boneca, utilizar canções) possibilita acesso ao mundo exterior sem causar sofrimento. Alguns duplos utilizados pelos autistas permitem a fala, reproduzindo palavras ou frases de um personagem; sem o intuito de comunicação.

Maleval (2017, p. 21) aponta: "Fazer assim, de um duplo, o suporte de uma enunciação artificial – por intermédio de um objeto, de um amigo imaginário ou de um semelhante – constitui uma das defesas características do autista". O duplo protege, recusa a posição de enunciação, não habitando a fala.

Logo,

> O objeto autístico é uma chance de barrar o gozo e regular as possibilidades de existência. Não devem ser erradicados, não devem ser vistos como manias e, ao contrário, escutados como invenção e traço de subjetividade (KELLY, 2022, p. 61).

Por meio dos objetos autísticos, há o manejo da alteridade real. Destaque-se que o uso de objetos autísticos é uma das manifestações do autismo; a variabilidade é grande.

Não se deve privar o autista de seu objeto, mas, sim, saber utilizá-lo a seu favor, aproveitando seu interesse restrito para aumentar o seu campo de possibilidades por meio desse objeto.

> O autismo se atenua quando um elemento da borda, o interesse específico, inicialmente utilizado para se proteger do outro e para se valorizar, torna-se uma verdadeira competência social, composta por signos dos quais o sujeito se apropria. (MALEVAL, 2015, p. 33).

A Psicanálise pressupõe que o autismo é um processo de subjetivação particular, uma construção para lidar com o Outro e o mundo exterior. Na clínica, há que se sustentar essa invenção na construção daquilo que lhe é essencial.

Autismo como uma quarta estrutura

Com base nos estudos de Asperger (2015) e Kanner (1997), constituiu-se uma relevante discussão sobre a distinção entre autismo e psicose. Essa distinção se fundamentaria "em uma diferença no modo de situar a relação dessas crianças com o Outro: para os psicóticos, excesso. Para os autistas, falta" (KUPFER, 2007, p. 159). Tanto na psicose quanto no autismo, o que está em jogo é a tentativa de barrar a invasão do Outro; o psicótico por meio de seu delírio, e o autista por meio de um trabalho incessante de oposição e anulação do Outro.

Jerusalinsky (2012) pensa, para o autismo, em uma estrutura clínica, na exclusão do Outro primordial. Seguindo-se Lefort e Lefort (2017, p. 10), "não há Outro no autismo". Há falhas de modulação dos sinais perceptivos advindos dos fluxos sensoriais do mundo externo, que são filtrados pelo Outro. Tudo chegaria como invasão, requerendo evitação.

Kupfer atribui ao autista uma

> [...] sensibilidade, que o impede de criar laços com os pais, aqueles que inicialmente fariam o papel de Outro na relação, modulando os sinais externos [...] é sempre em um fundo de ausência do Outro que a construção do autismo se faz. (KUPFER, 2007, p. 160).

A respeito dessa sensibilidade, Campanário (2018) apresenta a hipótese de existir uma dificuldade no laço entre o agente maternante e o bebê. Isto pode acontecer tanto pela ausência de endereçamento desse bebê à mãe quanto da mãe para com o bebê.

Campanário (2008, p. 98) apresenta reflexões quanto ao *manhês*, fala materna dirigida ao bebê nos primeiros meses de vida. No caso do autismo, a fala da mãe não atrai, "Parece haver uma diminuição de entonações de alegria e surpresa". Porém, essa diminuição poderia estar relacionada a um desânimo em face da ausência de correspondência do bebê. Restam as questões:

> Haveria uma ausência primária desses sons por parte da mãe ou, diante de uma criança que não responde, o que pode tornar o bebê mais ativo do que antes supúnhamos em relação à "escolha forçada" estrutural, há um esgotamento da mãe em fazê-los? (CAMPANÁRIO, 2008, p. 98).

Haveria uma distinção entre a fala materna direcionada ao bebê na psicose e no autismo: "no risco de evolução psicótica, há um excesso, uma saturação de atração, podendo o bebê "se afogar" na alienação fundante provocada pelo manhês" (CAMPANÁRIO, 2008, p. 98). Haveria excesso de endereçamento da mãe ao bebê na psicose; o que, no autismo, carece.

Nesse sentido, entende-se o autismo como estrutura e que "o autismo evolui na direção do autismo" (MALEVAL, 2015, p. 12); em oposição à hipótese de Kanner (1997) sobre a evolução do autismo para psicose. Na psicose, o Outro é intrusivo, não simbolizado, a criança assume a posição de objeto de gozo imperativo do Outro — a psicose infantil seria a defesa contra esse Outro não barrado (sem limites) e invasivo. O autista buscaria a anulação desse Outro, valendo-se de uma evitação, uma recusa de seu olhar, da voz e toque.

Partindo dessa distinção, Lefort e Lefort (2017, p. 11-12) indicam o autismo como uma das estruturas clínicas: "tal estrutura viria em quarto lugar entre as grandes estruturas: neurose, psicose, perversão, autismo". Destacam-se, aí, elementos estruturais que seriam claramente reconhecíveis no autismo: ausência do Outro, ausência de simbolização e sua relação peculiar com a palavra e a linguagem.

Campanário (2018) aponta sinais de risco de autismo desde o primeiro ano de vida, considerando o laço entre mãe e bebê. Quando se vê o bebê comum, "Trata-se para o bebê de fisgar o Outro, se fazendo objeto e provocando o gozo do Outro. É o registro do faz-de-conta essencial para a estruturação simbólica do aparelho psíquico" (CAMPANÁRIO, 2018, p. 69). É possível notar a ausência desse mecanismo no autismo desde muito cedo: "no princípio do autismo há a recusa de ceder ao Outro os objetos pulsionais" (MALEVAL, 2015, p. 16). O bebê recusa contatos de olhar e voz, e o circuito pulsional não se fecha.

Sem o Outro, as saídas acontecem por meio dos objetos autísticos; proporcionam a chance de deter o gozo e subjetivar suas possibilidades. O funcionamento subjetivo dos autistas tem a particularidade no gozo que contorna a borda, o que leva o autista a eleger um objeto para cercear o real. Por meio do objeto autístico, a angústia estaria contida. Assim,

> [...] a borda autística seria uma defesa e uma maneira de se colocar no mundo com menor sofrimento: a escolha do objeto autístico, as condutas de imutabilidade, a retenção dos objetos pulsionais, a construção de uma borda, todos esses fenômenos característicos possuem uma função principal, a de proteger da angústia (MALEVAL, 2015, p. 33).

Pensando o autismo como uma quarta estrutura, há uma estratégia. É o que aponta Kelly (2022, p. 57):

> A quarta estrutura então, não teria ainda um nome definido, mas seu mecanismo seria a Elisão. A Elisão nos apareceu primeiramente como uma rápida menção de Laznik-Penot (1997) a respeito de Lacan (1997). Segundo a autora, a Elisão seria um mecanismo de defesa próprio às primeiras inscrições (sinais perceptivos).

Elisão seria o ato de suprimir, eliminar algo. No caso do autista, acontece a supressão dos aspectos sensoriais do ambiente.

> Invadido por sensações, em extremo, o autista recorre à Elisão, à supressão do sinal perceptivo, mas essa estratégia consome todo o tempo de seu tempo para ver, para conhecer, para interagir e para aprender. Ou seja, blindando-se às sensações, o autista isenta-se, também, do estar com o Outro – que, de antemão, já está ausentado de sua função ou de seu narcisismo. (KELLY, 2022, p. 61).

A importância de entendermos o autismo como uma maneira de ser, como uma invenção do sujeito, singular e própria, implica considerar uma existência válida. Sobre isso, diz Jim Sinclair (1993 *apud* DONVAN; ZUCKER, 2017, p. 527), autista, na Conferência Internacional de Autismo em Toronto, dirigindo-se aos pais de autistas:

> O autismo não é algo que uma pessoa tem, ou uma "concha" na qual uma pessoa está aprisionada. Não há uma criança normal escondida atrás do autismo. O autismo é uma maneira de ser. Ele é invasivo; ele atinge toda a experiência, toda sensação, percepção, pensamento, emoção, todo aspecto da vida. Não é possível separar o autismo da pessoa... e se isto fosse possível, a pessoa que restaria não seria a mesma que existia anteriormente.

Diante dessas reflexões, como pensar a intervenção terapêutica?

Intervenção precoce e o lugar dos pais no tratamento do autismo

Em Psicanálise, pai e mãe referem-se a uma função, seja materna, seja paterna: "Mãe e pai aqui se referem a lugares de função materna e função paterna, respectivamente. À função materna, uma correspondência ao pertencimento, à nomeação não anônima. À função paterna, o limite ao gozo da função materna" (KELLY, 2022, p. 169). O agente da função materna supõe um sujeito em seu bebê, antecipa-o ao reconhecer suas demandas e nomeia-as, estabelecendo assim uma alienação. É o que apontam Neves e Vorcaro (2010, p. 386):

> Ao tentar traduzir as manifestações da criança, a mãe presume existir ali um ser de desejo. Ela responde ao grito do filho e longe de engolfá-lo num saber absoluto que o localizaria como objeto, o exercício maternante permite não só a dependência que orienta o laço do bebê, mas também, a dúvida e a possibilidade de aí se inscrever. É o que permitirá advir, aí, um sujeito.

Kanner (1997), em 1943, reconheceu alguns sinais de risco específicos para o primeiro ano de vida da criança: bebê que não se aninha, não estende os braços para ir ao colo, que evita o contato visual e corporal, não apresenta resposta ao sorriso; entre outros. Em Psicanálise, isto seria a recusa ao Outro, dificultando o trabalho do laço primordial.

Considerando-se esta dificuldade, Campanário (2018) aponta a hipótese de Laznik (2013) sobre a falha no terceiro tempo do circuito pulsional. O primeiro tempo é caracterizado pela atividade (o bebê olha). O segundo, passivo (ser olhado). O terceiro, passivo-ativo (fazer-se olhar). No caso do autismo, o terceiro tempo não ocorre.

> Laznik (2013) considera haver um fechamento primário precoce da criança, por uma hipersensibilidade ao outro. Há uma dificuldade no estabelecimento do terceiro tempo do circuito pulsional, e o bebê não provoca o cuidador para ser visto, beijado, olhado. Como a criança não responde ao contato secundariamente, os agentes que ocupam a função materna e paterna param de buscar o contato com o bebê, que não se oferece a eles, por exaustão. (CAMPANÁRIO, 2018, p. 77).

Refere Campanário: "à mãe, longe de lhe ser imputada alguma culpa, cabe situar as razões que dificultam sua relação com o bebê". Não é possível identificar onde começa tal falha, se na família que não aposta na interlocução da criança, ou se na criança que não consegue participar desse circuito devido à hipersensibilidade. A autora afirma que "Ela (a mãe) se desanima caso o bebê não se faça olhar, não se faça escutar, não se faça comer" — com efeitos de "devastação" que incide sobre todos (CAMPANÁRIO, 2018, p. 76).

Portanto, podemos dizer que a Psicanálise atua no tratamento precoce dessas devastações. Geralmente, o que faz pensar em dificuldades, da parte dos adultos, é o atraso de linguagem; não raro, quando o tempo maior de neuroplasticidade já passou. Segundo Campanário (2013 *apud* CAMPANÁRIO, 2018, p. 76), "Os tratamentos precoces mostraram-se mais eficazes no tratamento da devastação das famílias e desses pacientes do que quando tratamos em idades mais avançadas". Se as crianças possuem uma estrutura psíquica ainda não decidida, a intervenção nessa relação com o Outro possibilitaria a constituição do sujeito.

Os pais de crianças com suspeita de autismo deparam-se com grande angústia diante da não correspondência de interação. A escuta do analista permite o acolhimento das angústias, proporciona um reposicionamento dos adultos na função de Outro: "Nesse campo psicanalítico, a escuta é, principalmente, de um discurso que orienta posicionamentos; e, assim, não é um quadro de transtorno mental que se busca estabelecer, mas se a constituição do sujeito se deu ou se está em risco" (KELLY, 2022, p. 197).

Escutar os pais é ouvir sobre o lugar imaginário que os filhos ocupam, quando estes não respondem às suas expectativas desde antes do nascimento; e, depois, quando os filhos não alcançam as habilidades e desempenho esperados. Donna Williams (1992 *apud* KELLY, 2022 p. 17), autista, relata sua própria história: "Não eram as palavras das pessoas que me traziam problemas, mas as suas expectativas quanto às minhas respostas".

Na clínica do autismo, há a busca de alguns pais pelo diagnóstico; nomeação que responde à angústia diante das dificuldades dos filhos. Todavia, diz Kelly (2022) que o diagnóstico não deve ser feito *nem tão cedo, nem tão tarde*.

> Nem tão cedo porque é preciso, a partir da aposta não anônima e narcísica dos pais, que o entorno de uma criança não se paute em um termo – autismo – que, de fato, é desconhecido da população leiga. [...] Nem tão tarde, pois, há prejuízos que, no tempo da plasticidade cerebral podem ser acompanhados e cuidados e serem evitados agravamentos que prejudicam o processo de neurodesenvolvimento. (KELLY, 2022, p. 198, 200).

Diante disso, *nem tão cedo*, para que os pais continuem a apostar em seus filhos. Nomeada como autista muito cedo, não há aposta, nem autonomização. Confiar na sua capacidade e nas suas possibilidades é o que promove o aprendizado.

A época social é a de normatizar as pessoas, com técnicas que limitam e treinam as crianças, não mais sendo relevante que se tornem sujeitos. Essa postura é observada muitas vezes não só nos pais, mas, principalmente, da parte de especialistas e mesmo das escolas.

Para Kelly (2022), o diagnóstico não pode ser apressado, pois leva a criança a um lugar de patologização, ausente o posicionamento subjetivo. "O diagnóstico, demarcado por uma ideia, um discurso já construído por paradigmas e impossibilidades, constituirá uma relação na qual a criança não terá outro lugar senão o de inoperante" (KELLY, 2022, p. 164).

Da parte dos pais, é necessária a aposta nessa criança, creditar e acreditar que ali existe alguém válido. Essa aposta implica não desanimar diante do silêncio da criança autista, ao sorriso que ela não corresponde, ao olhar que não se cruza, às brincadeiras que não envolvem os pais. E é necessário compreendermos os limites dos pais, e a dificuldade que enfrentam. É uma aposta sem espera.

> Ao ver que alguém aceita, acolhe e brinca com seu filho apesar de suas estereotipias, e de serem crianças algumas vezes difíceis de relacionamento, de muitas vezes apresentar atraso na fala, ferindo a imagem narcísica do tão sonhado filho perfeito, através do amor de transferência que se estabelece dos cuidadores e da criança em relação ao analista, pode-se construir uma ligação com o Outro pelo amor que pode ter sido abalada pela gravidade do quadro da criança. (CAMPANÁRIO, 2018, p. 75).

No que diz respeito a essa aposta endereçada à criança, Neves e Vorcaro (2010, p. 388) mostram o que Rosine Lefort fez no tratamento de Nádia:

> Rosine, ao fazer essa suposição, inscreveu uma marca antecipatória no bebê, localizando-o num lugar distinto ao das outras crianças e da condição a que estava submetido. Rosine demarcou, com seus atos de fala, a antecipação e a confirmação da existência de Nádia, ou seja, fala que reconhece e articula as manifestações corporais da criança.

Então, o analista deve se dirigir à criança de forma não intrusiva, em aposta: a Psicanálise orienta-se pela escuta do sujeito do discurso; no caso de crianças autistas, é necessário escutar também os cuidadores, e suas angústias, que compreende escuta e observação atenta. O trabalho do analista deve respeitar os limites do sujeito, seu ritmo e seu desejo, considerando sua angústia. A relevância de se considerar o sujeito no tratamento do autismo é destacada em muitas autobiografias de autistas.

Diz Berger (2007 *apud* MALEVAL, 2017, p. 34), sobre a expectativa da parte do autista:

> Espero um olhar que não avalie antes de ver, que não meça com suas próprias medidas, um olhar que dê ao outro a possibilidade de ser plenamente o que ele é, ainda que estranho e desconcertante. Um olhar que conceda a existência, que não procure dominar.

A atuação da Psicanálise tem sido alvo de resistências nos casos de autismo; principalmente pela ciência *baseada em evidências*. O autismo ainda é visto como irregularidade, a ser tratada e reeducada, no sentido de uma pretensa normalidade (MALEVAL, 2017). Isto favorece a medicalização e o condicionamento de comportamentos.

> Para compreender uma criança, era preciso ver o mundo do ponto de vista dela. Uma mãe de uma criança autista adotava exatamente a posição inversa, enaltecendo na internet um método de aprendizagem que, enfim, lhe permitia "controlar" o seu filho. Tudo indica, entretanto, que esse "controle" é um dos maiores obstáculos que o sujeito encontrará para se autonomizar. (ELIOT, 2001, p. 53 *apud* MALEVAL, 2017, p. 360).

Maleval (2017) aponta que os métodos comportamentalistas usados com autistas são invasivos. A lógica ensinativa e os treinos para atenuar comportamentos indesejáveis, criando os desejáveis, podem trazer mais angústia. Em particular, a *Análise Aplicada do Comportamento* (ABA) seria o mais deletério, nas considerações de Maleval (2017), pois elimina os traços singulares. É importante que os pais possam escolher a intervenção que prefiram para os filhos.

Considerações finais

À luz da Psicanálise, entendeu-se que o autismo é um quadro específico, diferente da psicose. Nessa perspectiva, o autismo não é uma deficiência, mas uma particularidade na subjetivação. Dessa particularidade, uma invenção a ser garantida pela aposta de seu devir:

O psicanalista vai inserir seus atos em uma lógica de significantes, respeitando essa singularidade, de forma menos invasiva possível. Isso requer intervenções distantes da padronização de comportamentos.

A intervenção precoce está longe de uma prevenção, é *a tempo*, tomando a criança já como sujeito, mesmo antes de sua constituição — essa é a aposta. O endereçamento do analista à criança, junto aos agentes cuidadores, indica a estes a mesma ação de antecipação. A idealização dos pais e o luto do filho desejado são temas que o psicanalista deve escutar.

Treinamentos baseados em aprendizagem de comportamentos não permitem que se maneje a angústia, e a aposta não acontece. Na singularidade, a Psicanálise abre a chance de que os autistas se encontrem em seus interesses, além da inserção social.

Referências

AMERICAN PSYCHIATRIC ASSOCIATION (APA) *et al.* **DSM-5**: Manual Diagnóstico e Estatístico de transtornos mentais. 5. ed. Porto Alegre: Editora Artmed, 2014.

ASPERGER, H. Os "psicopatas autistas" na idade infantil (parte 1, 2, 3). **Revista Latinoamericana de Psicopatologia Fundamental**, São Paulo, v. 18, p. 704-727, 2015.

CAMPANÁRIO, I. S. *et al.* Intervenção de orientação psicanalítica a tempo em bebês e crianças com impasses no desenvolvimento psíquico. **Estudos de Psicanálise**, Belo Horizonte, n. 50, p. 73-85, 2018.

CAMPANÁRIO, I. S. **Espelho, Espelho meu**: A Psicanálise e o tratamento do autismo e outras psicopatologias graves. Bahia: Editora Ágalma, 2008.

DONVAN, J.; ZUCKER, C. **Outra sintonia**: a história do autismo. São Paulo: Companhia das Letras, 2017.

DOR, J. **Introdução à leitura de Lacan**: o Inconsciente estruturado como linguagem. Porto Alegre: Editora Artes Médicas, 1989.

JERUSALINSKY, A. **Psicanálise do autismo**. 2. ed. São Paulo: Instituto Langage, 2012.

KANNER, L. (1943). Os distúrbios autísticos do contato afetivo. *In*: ROCHA (org.). **Autismos**. São Paulo: Editora Escuta, 1997.

KAUFMANN, J. **Dicionário enciclopédico de Psicanálise**: o legado de Freud e Lacan. Rio de Janeiro: Editora Jorge Zahar, 1996.

KELLY, R. E. G. (org.). **Autismo.s**: olhares e questões. Curitiba: Editora Appris, 2022.

KLEIN, M. (1946). **Notas sobre alguns mecanismos esquizoides**. *In*: KLEIN, M. Os progressos da psicanálise. Rio de Janeiro: Guanabara Koogan, 1982.

KUPFER, M. C. O tratamento institucional do Outro na psicose infantil e no autismo. **Arquivos Brasileiros de Psicologia**, São Paulo, v. 59, n. 2, 2007.

LACAN, J. (1949). O estádio do espelho como formador da função do eu. *In*: LACAN, J. **Escritos**. Rio de Janeiro: Editora Jorge Zahar, 1998.

LACAN, J. (1964). **O seminário, livro 11**: os quatro conceitos fundamentais da Psicanálise. Rio de Janeiro: Editora Jorge Zahar, 2008.

LAURENT, É. **A batalha do autismo**: da clínica à política. São Paulo: Editora Companhia das Letras, 2014.

LAZNIK, M.-C. **A hora e a vez do bebê**. São Paulo: Instituto Langage, 2013.

LEFORT, R.; LEFORT, R. **A distinção do autismo**. Belo Horizonte: Relicário Edições, 2017.

LEFORT, R.; LEFORT, R. **O nascimento do Outro**. Bahia: Fator, 1984.

MALEVAL, J.-C. **O autista e a sua voz**. São Paulo: Editora Blucher, 2017.

MALEVAL, J.-C. Por que a hipótese de uma estrutura autística. **Opção Lacaniana**, [*S. l.*], v. 6, n. 18, p. 1-40, 2015. Disponível em: http://www.opcaolacaniana.com. br/pdf/numero_18/Por_que_a_hipotese_de_uma_estrutura_autistica.pdf. Acesso em: 15 nov. 2022.

NEVES, C. B. R.; VORCARO, A. M. R. A intervenção do psicanalista na clínica com bebês: Rosine Lefort e o caso Nádia. **Estilos da Clínica**, [*S. l.*], v. 15, n. 2, p. 380-399, 2010.

ORGANIZAÇÃO MUNDIAL DA SAÚDE (OMS). **Classificação Internacional das Doenças, 11ª versão – CID 11**. [*S. l.*]: OMS, [2018]. Disponível em: https://icd.who.int/browse11/l-m/en#/http%3a%2f%fid.who.int%ficd%2fentity%2f1516623224. Acesso em: 15 nov. 2022.

ORGANIZAÇÃO MUNDIAL DA SAÚDE (OMS). **Classificação Internacional das Doenças, 10ª versão – CID 10**. [*S. l.*]: OMS, [1992]. Volume1.

UMA DISCUSSÃO SOBRE A MEDICALIZAÇÃO DA INFÂNCIA NA VISÃO DA PSICANÁLISE

Karina Corcetti Valim Silva
Sílvio Memento Machado

Introdução

Na prática clínica atual, observa-se a patologização progressiva do sofrimento humano. A infância é marcada por processos de estabelecimentos das primeiras relações familiares, escolares, sociais. Jerusalinsky (2018 *apud* AZEVEDO, 2019) afirma existir uma crescente procura de profissionais do campo psi por parte da escola, cujas queixas gravitam em torno da depressão, desmotivação, intolerância e, até mesmo, linchamentos virtuais. Ao mesmo tempo que existe uma preocupação verdadeira dos pais e da escola em relação às demandas das crianças, seus sintomas e sofrimentos, há necessidade de acabar com esse sofrimento de forma apressada e definitiva.

Os pais e a escola buscam nos especialistas da área psi a resposta e o direcionamento do que fazer com as crianças, como se existisse um manual, e acabam deixando de lado o lugar que é verdadeiramente deles. Na escola, esse lugar é marcado pela coletividade, vivência da realidade de bando, sociedade. Na família, Mannoni (1987) conecta a sintomatologia da criança às questões inconscientes de seus pais; o lugar dos pais é marcado pela inseparabilidade do mundo psíquico deles e da criança, tornando o sintoma da criança resultado do sintoma dos pais. Isso torna indispensável a implicação dos pais no trabalho analítico da criança.

A invenção da infância

Franco Frabboni (1988) dedicou-se às concepções de criança e família desde a Idade Média até os dias atuais. No texto "A escola infantil entre a cultura da infância e a ciência pedagógica", o autor divide em três tempos a história da infância: criança-adulto ou a infância negada (séculos XIV-XV); criança-filho-aluno ou criança institucionalizada (séculos XVI-XVII); e a terceira identidade seria criança-sujeito-social ou sujeito de direitos (século XX).

Segundo Ariès (1978 *apud* SEBASTIANI, 2009, p. 50):

> Até por volta do século XII, a arte medieval desconhecia a infância ou não tentava representá-la. É difícil crer que essa ausência se devesse à incompetência ou à falta de habilidade. É mais provável que não houvesse lugar para a infância nesse mundo.

Na Idade Média, até o século XV, período chamado de criança-adulto ou infância negada, não existia o conceito de infância; é difícil até pensar que nessa época existisse sentimento de infância. A criança era um pequeno adulto que ainda cresceria, sem afeto específico, sem nomeação destacada, não havia censura, crianças assistiam a execuções, eram vestidas como adultos, morriam muitas, e a autoridade era exercida, além dos pais, pela coletividade. Em algumas sociedades, a infância era um período rapidamente superado, e, logo que a criança adquiria alguma independência física, passava a participar da vida dos adultos, de seus trabalhos, jogos e festas.

Nesse período, pode-se concluir que não existia uma consciência da infância e sua particularidade, não eram distinguidos crianças e adultos.

O aumento da população a partir do século XVI e a expectativa de uma vida mais longa trouxeram um novo olhar para a infância, uma nova roupagem. Entre os séculos XVI e XVII, chamado de criança-filho-aluno ou criança institucionalizada, segundo Frabboni (1998), houve uma mudança na posição da família na sociedade, surgiu a família moderna. Os sentimentos de afetividade, reconhecimento e família passam a existir. A criança passou a ser considerada, observada e cuidada, garantindo espaço de carinho, moralização e educação. Com essas mudanças, as crianças passaram a ser criadas de forma privada, recolhendo as crianças do espaço coletivo e estranho; as famílias assumiram uma postura afetiva; os casais uniram-se com o dever de autoridade e cuidado, principalmente com as crianças.

A partir do século XX, o período chamado de criança-sujeito-social ou sujeito de direitos é marcado pelo avanço tecnológico e por mudanças sociais; a criança passa, finalmente, a ser compreendida como sujeito social e com direitos.

A base da família é vista como um amor romântico; o filho, como ato supremo de amor e dedicação; sentimentos de família e de infância passam a ter grande importância; surge a necessidade de criar a criança para o futuro, de educar com a condição de transmitir saberes; a criança é colocada em ênfase e passa a ter importância crescente na sociedade.

As crianças passam a ser vistas de maneira particular, ou seja, todas são crianças, porém com tempos diferentes de escolarização, aprendizado, condição de vida; e a sociedade passa a ter consciência dessas diferenças.

O sujeito criança na perspectiva da Psicanálise

Para Freud (1895 *apud* RESSTEL, 2015, p. 92): "no sujeito humano existe uma dependência absoluta e radical do Outro". Afinal, somos seres que nascemos prematuramente; o bebê não consegue sozinho realizar uma ação que altere o mundo exterior. É sempre necessário pessoa mais experiente que intervenha. Esse fato configura um desamparo primordial.

Em 1930, no Mal-Estar da Civilização, o desamparo é considerado por Freud (1996c) um mal psíquico estrutural do sujeito, mostrando quanto o desamparo é condição do homem moderno.

No livro *Angústia*, de acordo com Leite (2011, p. 54):

> Prosseguindo em "Inibições, sintomas e angústia", Freud considera que na infância a experiência de angústia se relaciona ao sentir falta de alguém que é amado. Ocorre que a imagem da pessoa amada é intensamente investida e, dependendo da situação vivida, o anseio, ou melhor, a ausência dessa imagem pode se transformar em angústia. Tal angústia, segundo Freud, tem toda aparência de ser uma expressão da criança em sua desorientação, em seu desamparo mental, em sua incapacidade de lidar com esse anseio devido a seu estágio pouco desenvolvido.

As funções de quem executa esse papel de cuidado primordial para a sobrevivência do ser humano e constituição do Eu são chamadas de função materna e função paterna; são conceitos propostos por Lacan dentro da função estruturalista ligada ao complexo de Édipo. Lacan (2003) faz uma leitura do complexo de Édipo desenvolvido por Freud, usando a ideia de função.

Quando se fala de função materna e função paterna, está se falando de lugares ocupados por determinadas pessoas. É preciso que aquele corpo do bebê, que tem potencial para ser humano, entre no registro simbólico por meio do significante, da relação com o Outro e da linguagem.

A função materna tem ligação com o Outro que coloca a criança no lugar de cuidado mais próximo, corporal, que marcará a vida mental, pulsional, desse sujeito. Presentificam-se as ordens imaginária e simbólica.

A função paterna marca na função materna a presença de uma falta, presença que indica que o bebê não é tudo para a pessoa que ocupa a função materna.

Essas funções marcam o campo do Outro, um lugar, aproximação entre Inconsciente e linguagem, que é fonte de uma série de situações sensoriais: cheiro, cor, palavras. Ao mesmo tempo que o Outro alivia, ele tensiona, trazendo novos apelos, fazendo nascer o desejo inconsciente.

Na qualidade da relação do Outro com o bebê, é necessário existência do prazer e satisfação na alimentação, no diálogo e na comunicação com o olhar; o Outro precisa falar sobre esse bebê, precisa haver trocas entre eles; o bebê precisa dormir, descansar e, nos momentos difíceis, ele precisa ser acolhido e apaziguado. Quando o Outro executa as funções materna e paterna, obriga o bebê a estar alienado no desejo do Outro, e essa alienação precisa se instalar, é importante que o bebê se entregue a esse acontecimento. Crianças em que essa alienação não se instala são crianças em risco para a constituição psíquica.

Winnicott (1975) afirma que um bebê não existe sozinho, não há um bebê sem um ambiente o sustentando, ele é parte de uma relação; não existe sozinho, sem a presença de uma maternagem e de um ambiente criado pela mãe, onde ele possa evoluir seu potencial de amadurecimento e crescimento. Inicialmente, o bebê tem dependência absoluta, aos poucos passa a ser menos dependente, o que possibilita à função materna se modificar; não se precisa de tanta intensidade, vai-se dando espaço para o bebê, que nunca será completamente independente, pois sempre precisará do outro em sua história para organizar-se, desorganizar-se e, novamente, organizar-se.

No início dos seus estudos sobre a Psicanálise, em 1936, Lacan desenvolve o conceito do estádio do espelho. Estádio, pelo fato de não ocorrer em um tempo cronológico. O início da vida psíquica é um processo instável, parte de um estado de indiferenciação do recém-nascido, que não possui consciência de sua própria existência, é o mundo experimentado como uma extensão dele mesmo.

Em 1949, em outro congresso, Lacan (1998) apresenta novamente um texto sobre o estádio do espelho, com o título "O estádio do espelho como formador da função do eu tal como nos é revelado na teoria psicanalítica". Esse texto fala sobre o momento da constituição do Eu e daquilo que tem relação com o self: constituição da identidade, estabelecimento de distinção fundamental, demarcação dos limites do próprio corpo em relação ao corpo dos outros, corpo da realidade e corpo simbólico, corpo dos objetos. Estabelece-se a borda do corpo junto ao estabelecimento de identidade, distinção entre o Eu e a alteridade.

Para o Eu ser Eu, é necessário ver-se em uma foto, olhar-se no espelho, construindo essa sensação de identidade fundamental, impressão de estabilidade. Freud dizia que o Eu não é ponto de partida, e sim que o Eu é constituído. A teorização do estádio do espelho assume essa perspectiva freudiana.

No texto de 1949, Lacan (1998) explicita sua visão de que o Eu é constituído não por um amadurecimento biológico, mas por intermédio de uma relação, é consequência de uma relação fundamental. Em outras palavras, não é algo natural, e sim consequência de uma relação, o Eu é o resultado. O estádio do espelho estabelece um campo em que se verificam as relações do registro imaginário que constitui o Eu.

A criança reconhece-se onde antes havia um outro, antes mesmo de obter outras habilidades, como andar, falar, sustentar o próprio corpo. Ou seja, a criança depende de cuidados de outro, e ainda assim se reconhece e se assume no espelho como imagem. Mas não basta que ela se reconheça; ela busca o olhar de um outro que reconheça sua experiência, sua conquista. Nesse momento, é selada a diferença entre o Eu e o outro e configura-se o primeiro tempo do Édipo, segundo Lacan (1999). O segundo momento do complexo de Édipo (ter ou não ter o falo) caracteriza-se pela intervenção do pai, exercendo uma dupla função: em relação à criança, age sob a forma de interdição à mãe, fazendo com que haja uma renúncia a ser o objeto de seu gozo. No que diz respeito à mãe, ele a priva do falo que acredita ter, barra o gozo da mãe impedindo-a de considerar a criança como objeto de seu gozo. É o pai imaginário, um outro como um objeto fálico, que impõe uma rivalidade, fazendo com que a criança veja o pai como um falo rival junto à mãe.

O pai introduz a referência à Lei da proibição do incesto. Em relação à mãe, o pai age como aquele que a priva de um objeto simbólico, o falo, que ela possui sob a forma de criança, identificada com o objeto do seu desejo.

É com o declínio do complexo de Édipo que se configura o terceiro tempo lógico. É marcado pela simbolização da lei desempenhada pela função paterna. O pai torna-se o suposto detentor do falo, que detém o objeto do desejo da mãe. A criança reconhece agora a castração do pai, que o desloca de pai onipotente para pai potente: o pai não tem o falo, mas tem alguma coisa com valor de dom.

Questões atuais da infância: e a Psicanálise com isso?

Lisiane Fachinetto (informação verbal), [17]menciona que, no texto "O mal-estar na civilização", Freud (1996c) afirma que cada época produz os seus sintomas.

Na época de Freud, a sociedade era organizada pelo saber, o que o levava a explicar o complexo de Édipo, no qual o pai simbólico é o operador do processo de construção do sujeito, pois ele tinha o saber. O pai introduzia a criança em uma lei que se aplicava até mesmo a ele. É um momento dentro do Édipo importante em que a criança realiza simbolicamente a ideia de que seu pai é apenas um representante da lei universal. O processo de uma análise era desvelar o sintoma via interpretação. O analista levava o sujeito à construção de um saber a respeito do seu sofrimento e propunha uma direção de tratamento.

No mundo atual, o saber é generalizado e não mais exclusivo do pai simbólico, que passa a ser percebido como alguém que não está sendo reconhecido fora da família. Como se o pai fosse substituído pela função de ser "mais um", sem reconhecimento social fora do espaço familiar. O complexo de Édipo não é mais suficiente para referenciar a direção de tratamento. Essa mudança implicou o surgimento de um novo sujeito, e os sintomas também mudaram.

No texto *O mal-estar na civilização: as obrigações do desejo na era da globalização*, Nina Saroldi (2011) faz algumas reflexões em relação às mudanças de comportamentos atuais e a sustentação da teoria de Freud (1996c) em relação ao mal-estar da civilização. No livro, a autora ressalta diferenças fundamentais entre os séculos XX e XXI:

Quadro 1 – Diferenças fundamentais Século XX e Século XXI

Século XX	x	Século XXI
Renúncia do Princípio do Prazer para um bem coletivo	x	Renúncia do Princípio da Realidade em nome do benefício individual
Repressão Sexual	x	Liberdade Sexual
Valorização do ócio criativo	x	Necessidade de atividades constantes e horror ao tédio

---

[17] Lisiane Fachinetto, no seminário "A Psicanálise na contemporaneidade e os novos sintomas" (2021).

Século XX	x	Século XXI
Excesso de proibições	x	Excesso de ofertas
Valorização da Especialização Profissional	x	Profissionais multitarefas e multifuncionais
Contexto familiar: pai, mãe e filhos	x	Contexto familiar: diverso, com vários formatos
Preocupação com normas	x	Preocupação com revisão de normas
Aguardar para prazer futuro	x	Prazer imediato
Elaboração do luto	x	Luto medicalizado
Histeria	x	Depressão

Fonte: Nina Saroldi, 2011

A Pós-Modernidade trouxe o consumismo como condição de subjetividade. O discurso capitalista aparece sob os comandos: Acumule! Trabalhe! Consuma! O mundo está marcado pela impessoalidade das tecnologias, o consumo de qualquer produto está avalizado pela promessa do bem-estar completo, as pessoas buscam um prazer imediato; assim, a palavra deu lugar ao medicamento. O saber médico ganha lugar de "milagre imediato", em que não é necessário esperar: sua dor pode ser curada imediatamente. A saúde entra como mercadoria.

Com as crianças não é diferente. Elas entram em um lugar narcísico para os pais; eles precisam oferecer tudo de que a criança "precisa" de material, em uma ideia de que aquilo completará a vida da criança e a deles próprios, ganhando título de pais perfeitos e oferecendo aos filhos aquilo que não tiveram. Enquanto o material toma conta das relações, a tecnologia também; os pais, com muita frequência, não brincam mais com as crianças, dificilmente surgem diálogos nos quais as pessoas têm oportunidade de falar e ser ouvidas.

Além de todas as mudanças mencionadas, o mundo passou recentemente pela pandemia da Covid-19, que trouxe a tecnologia como único meio de comunicação e relação, visto o isolamento social, além de única forma de trabalho e estudo. Pais trabalharam on-line, crianças assistiram a aulas on-line; dessa forma, as relações com os amigos foram substituídas pelas telas. As praças e os parquinhos foram substituídos pela sala de estar. As aulas de natação, futebol, balé e aniversários foram substituídas pelo convívio entre pais e crianças vidradas em telas. Contato com primos, amigos, colegas de escola passou a não existir.

Além disso, hoje se verifica, pela prática clínica, que o sofrimento da criança é patologizado e, diante disso, os pais não sabem o que fazer. Há uma busca pelo médico com o objetivo de obter um diagnóstico como forma de resposta.

Aquilo que vem do Outro e que é tão necessário para a criança desenvolver foi prejudicado, resultando em uma enxurrada de diagnósticos de autismo, Transtorno do Déficit de Atenção com Hiperatividade (TDAH) e, consequentemente, muita medicalização.

O *Diagnostic and Statistical Manual of Mental Disorders* (DSM) ilustra muito bem como o sofrimento passou a ser encarado, pois é um manual diagnóstico e estatístico elaborado pela Associação Americana de Psiquiatria, iniciado em 1952, para definir como é feito um diagnóstico de transtornos mentais; e replicado pela Organização Mundial da Saúde na Classificação Internacional de Doenças (CID). É uma espécie de catálogo, código das doenças mentais, desordens, transtornos, que nasceu na tentativa de estabelecer uma espécie de língua única para diferentes orientações em psicopatologia, ou seja, criaram-se síndromes e um dicionário para elas, facilitando, assim, uma nomeação diagnóstica e a medicalização. A medicina atribui a origem do sintoma a aspectos biológicos e intervém medicando.

Na Psicanálise, o olhar para o sintoma é diferente. O sujeito é o sujeito do Inconsciente. Cada criança é marcada pelo relacionamento com a mãe e com o pai. Em "Nota sobre a criança", Lacan (2003) aponta que uma articulação significante se sobrepõe ao sintoma e é aberta a intervenções do analista. O sintoma na criança é uma forma de interpretar os significantes propostos pelo adulto; a medicalização, por sua vez, cala esse sintoma, silencia o sujeito. Segundo Checchinato (2002), a Psicanálise dos pais, principalmente, deve ser foco de atenção do psicanalista. A Psicanálise com crianças tem suas particularidades, pois há uma articulação estrutural entre o sintoma da criança e a fantasia, o discurso e desejo dos pais. Na ótica da Psicanálise, o lugar da criança é sempre sintomático, esta materializa tudo o que é a ordem do sintoma: projeções, frustrações e problemas dos pais.

Com o trabalho clínico psicanalítico, de escuta verdadeira da criança e dos pais, é possível ver o sintoma de uma outra forma, não patologizada; e buscar o que realmente ele está significando, trazendo efeitos consideráveis para a criança e a família, sem a necessidade de medicalização, ou a utilizando no minimamente necessário.

Considerações finais

Há uma demanda real de utilização da teoria e da ética da Psicanálise para entender e separar a medicalização da angústia inerente à infância e a medicalização de uma patologia real. Os profissionais psicanalistas devem ser aqueles que se deslocam do lugar de saber para um lugar de escuta e olhar minuciosos dos sentimentos e influências dos pais nas crianças, para que estes, ao virem os efeitos da análise em seus filhos, entendam que é de suma importância a permanência da criança e da família no tratamento, principalmente porque os pais têm lugar de destaque, visto que o psiquismo da criança depende do fantasma parental.

Referências

ARIÈS, P. **História social da criança e da família**. Rio de Janeiro: Guanabara, 1978.

AZEVEDO, L. J. C. Mal-estar na infância: por uma perspectiva da desmedicalização do sofrimento infantil. **Cadernos UniFOA**, Volta Redonda, v. 14, n. 41, p. 85-93, 2019. DOI 10.47385/cadunifoa.v14.n41.3087. Disponível em: https://revistas.unifoa.edu.br/cadernos/article/view/3087. Acesso em: 10 nov. 2022.

CHECCHINATO, D. Psicanálise dos pais. **Associação Campinense de Psicanálise**, p. 1-32, [2002]. Disponível em: http://www.acpsicanalise.org.br/docs/psicanalise-dos-pais.pdf. Acesso em: 10 nov. 2022.

FRABBONI, F. A escola infantil entre a cultura da infância e a ciência pedagógica e didática. *In*: ZABALZA, M. **Qualidade em educação infantil**. Porto Alegre: Artmed, 1998.

FREUD, S. (1905). Três ensaios sobre a teoria da sexualidade. *In*: FREUD, S. **Edição Standard brasileira das obras psicológicas completas de Sigmund Freud**. Rio de Janeiro: Imago, 1996a.

FREUD, S. (1926). Inibição, sintoma e angústia. *In*: FREUD, S. **Edição Standard brasileira das obras psicológicas completas de Sigmund Freud**. Rio de Janeiro: Imago, 1996ba.

FREUD, S. (1930). O mal-estar na civilização. *In*: FREUD, S. **Edição Standard brasileira das obras psicológicas completas de Sigmund Freud**. Rio de Janeiro: Imago, 1996c.

LACAN, J. (1969). Nota sobre a criança. *In*: LACAN, J. **Outros escritos**. Rio de Janeiro: Jorge Zahar, 2003.

LACAN, J. (1949). O estádio do espelho como formador da função do eu. *In*: LACAN, J. **Escritos**. Rio de Janeiro: Zahar, 1998.

LACAN, J. (1964). **O seminário, livro 11**: os quatro conceitos fundamentais da Psicanálise. Rio de Janeiro: Jorge Zahar Ed., 1985.

LACAN, J. (1957-1958). **O seminário, livro 5**: as formações do Inconsciente. Rio de Janeiro: Jorge Zahar Ed., 1999.

LACAN, J. (1957-1958). Os três tempos do Édipo *In*: LACAN, J. **O seminário, livro 5**: as formações do Inconsciente. Rio de Janeiro: Jorge Zahar, 1999.

LEITE, S. **Angústia**. Rio de Janeiro: Zahar, 2011.

MANNONI, M. A transferência em Psicanálise de crianças: problemas atuais. *In*: MANNONI, M. **A criança, sua "doença" e os outros**: O sintoma e a palavra. 3. ed. Rio de Janeiro: Guanabara, 1987.

RESSTEL, C. C. F. P. Desamparo psíquico. *In*: RESSTEL, C. C. F. P. **Desamparo psíquico nos filhos de dekasseguis no retorno ao Brasil**. São Paulo: Cultura Acadêmica, 2015. p. 87-104. Disponível em: https://static.scielo.org/scielobooks/xky8j/pdf/resstel-9788579836749.pdf. Acesso em: 15 out. 2022.

SAROLDI, N. **O mal-estar na civilização**: as obrigações do desejo na era da globalização. [*S. l.*]: Editora Civilização Brasileira, 2011. (Coleção Para ler Freud).

WINNICOTT, D. W. **O brincar e a realidade**. Rio de Janeiro: Imago, 1975.

PSICANÁLISE E A ESCRITA NO CORPO: FENÔMENO PSICOSSOMÁTICO (FPS)

Lígia Maria Sério Amaral

A psicossomática caracteriza-se por lesão no órgão; configura-se como um enigma para médicos, analistas, teóricos. De acordo com Fonseca (2007), resiste a pesquisas, exames e medicação, e por vezes cede ao tratamento orgânico, mas sempre voltam doenças que aparecem sob a forma de lesões e que acometem o corpo em surtos de psoríase, alopecia, asma etc.

Como tal, o fenômeno psicossomático condensa angústia, gozo e muito sofrimento no corpo. A medicina tenta abordá-lo com exames e medicações de última geração, mas ele sempre escapa (FONSECA, 2007, p. 96).

No domínio da ciência médica, o corpo é definido em sua dimensão biológica; e a doença, como existência autônoma, é autenticada por uma lesão *anátomo-clínica* (ABREU, 1992 *apud* DAL-CÓL; POLI, 2016). É nessa perspectiva que na medicina se realiza o diagnóstico e o tratamento de doenças. Porém, diz Fonseca (2007), não se dirigindo ao sujeito, mas a um corpo, em linhas gerais, puramente orgânico. O corpo, em Psicanálise, está além do organismo-máquina esquadrinhado pela ciência; ele é paralelo ao corpo biológico, não é dado desde o nascimento, mas construído nas primeiras relações com a mãe, que, ao cuidar de seu filho, marca-lhe o corpo *libidinalmente*, na medida em que o deseja e lhe atribui significados. Em outros termos, o corpo do *infans* vai deixando de ser um simples organismo biológico e vai sendo humanizado, marcado pela energia sexual e pelo desejo, e dele o indivíduo vai se apropriando, ou não. E é desse *corpo pulsional*, erógeno, que se trata em Psicanálise; corpo marcado, em última instância, pela linguagem e pela falta, cuja satisfação é sempre incompleta, desencaixada, o que mantém o sujeito como eterno *desejante*. Desejo de muitas expressões, muitas roupagens, e que só finda com a morte do organismo (FONSECA, 2007, p. 97).

Entendendo, assim, que a Psicossomática "tomou corpo" com a influência direta da teoria psicanalítica, possibilitando um vasto campo para pesquisas tanto sobre sua etiologia quanto seu desenvolvimento e tratamento, propõe-se uma explanação, dentro da teoria psicanalítica, para *Psicossomática* ou *Fenômeno Psicossomático*. Primeiramente, fazendo uma análise histórica sobre o entendimento da dor, que comporta tanto um caráter físico quanto psicológico e que é, muitas vezes, renegada pela medicina, mas que se encontra intimamente ligada ao tema da Psicossomática. Posteriormente, propõe-se uma breve trajetória sobre o advento da Psicanálise; *Sigmund Freud* faz sua grande descoberta do Inconsciente por meio da *Histeria*, em que se evidencia a relação *corpo-mente*, rompida pelo *Plano Cartesiano*, via somatização, conversão histérica e fenômeno psicossomático. Segue-se uma breve elucidação de algumas das conhecidas teorias psicossomáticas propostas pelos psicanalistas: Georg Wather Groddeck, Franz Alexander, Pierre Marty, Joyce McDougall, Jean Guir e, finalmente, Jacques Lacan.

Configura-se como um desafio para os médicos e os profissionais da área da saúde, em sua ânsia de curar, de parar a dor, não a escutarem, e deixarem de escutar o que o próprio paciente tem para falar daquela dor, qual seria o significado que a dor comportaria; sua história, seu real sentido. De modo que o trabalho do analista seria exatamente realizar a escuta desse paciente, dando oportunidade para que este possa lidar com sua dor, fazendo-lhe um convite para que ele fale não com o intuito de produzir efeitos miraculosos e instantâneos, mas como uma espécie de preparação de um trabalho de simbolização (BONFIM, 2014, p. 8), transformando assim o Fenômeno Psicossomático em sintoma.

História da dor

A dor, escreve Rey, é de fato uma construção cultural e social, pois não tem o mesmo significado em todas as épocas, em todas as civilizações. A mudança de sentido que uma sociedade dá a dor é menos importante do que as consequências dessa transformação sobre a experiência individual da dor: os diferentes significados atribuídos a ela — prova necessária, mal que precede um bem maior, castigo, fatalidade — modificam a percepção que o sujeito tem da dor (REY, 2012).

A experiência da dor comporta um caráter pessoal, subjetivo, para cada sujeito; assim, escreve Rey, como não existem folhas com a mesma tonalidade de verde, não há duas dores exatamente semelhantes, e isto para o mesmo sujeito, em diferentes momentos de sua existência: as experiências anteriores de dores análogas, a lembrança que amplifica ou atenua, o estado de espírito no momento em que sobrevém a dor constituem fatores que modificam o modo de perceber e de suportar a dor — assim a experiência da dor é marcada pelo carimbo da *subjetividade* (REY, 2012).

APLICADA OU IMPLICADA: QUAL PSICANÁLISE PARA A CIÊNCIA?

De acordo com Rey (2012) o estudo fisiológico da dor, a constituição da dor como objeto de saber, também foi no passado a promessa de uma conquista. Considerada como companheira inevitável da doença, a dor foi mais frequentemente assinalada e em seguida relegada ao segundo plano do que estudada por si mesma. Pois a medicina definia-se antes de tudo por seu objetivo de cura, de eliminação da doença, hierarquizando as necessidades e as exigências da doença: se o importante é curar, pouco importa o preço da cura. Essa lógica, que se ocupa mais com a doença do que com o doente, que se desvia das sequelas da doença (cicatrizes dolorosas, consequências secundárias dos tratamentos, dores pós-operatórias), é reforçada com o sucesso da medicina (REY, 2012), repousando, assim, sobre os poderes e ambições da medicina, relegando a dor a uma posição negligenciável.

Tal situação define também um certo tipo de relação entre médico e doente, ela aponta a ausência do doente como sujeito, a alienação de sua fala e de seu querer. Sem dúvida, escreve Rey (2012), o próprio nascimento da medicina está relacionado ao alívio da dor, e não há arte médica sem a busca de remédios eficazes, sem esforço de interpretação da dor para designar o órgão doente ou prever a cura da doença.

É necessário entender a *dor* historicamente para que se possa compreender o nascimento do termo "psicossomática", pois estão intimamente ligados. A psicossomática é, em linhas gerais, uma dor no corpo, embora não infligida por algum objeto cortante ou pontiagudo, resultante de uma cirurgia ou da ação de alguma situação acidental; lesiona o corpo, no seu estado físico, de forma a ser uma dor insuportável, que causa angústia e desespero, pois, mesmo com a medicação, ela não cessa, e ela não existe organicamente. Os médicos não conseguem mapeá-la, mas ela está lá, o paciente sabe que está. Pois essa dor comporta um sentido, uma experiência pessoal, uma história íntima e particular, na estruturação do sujeito, em suas relações primordiais.

A dor na Antiguidade

Experiência individual em todos os tempos, a dor, entretanto, não ocupa um lugar idêntico em todas as sociedades e em todas as épocas (REY, 2012). O limiar que delimita até onde a dor parece insuportável varia não somente segundo os indivíduos, mas também segundo sua cultura de onde eles são originários (MELZAC, 1973 *apud* REY, 2012). Por trás de dados anatômicos e psicológicos, a dor aparece também como uma construção cultural e social.

A medicina ancestral não dissociava a doença, tomando-a como uma unidade à parte, isolável do conjunto de fenômenos que compõem a vida do homem, e menos ainda como um acontecimento desvestido de significação cultural. A doença era vista como um aspecto da vida, tomada em seu sentido global. Nos primórdios da História, tratar e curar parece ter sido íntimo coadjuvante do compreender (ÁVILA, 1995, p. 29).

Na Antiguidade grega, berço da civilização ocidental, é onde repousam as influências ancestrais dos modos de ver a dor da sociedade (ocidental), atualmente.

A Cultura Grega teve um grande desenvolvimento entre os séculos XI e V a.C., alcançando seu apogeu no século V. Assim, como houve um grande desenvolvimento das Escolas Filosóficas, já haviam sido criadas também, de acordo com Ávila (1995), as Escolas de Medicina de Cós e Cnídios.

Hipócrates nasceu na Ilha de Cós, no ano de 450 a.C., e sabe-se que ele deixou uma obra extraordinária, mais de 60 volumes na Coleção Hipocrática. Fundou o método clínico em medicina, dando grande importância à observação (ÁVILA, 1995). E, em uma tentativa de explicar os estados de enfermidade e saúde, postulou a existência de quatro fluidos (humores) principais no corpo: bile amarela, bile negra, fleuma e sangue. Desta forma, a saúde era baseada no equilíbrio desses elementos. Ele via o homem como uma unidade organizada e entendia a doença como uma desorganização desse estado (VOLICH, 2000 apud CASTRO; ANDRADE; MULLER, 2006).

Assim, Rey (2012) escreve que o processo intelectual que conduz ao diagnóstico na medicina hipocrática exige uma relação particular entre o médico e o doente. No que se chama de "triângulo hipocrático", a palavra do doente para falar da dor reveste-se de uma importância ainda maior que nas outras linhas da medicina (BOURGEY, 1975 *apud* REY, 2012). Sua terapêutica consistia em procurar auxiliar o organismo a defender-se contra as enfermidades, acreditando que o corpo possuísse meios para a cura (ÁVILA, 1995).

Cláudio Galeno (129-199 d.C.), colocam Castro, Andrade e Muller (2006), revisitou a teoria humoral e ressaltou a importância dos quatro temperamentos no estado de saúde. Via a causa da doença como endógena, ou seja, estaria dentro do próprio homem, em sua constituição física ou em hábitos de vida que levassem ao desequilíbrio.

De acordo com historiadores, comenta Ávila (1995), o Galenismo dominará a medicina até o século XVIII, pois, entre tantas outras motivações descritas por Rey (2012), a teoria de Galeno tinha uma pretensão e ambição de chegar ao conhecimento da realidade da doença por meio de uma observação minuciosa de dados, analisando-os e buscando um sentido para tal.

O conceito de Galeno a respeito de saúde e doença prevaleceu por vários séculos, até o suíço Paracelsus (1493-1541) afirmar que as doenças eram provocadas por agentes externos ao organismo. Ele propôs a cura pelos semelhantes, baseada no princípio de que, se os processos que ocorrem no corpo humano são químicos, os melhores remédios para expulsar a doença seriam também químicos, e passou então a administrar aos doentes pequenas doses de minerais e metais (CASTRO; ANDRADE; MULLER, 2006, p. 40).

A dor na Idade Média

Durante a Idade Média, Fava (2000 *apud* CASTRO; ANDRADE; MULLER, 2006) coloca que a doença era atribuída ao pecado, sendo o corpo o *locus* dos defeitos e pecados; e a alma, o dos valores supremos, como espiritualidade e racionalidade.

A Idade Média, de acordo com Ávila (1995), representou um período muito extenso no tempo, mais de dez séculos, o que, para alguns autores, teria sido um período de estagnação; Idade das Trevas para o desenvolvimento científico. Os historiadores modernos discordam dessa visão, argumentando que todas as bases da Idade Moderna e da Idade Contemporânea se estabeleceram nesse período, que tinha, porém, por características culturais, outra concepção da relação do homem com a natureza, e outros paradigmas para os conhecimentos (ÁVILA, 1995, p. 35).

No século XVII, René Descartes evidencia o gesto inaugural da ciência e do sujeito moderno. A concepção moderna da distinção corpo e alma está baseada no método que as conceitua como *rex extensa*, para a matéria, separada da *res cogitans*, própria da alma pensante. Sabe-se, diz Ávila (1995), que esta formulação influenciará profundamente todos os sistemas de representação da Ciência, incluindo em seus efeitos as concepções médicas.

A dor na Era Clássica

Corpo e alma, escreve Ávila (1995), embora separados, recebem no século XVII ainda um tratamento conjunto, pois são vistos ambos como emanações de uma mesma substância divina e, portanto, feitos de uma matéria comum.

Descartes afirma que a dor é uma percepção da alma. É pela experiência da dor que a existência do corpo (orgânico), ao qual a alma está unida, lhe é confirmada, assim como a existência de corpos externos. Entretanto, por meio dos sentidos, nós podemos, segundo Descartes, conhecer apenas o útil ou o nocivo, porém de maneira alguma a natureza precisa da dor (REY, 2012, p. 102).

A dor corporal é interpretada como sinal de um sofrimento da alma e como um esforço de livrar-se dele: "A teoria psicológica da dor nos mostra os motivos que fazem a alma agir nessas doenças, as suas finalidades e os meios que ela coloca em uso para fazê-la cessas" (BOISSIER DE SAUVAGES, 1770, p. 8 *apud* REY, 2012, p. 140). Assim, fica assegurado o vínculo entre corpo e a alma, e encontra-se nisso um vasto campo de aplicação na explicação da loucura e em outras afecções mentais.

Consequentemente, afirma Rey (2012), tem-se uma dupla origem da loucura e de todas as doenças, que implica a responsabilidade do doente com relação à sua dor, e que, para Boissier de Sauvages, é também o resultado da queda:

> Neste estado imperfeito (do homem), quanto mais os homens se aproximarem dos loucos, haverá menos harmonia entre a vontade e os desejos, e eles não terão bastante razão, filosofia e religião para deixar sua alma calma. Neste caso, o intelecto acha ruim o que parece agradável aos sentidos: o instinto vê como ruim o que a razão tinha considerado bom. (BOISSIER DE SAUVAGES, 1770, p. 591 *apud* REY, 2012, p. 140).

O conflito entre as exigências da natureza individual, aqui já se pode supor os desejos pessoais do ser humano, e as obrigações da vida social tem consequências curiosas sobre o psiquismo dos indivíduos da época, e até anteriormente. A Histeria, conhecida desde a Antiguidade, passa a intrigar os médicos, pois seus sintomas, de acordo com Ávila (1995), não podiam ser reduzidos à etiologia orgânica, mas também não podiam ser negados. Os sintomas existiam, sintomas físicos como dores em diferentes partes do corpo, síncopes, convulsões, vômitos, atrofia nervosa, asma nervosa ou espasmódica, tosse, tonturas, enfraquecimentos da visão, entre outras afecções que não eram resultado de uma doença ou de um machucado no corpo físico.

A dor, nesse século, passa também a ser relacionada com a "alma", como já foi visto, a doença não existe somente no plano físico e ela não é somente relacionada ao "corpo externo", ao organismo, a um conjunto de fibras sensoriais, ao cérebro, mas à "alma", ao psiquismo. A doença no plano psíquico, dita mental, denota a ligação corpo e mente. Ou seja, coloca em xeque algo que a medicina não explicava, e passava também pelo plano moral da sociedade da época, de acordo com o que já foi discutido; as regras sociais, rígidas e que ditavam as regras comportamentais nas relações, principalmente nas relações íntimas, entravam em conflito com a "natureza individual" e com os desejos, com os pensamentos mais íntimos e considerados errados; enfim, com tudo aquilo que a sociedade do século XVIII tinha como subversivo.

O século das descobertas e o advento da Psicanálise

O século XIX foi realmente um século de descobertas e do desenvolvimento clínico da medicina, porém a medicina, sendo muito influenciada pelo Positivismo de Auguste Comte (1798-1857), ainda tinha mais uma preocupação anatômica em esquadrinhar a dor do que de fato escutá-la.

Nesse século, a Histeria, de acordo com Ávila (1995), ocupará o primeiro lugar entre as afecções que levam a internações. Segundo registros históricos, perto de 50% dos leitos hospitalares eram, nesse momento, ocupados por pacientes diagnosticados como histéricos. A medicina, porém, não conseguia encontrar respostas para seus enigmas.

A sintomatologia da Histeria desafiava os imensos avanços que a medicina estava fazendo em termos etiológicos, com a microbiologia, e em recursos terapêuticos, com as grandes descobertas farmacológicas, pois nenhum tratamento médico se mostrava eficaz, nem sequer paliativo, para seus sofrimentos e demandas.

É neste cenário que se dará a criação da Psicanálise. Foi com base na Histeria que a Psicanálise se construiu, comenta Ávila (1995), pois foi buscando decifrar essa *Esfinge* que Sigmund Freud elaborou seu método.

Em seu "Estudo comparativo das paralisias motoras orgânicas e histéricas", escrito por sugestão de Charcot, de acordo com Ávila (1995), Freud avança numa hipótese que mais tarde será retomada por Georg Groddeck. Ousando "passar ao terreno da Psicologia", ele poderá constatar a singularidade da manifestação somática histérica, e poderá questionar os pressupostos médicos que recusam a legitimidade, ou até mesmo realidade, para os padecimentos histéricos (ÁVILA, 1995, p. 45). Freud dirá:

> [...] afirmamos que nas paralisias histéricas, como nas anestesias, é a concepção vulgar, popular, dos órgãos do corpo e do corpo em geral que entra em jogo. Esta concepção não se funda em um conhecimento profundo da anatomia nervosa, mas em nossas percepções táteis e, sobretudo visuais. Se tal percepção é a que determina as características da paralisia histérica, esta deverá mostrar-se ignorante de toda noção de anatomia do sistema nervoso e independente dela. (FREUD, 1888-1893 *apud* ÁVILA, 1995, p. 45).

Portanto, o corpo que sofre o sintoma histérico já não é o mesmo corpo que o médico quer tratar. De acordo com Ávila (1995), coloca-se, a partir daqui a possibilidade de representar a mediação da mente na produção do sintoma, e Freud fará uma descrição de como a paralisia histérica corresponde a uma alteração, nos processos associativos da mente do sujeito, da ideia ou concepção do órgão ou das funções afetadas.

O fenômeno aparentemente somático da paralisia residiria, então, numa falta de representação devido a um trauma carregado de afeto que, por esse motivo, fica excluído de conexões associativas com o restante do eu. Assim, comenta Ávila (1995), inicia-se uma ruptura com os modelos médicos, tanto de investigação diagnóstica quanto de tratamento, pois não mais se partirá do exame do corpo, mas dos conteúdos da mente.

É dos "Estudos sobre a Histeria" (1895) que nascem, de acordo com Ávila (1995), um método terapêutico e um sistema teórico descritivo da estrutura das Neuroses, em especial da Histeria. O famoso caso de Anna O., de Josef Breuer, estabeleceu as bases iniciais para a recuperação por meio da palavra, ou da expressão verbal. Freud, de acordo com Garcia-Roza (2004), percebe que, ao solicitar que seus pacientes procurem se lembrar de um fato traumático que poderia lhes ter causado os sintomas, esbarravam com uma resistência a que as ideias patogênicas se tornassem conscientes. E chegou à conclusão de que todas essas ideias eram de natureza aflitiva, capazes de despertar emoções de vergonha, de autocensura e de dor psíquica (GARCIA-ROZA, 2004, p. 38).

> A defesa aparece, assim, como uma forma de censura por parte do ego do paciente à ideia ameaçadora, forçando-a a manter-se fora da consciência; e a resistência era o sinal externo dessa defesa. O mecanismo pelo qual a carga de afeto ligada a essa ideia (ou conjunto de ideias) é transformada em sintomas somáticos é chamado por Freud de conversão. (GARCIA-ROZA, 2004, p. 38).

Depois Garcia-Roza (2004) explica que "defesa" é um termo mais amplo para designar o mecanismo pelo qual o ego se protege de algo desagradável e ameaçador. E a conversão é o modo de defesa específico da histeria.

Analiticamente, Freud percebe que o sintoma somático admite ser interpretado, diz Ávila (1995), pois está a serviço de uma "segunda intenção": a intenção psíquica. É feita, então, a assunção psicanalítica de que os sintomas apresentam um sentido. Diferentemente dos sintomas das doenças orgânicas, e dos sintomas das "neuroses atuais", o sintoma neurótico passa a ser visto como um "texto" que pode ser compreendido e traduzido, portanto interpretado. Não se trata de algo a ser eliminado, como já foi visto ao longo da história, algo incômodo que perturba a vida, como uma doença, mas é, em si mesmo, um aspecto significativo das principais questões que movem o indivíduo. Na Histeria de Conversão, o sintoma somático pode vir como "meio de expressão" para o psíquico (ÁVILA, 1995, p. 51).

A conclusão que Freud tira então, de acordo com Ávila (1995), é que "toda enfermidade é intencional", e que, para curar os doentes, seria preciso, inicialmente, convencê-lo, por meio de análise, da existência de seu próprio modo de se adoentar.

A dor, a Psicanálise e a psicossomática

O termo "*psicossomático*", de acordo com ABREU (1992 *apud* DAL-CÓL; POLI, 2016), foi criado em 1818 pelo médico clínico e psiquiatra Heinroth para expressar "a influência das paixões sexuais sobre a tuberculose, a epilepsia e o câncer", ideia que não se desenvolveu na medicina. Sendo o século XIX o século das descobertas físico-químicas e bacteriológicas, tal perspectiva encaminhou os médicos a dedicarem-se a essas doenças como existência autônoma, autenticada por uma lesão anátomo-clínica, tratando-se de pesquisar uma etiologia específica e um agente patogênico (ABREU, 1992 *apud* DAL-CÓL; POLI, 2016, p. 126).

Desde então, as doenças psicossomáticas vêm sendo pesquisadas pela medicina valendo-se dessa referência anátomo-clínica. Porém, dentro do campo médico, causam problemas, uma vez que, conforme coloca Guir (1992 *apud* DAL-CÓL; POLI, 2016), sua etiopatogenia é imprecisa, e raramente existe um tratamento específico; do ponto de vista histológico, as lesões são múltiplas, sendo algumas dessas afecções relacionadas a uma resposta imunológica.

Diferentemente da medicina, escreve Fonseca (2007), em Psicanálise não se faz uma seleção daquilo que é dito pelo paciente, retendo-se apenas o que convém ao estabelecimento de um diagnóstico e de um tratamento a fim de se evitar uma possível indução ao erro. Não. Em Psicanálise, o analista dirige-se a um sujeito, sujeito que sofre daquilo que não pode ser colocado em palavras e que, por vezes, *passa ao corpo* numa última forma de expressão, e sua palavra é livre e o analista não tem um conhecimento prévio daquilo que possa ser importante para cada caso de acordo com normas preestabelecidas (FONSECA, 2007).

Entende-se, assim, que a Psicossomática "tomou corpo" com a influência direta da teoria psicanalítica. Seguem alguns dos autores que foram influentes na trajetória e na tentativa de teorização da Psicossomática.

Georg Wather Groddeck, considerado o "pai da psicossomática", está entre os primeiros a interpretar a doença orgânica à luz da Psicanálise, de acordo com Lopes e Peres (2004); e aplicou a estrutura simbólica dos sintomas histéricos às demais doenças. Groddeck introduz a expressão "linguagem do órgão".

Lopes e Peres (2004) comentam que, na obra *O livro d'Isso*, Groddeck (1921/2008) apresenta sua hipótese *princeps* de que o *Isso* é o criador, é aquele que dirige as atividades de todos os sistemas orgânicos, estabelecendo assim o princípio básico de sua psicossomática: as doenças são expressivas, apresentam intenções. Para Groddeck, a doença, seja aguda, seja crônica, infecciosa ou não, traz sossego e protege o sujeito. Os processos inconscientes emergem sob a forma de sintomas de doenças orgânicas.

Na Escola Americana em Chicago, tem-se Franz Alexander, que introduz a noção de neurose vegetativa, segundo a qual haveria um efeito direto dos afetos sobre o corpo, sendo a doença uma consequência de impulsões não satisfeitas, desviadas e reprimidas (VALAS, 1990 *apud* DAL-CÓL; POLI, 2016). Entende-se aqui que o "desejo fundamental reprimido" durante muito tempo pode agir sobre o sistema endócrino e vegetativo e acarretar lesões corporais.

Em Boston, Peter Sifneos, nos anos 1970, realiza pesquisa sobre a comunicação em pacientes psicossomáticos e constata a enorme dificuldade desses pacientes em expressar ou descrever suas emoções, concluindo que, ao contrário dos neuróticos, apresentam desordens específicas das funções afetivas e simbólicas, o que leva a uma comunicação confusa e improdutiva. A essa forma particular de comunicação dos psicossomáticos, comenta Lopes e Peres (2004), Sifneos denomina *alexitimia.*

Na Escola Psicossomática de Paris, Pierre Marty introduz conceitos nosográficos que considera não se encaixarem nem nas neuroses histéricas, nem nas neuroses atuais. Os transtornos psicossomáticos não configuram uma entidade clínica, apenas constituem uma construção incompleta ou um funcionamento atípico do aparelho psíquico. Na teoria de Marty, o psiquismo é responsável pelo equilíbrio somático, tendo em vista a concepção de uma falta psíquica que deveria ser reparada ou restaurada.

Lopes e Peres (2004) acrescentam as teses de Joyce McDougall, que vincula os transtornos psicossomáticos ao desamparo psíquico surgido na primeira infância. McDougall, de acordo com as autoras, supõe que a inscrição edípica inclui o sujeito psicossomático na neurose, destaca a precariedade das funções parentais, atribuindo que os prejuízos em relação à figura materna lhe dão vulnerabilidade psicossomática. O acometimento corporal é visto como tendo origem nesse apagamento parcial das funções protetoras.

Também considera que o distúrbio psicossomático poderia ser visto como certa capacidade, até mesmo uma competência, para manter a homeostase do aparelho.

Ainda há os trabalhos de Jean Guir, que tanto supõe a presença de gene ou genes como sustenta hipótese que segue o modelo freudiano sobre o sistema do trauma, colocando o fenômeno psicossomático em analogia com o sintoma neurótico (LOPES; PERES, 2004). Em 1986, apresenta "O fenômeno psicossomático e a função paterna", em que coloca que a falha na função paterna institui o fenômeno psicossomático; e acrescenta:

> [...] a metáfora paterna funciona em certos lugares do discurso e não em outros. Somente alguns momentos específicos do discurso provocam um desencadeamento no corpo. Trata-se de algo descontínuo. E esse desencadeamento abrupto pode chegar a acarretar a morte do sujeito, ao passo que o sintoma neurótico [...] permite o sujeito viver. (GUIR, 1987, p. 48 *apud* LOPES; PERES, 2004, p. 4).

De acordo com Lopes e Peres (2004), se não há uma teoria do conhecimento que dê conta da psicossomática, se há evidência dessa falha epistemológica, se a psicossomática provoca questões ao psicanalista, o que sustenta uma cura é, ainda e sempre, o desejo do analista diante do sujeito que a ele se endereça.

Lacan e o fenômeno psicossomático

Não existe um grande arcabouço teórico nas obras de Lacan sobre a psicossomática, somente pontuações sobre o tema, mas que contribuíram, certamente, para a elucidação do fenômeno psicossomático.

Lacan, de acordo com Peres e Lopes (2004), no seu *Seminário 2: o ego na teoria de Freud e na técnica da Psicanálise*, deixa clara a distinção entre o sintoma neurótico e o fenômeno psicossomático. Acentua serem as construções neuróticas como enquadradas pela estrutura narcísica e a psicossomática no campo do autoerotismo. Tem-se, assim, o sintoma neurótico no plano simbólico e a psicossomática em nível do real. Enquanto o sintoma neurótico é uma mensagem e, portanto, tem uma significação, passível de ser interpretado, o sem sentido do fenômeno psicossomático está marcado por certo sofrimento, um gozo específico.

Em seu *Seminário 11: os quatro conceitos fundamentais da Psicanálise*, Lacan introduz algumas articulações acerca da psicossomática. O fenômeno psicossomático, diz Lopes e Peres (2004), é fruto da indução significante:

> A psicossomática é algo que não é significante mas que, mesmo assim, só é concebível na medida em que a indução significante, no nível do sujeito, se passou de maneira que não põe em jogo a afânise do sujeito. (LACAN, 1998, p. 215).

Lacan, quando marca no efeito psicossomático a ausência de *afânise* do sujeito, aponta que não há intervalo entre os *significantes mestres* S1 e S2, dizendo que esses significantes se *holofraseiam*. Na soldadura S1 S2, não se dá o *fading* do sujeito, ou seja, ele não some sob o "significante" do Outro. Ele não põe em causa o desejo do Outro. Mas, ainda assim, o elo do desejo persiste e uma necessidade vai ser interessada na função desse desejo. Ou seja, a holófrase indica que o desejo do Outro não aparece ao sujeito como falta, por isso é um desejo inquestionável, imperativo (LOPES; PERES, 2004, p. 5).

A cadeia de significantes, portanto, é tomada em bloco, como se fosse de fato completa. Já que não houve intervalo entre S1 e S2, o primeiro não pôde ser isolado da cadeia e servir de referência para o sujeito. Lacan afirma que fenômenos decorrentes dessa estruturação são a psicose, a debilidade mental e o fenômeno psicossomático. No último caso, em específico, o que ocorre é que os significantes que não puderam ser relativizados em função da ausência de intervalo entre eles incrustam-se no corpo, lesionando-o.

APLICADA OU IMPLICADA: QUAL PSICANÁLISE PARA A CIÊNCIA?

Transpondo essa leitura para a clínica, pode-se argumentar que o desejo insistente do Outro pode induzir a uma lesão corporal quando se interfere numa necessidade fundamental do corpo e o sujeito não consegue mais se defender contra a injunção do Outro. A metáfora subjetiva está então em xeque. Esse é o esquema fundamental da concepção lacaniana dos fenômenos psicossomáticos (VALAS, 2004, p. 6).

Na Conferência de Genebra em 1975, Lacan traz novas concepções acerca da psicossomática. De acordo com Valas (2004), as lesões psicossomáticas são traços escritos sobre o corpo. A psicossomática é, assim, remetida à dimensão do enigma. Seus traços parecem verdadeiros hieróglifos que ainda não se sabe ler — Lacan concebe-o como "não-a-ler" (*pas-a-lire*). Apresentam-se como um selo, um cartucho que outorga o nome próprio, dando ao sujeito uma espécie de identidade corporal ligada ao gozo específico (sofrimento) que a lesão comporta (VALAS, 2004, p. 7). É um modo de cifração que não passa pela *significantização* da letra e do desejo, mas que está ao lado do número.

Assim, concluem Peres e Lopes (2004), a psicossomática, escrita no corpo como cartucho, seria algo que exigiria um trabalho analítico, construção de um sentido para tornar-se legível — subjetivando, tornando-a símbolo para que se possa ser falada e revelada, sem que fique fixada no real do corpo provocando lesões.

Apostar-se-ia: um trabalho diante do paciente que apresenta uma lesão psicossomática é fazer um convite para que ele fale não com o intuito de produzir efeitos miraculosos e instantâneos, mas como uma espécie de preparação de um trabalho de simbolização, comenta Bonfim (2014), em que a doença terá sido um disparador para que cada sujeito se confronte com o seu modo de funcionamento e, quem sabe, encontre vias inéditas, que não o sofrimento do corpo, para lidar com a dor de existir. Seria, então, transformar o Fenômeno Psicossomático em sintoma, converter-se em questão sobre seu desejo.

Conclusão

Após um considerável passeio pela história da dor, as descobertas da ciência, o advento da Psicanálise e os diversos movimentos teóricos e, pode-se dizer, psicanalíticos para tentar explicar o fenômeno psicossomático, conclui-se que a psicossomática ainda representa um tema complexo, que divide opiniões, sejam médicas, sejam correntes teóricas dentro da

Psicanálise. O que não quer dizer que não tenha ocorrido um desenvolvimento considerável no que tange à compreensão e ao tratamento da dor psíquico-corporal.

Configura-se como um desafio para os médicos e os profissionais da área da saúde, em sua ânsia de curar, de estancar a dor, não a escutarem, e deixarem de escutar o que o próprio paciente tem para falar de sua dor; qual seria o significado que a dor comportaria; sua história, seu real sentido.

Portanto, o trabalho do analista, configurando-se também como desafiador, seria exatamente realizar a escuta desse paciente, dando oportunidade para que este possa falar sobre sua dor, nomeá-la, considerá-la parte de si, parte de sua história, para que ele possa lidar com sua dor, com esse ponto de congelamento fixado no gozo específico de sua lesão. Dando-lhe um sentido, subjetivando-o, simbolizando-o, para que se possa tornar o Fenômeno Psicossomático um sintoma, e um sintoma que não seja necessariamente encrustado no corpo.

Referências

ÁVILA, L. A. **Doenças do corpo, doenças da alma**: investigação psicossomática psicanalítica. Tese (Doutorado em Psicologia) – Instituto de Psicologia, Universidade de São Paulo, São Paulo, 1995.

BONFIM, F. Fenômeno psicossomático: marca e resposta no corpo. **Opção Lacaniana Nova Série**, ano 5, n. 14, p. 1-10, jul. 2014.

CASTRO, M. G.; ANDRADE, T. M. R.; MULLER, M. C. Conceito, mente e corpo através da história. **Psicologia em Estudo**, Maringá, v. 11, n. 1, p. 39-43, jan./abr. 2006.

DAL-CÓL, D. M. L.; POLI, M. C. Fenômenos psicossomáticos: uma questão para a Psicanálise. **Revista aSEPHallus de Orientação Lacaniana**, Rio de Janeiro, v. 11. n. 22, p. 122-140, maio/out. 2016.

FONSECA, M. C. B. Fenômeno psicossomático: entre a Psicanálise e a medicina. *In*: **Estudos de Psicanálise [do]** Círculo Brasileiro de Psicanálise, n. 30, p. 95-102, 2007.

GARCIA-ROZA, L. A. **Freud e o Inconsciente**. Rio de Janeiro: Jorge Zahar Ed., 2004.

GRODDECK, G. (1921). **O Livro dIsso**. São Paulo: Perspectiva, 2008.

LACAN, J. (1964). **O seminário 11**: os quatro conceitos fundamentais da Psicanálise. 2. ed. Rio de Janeiro: Jorge Zahar Ed., 1998.

LOPES, B. L. A.; PERES, R. S. M. Uma escrita ilegível. *In*: LOPES, B. L. A.; PERES, R. S. M. **O corpo do Outro e a criança**. Rio de Janeiro: Publicação da Escola Letra Freudiana, n. 33, p. 1-8, 2004.

REY, R. **História da dor**. São Paulo: Escuta, 2012.

VALAS, P. Um fetiche para ignorantes. *In*: **O corpo do Outro e a criança**. Rio de Janeiro: Publicação da Escola Letra Freudiana, n. 33, p. 1-10, 2004.

NA PARCERIA ENTRE A PEDAGOGIA E A CIÊNCIA, ONDE ESTÁ O SUJEITO?

Lívia Bastos Rocha Dias
Maria de Fátima Monnerat Cruz Chaves

Longe da pretensão de esgotar o tema, o presente trabalho considera-se uma reflexão acerca das parcerias e dos caminhos tomados pela educação em face das dificuldades de aprendizagem e dos ditos distúrbios do comportamento, enfatizando a exclusão de questões fundamentais, para uma proposta verdadeiramente inclusiva.

Se no passado a educação e as instituições escolares lançaram mão dos castigos físicos para corrigir e normalizar aquilo que fugia **às** regras, com o passar do tempo, a pedagogia passou a fazer aliança com a psicologia e as ciências médicas no intuito de responder aos motivos das dificuldades de aprendizagem e substituir os modelos de coerção e punição por propostas mais dialógicas e ditas humanizadoras.

Rapidamente, passou-se a notar o aumento considerável de psicodiagnósticos e psicofármacos ministrados na mais tenra infância, considerando as dificuldades de aprendizagem que eram observadas nas instituições escolares. Números alarmantes de medicações e diagnósticos baseados no enlaçamento entre a pedagogia (que detecta e encaminha) e as ciências médicas (que classificam e medicalizam).

Assim, o presente trabalho visa refletir sobre a desconsideração daquilo que é mais importante para o processo de ensino-aprendizagem: o desejo, o Inconsciente, considerado pela Psicanálise. Nessa parceria entre a pedagogia e as ciências médicas, por mais boa vontade que exista por parte dos educadores e profissionais envolvidos, o sujeito do desejo, o sujeito do Inconsciente, muitas vezes é excluído da proposta de inclusão na vida escolar.

A infância e a adolescência passaram a ser objetos da ganância do mercado capitalista e das fantasias vinculadas à exigência exacerbada pela norma. As camisas de força contemporâneas ocultas no discurso da presença de uma patologia e uma proposta de cura medicamentosa muitas vezes levam a um aprisionamento, a uma alienação silenciosa.

Refletir tal aliança considerando as contribuições da Psicanálise é uma aposta de inclusão do sujeito do Inconsciente, do desejo, para a decifração do sintoma; sustentar o mal-estar como constituinte da existência humana, e não pela postura classificatória com possibilidade de eliminá-lo, não responsabilizando a infância como possibilidade de salvação diante do mal-estar de existir — considerando o lugar do Inconsciente nas desordens do ensino-aprendizagem e a todos aqueles que se atêm à saúde mental na instituição escolar; considerando as teorias sexuais infantis e as riquezas descobertas por Freud como abertura para futuras pesquisas pedagógicas.

Ou seja, ao olharmos para o campo da educação, das aprendizagens, da alfabetização, podemos encontrar diferentes concepções em face das dificuldades de aprendizagem e dos transtornos do comportamento. Ante o sintoma, há divergências significativas, e a presente construção visa considerar o sujeito do Inconsciente como aposta ética na inclusão.

Desafios da educação à Psicanálise

Vários saberes são convocados para analisar as dificuldades de aprendizagem, e tais reflexões apontam para questões orgânicas, cognitivas, afetivas e sociais. No entanto, e apesar das novas técnicas e metodologias educacionais, não se encontrou a chave de acesso que desvendasse as dificuldades de aprendizagem. Com Freud, pode-se afirmar que o desejo, que é inconsciente, seria a única possibilidade desse acesso ao saber. Os educadores supõem que o desejo de saber já esteja presente na criança, ignoram que ele (o desejo) possa estar impedido por questões subjetivas; põem-se a transmitir informações, a modelar raciocínios e, quando se deparam com a indiferença de algumas crianças, já não sabem como intervir. Para essas crianças, a aprendizagem e a escola passam a ser fonte de sofrimento, aprendem a detestar a instituição, o professor e as disciplinas escolares. Os problemas na escola acabam por influenciar negativamente as relações familiares.

Movida por questões da mesma natureza, Millot (1987), em sua obra *Freud antipedagogo*, interroga a literatura freudiana na tentativa de encontrar elementos da Psicanálise que norteiem as práticas educacionais. Haveria uma Pedagogia analítica? Um objetivo profilático em relação às neuroses? Poderia a Pedagogia usufruir dos mesmos fins de uma análise, como resolução do Édipo e superação do "rochedo da castração"?

Numa releitura de Freud, guiada pelos ensinos de Lacan, avança Millot (1987) na tentativa de elucidar as possibilidades da Psicanálise à educação.

Freud questionou a educação em tempos de repressão sexual e verificou a impossibilidade de se pensar a civilização desconsiderando as questões sexuais. Foi exatamente com base na verificação da sexualidade infantil que uma nova luz foi lançada sobre a curiosidade humana, o saber, o desejo, as inibições, e os sintomas, trazendo novas possibilidades de se pensar o processo ensino-aprendizagem.

Antes das investigações de Freud, acreditava-se que a pulsão sexual estava ausente na infância, apenas sendo despertada na puberdade. Freud foi o pioneiro a elucidar esse equívoco. Nos três ensaios sobre a teoria da sexualidade, afirma que serão mesmo os diques da educação que farão barreiras para o curso natural da pulsão, que objetiva sempre o prazer. A pulsão é autoerótica, e satisfaz-se no próprio corpo. "O sugar com deleite alia-se a uma absorção completa da atenção e leva ao adormecimento, ou mesmo a uma reação motora numa espécie de orgasmo" (FREUD, 1905/1996a, p. 169). Assim como o chuchar, os distúrbios intestinais também providenciam excitações intensas. Não é sem o prazer de alívio que muitas crianças retêm as fezes.

> As crianças pequenas cuja atenção foi atraída, em algum momento, para sua própria genitália – geralmente pela masturbação – costumam dar o passo adicional sem ajuda externa e desenvolver interesse pelos genitais de seus coleguinhas. (FREUD, 1905/1996a, p. 181).

Como afirma Freud (1905/1996a), ao trabalhar questões do autoerotismo, que primeiramente a atividade sexual estará apoiada à preservação da vida; posteriormente se torna independente dela.

Explorar, descobrir, adquirir conhecimento faz parte da natureza humana — somos movidos por esse prazer. Ainda nos três ensaios sobre a teoria da sexualidade, Freud (1905/1996a) trata de uma questão importante para a educação, ao mostrar que a sexualidade é infantil e que as primeiras pesquisas das crianças giram em torno das diferenças sexuais. Afirma que a sexualidade é perverso-polimorfa, mostrando que a pulsão sexual é a base das pulsões parciais: oral, anal, escópica, a pulsão sexual sublimada encontrará caminhos socialmente aceitos — esse é o ponto que interessa ao educador, a pulsão sexual sublimada poderá se dirigir a outros fins que não propriamente sexuais, produzindo um gosto pela pesquisa, um desejo de saber. E é mesmo na busca pelas descobertas e curiosidades sexuais que uma barreira de autopunição emerge, a moral social que vem limitar os desejos pulsionais, civilizando, postergando e organizando os limites entre o permitido e o proibido.

Freud verifica que, ao passo que a vida sexual da criança atinge a sua primeira florescência, por volta de 3 a 5 anos de idade, juntamente se inscreverá a pulsão de investigar, de saber. "Constatamos pela psicanálise que, na criança, a pulsão de saber é atraída, de maneira insuspeitadamente intensa, pelos problemas sexuais, e talvez seja até despertada por eles" (FREUD, 1905/1996a, p. 183). O que induz a criança à exploração não são interesses teóricos, mas problemas práticos — como a ameaça sentida pela chegada de um novo bebê; o medo de perder o amor dos pais torna a criança pensativa e perspicaz. Quer saber de onde vêm esses bebês. Cria hipóteses para as investigações, imaginando que podem vir do seio, do ventre, do umbigo — esclarece Freud nas teorias do nascimento. A criança também supõe teorias para as diferenças sexuais, como a esperança de que o "pipi" nas meninas há de vir a nascer ou se interroga sobre a possibilidade de ter sido cortado e o medo de perdê-lo.

Ao longo da obra de Freud, vários foram os comentários que teceu sobre a educação. Não se encontra em sua obra um tratado sobre o tema, mas pode-se vê-lo enterrar as expectativas profiláticas da Psicanálise à educação, como também verifica Millot (1987) em suas pesquisas sobre o tema.

Em "Moral sexual civilizada e doença nervosa moderna", Freud (1908/1996b) julgava a educação e a moral sexual civilizada de comprometer, até mesmo, os fins da proposta educacional. Acreditava que a proibição das tendências perversas e [a proibição] da sexualidade na adolescência prejudicava a função reprodutiva, uma vez que levaria a tomar caminhos a uma satisfação perversa ou neurótica.

Também, encontram-se críticas em "O esclarecimento sexual das crianças" (FREUD, 1907/1996c) e sobre as teorias sexuais das crianças (FREUD, 1908/1996b), quando este se indaga a recusa por parte dos pais e educadores em esclarecer as curiosidades sexuais das crianças, proveniente dos próprios recalques já instalados na vida adulta. Ele, aliás, recomenda aos educadores que trabalham com crianças a se submeterem a análise pessoal, já que a repressão na educação parecia proporcional ao recalque no educador.

Em "Lembranças encobridoras", Freud (1988/1996d) certifica o efeito da amnésia infantil, proveniente do recalque, evidenciado pelo esquecimento das impressões sexuais dos primeiros anos de vida. Aborda a naturalidade com que as crianças se interessam pelas questões sexuais, sua curiosidade na medida em que se vê diante da alteridade (como diferenças anatômicas entre homens e mulheres) e da origem da vida (como a chegada dos bebês) e os diques armados pela educação e civilização.

Ele apresenta consequências para o fracasso das naturais investigações infantis. Acredita que a ausência de sinceridade dos adultos, que trazem explicações fantasiosas, como a origem dos bebês por meio das cegonhas, em suas teorias sexuais infantis, estaria contribuindo para uma inibição neurótica do pensamento, favorecendo uma "debilidade adquirida", posteriormente à erotização das pulsões intelectuais, formando um caráter obsessivo, como descrito em sua obra "Leonardo da Vinci e uma lembrança da sua infância" (FREUD, 1910/1996e).

Evidencia Millot (1987) que, num primeiro momento, Freud acreditou que um dia a Psicanálise pudesse ser colocada a serviço da sociedade como um todo e, principalmente, da educação. Mas logo verificou que essa seria uma missão impossível. A tarefa mais imediata da educação seria a de ajudar a criança a aprender a dominar suas pulsões, a educação tem que inibir, proibir, colocar restrições e regras. Há um antagonismo irremediável entre as exigências da pulsão que objetiva sempre a satisfação e as restrições da civilização da educação.

Nesse segundo momento, em "Novas conferências introdutórias sobre Psicanálise XXXIV: explicações, aplicações e orientações", Freud (1933/1996f) nega a possibilidade de existir uma pedagogia analítica ou uma Psicanálise aplicada à educação com métodos e instrumentos de trabalho, com medidas profiláticas, promessas de cura, remissão dos sintomas ligados à aprendizagem.

O que compete à educação é descobrir de que modo pode atingir o máximo com o mínimo de dano. Freud (1933/1996f) também conclui que a análise dos professores poderia vir a ter um valor profilático maior do que a análise das próprias crianças. Não compete à educação abrir mão de suas exigências; mas pode ser feita de modo menos repressor, reduzindo danos já constituintes à própria existência humana.

Como articulado por Freud (1930/1996g), em seu texto magistral "O mal-estar na civilização", em relação ao sofrimento humano, adverte: embora o propósito seja sempre a felicidade, esse objetivo não tem a menor possibilidade de ser executado. Assim, as possibilidades de felicidade sempre são restringidas por nossa própria constituição, e aqui vale acrescentar que, independentemente da tentativa de propor à educação, que utilize de caminhos menos repressivos, para tentar evitar a neurose, não haveria recursos para estar na vida completamente desvinculado de respostas neuróticas, psicóticas ou perversas, podendo apenas ter respostas menos ou mais graves. Já a infelicidade, essa é muito mais comum de se experimentar. E acrescenta:

> O sofrimento nos ameaça a partir de três direções: de nosso próprio corpo, condenado a decadência e à dissolução, e que nem mesmo pode dispensar o sofrimento e a ansiedade como sinais de advertência; do mundo externo, que podem voltar-se contra nós com forças de destruição esmagadoras e impiedosas; e finalmente, de nossos relacionamentos com outros homens. O sofrimento que provém dessa última fonte talvez nos seja mais penoso do que qualquer outro. (FREUD, 1930/1996g, p. 84).

Independentemente da tentativa de impedir o desenvolvimento do sofrimento psíquico, este é garantido pela própria constituição. Logo, caberia mesmo à educação não abrir mão de restringir, proibir e orientar. Se por um lado a repressão excessiva contribui para distúrbios neuróticos, por outro a ausência de restrições gera delinquentes, como articulado por Kupfer (1992).

No início, Freud levantou a hipótese de que a educação e a moral social eram as causadoras do recalque, das neuroses. Posteriormente, concluiu que as neuroses não poderiam ser explicadas apenas pela repressão sobre a sexualidade e que seriam provenientes da própria constituição da humanidade. A entrada no campo da linguagem e a pulsão fundam a civilização e trazem consigo os conflitos inerentes a essa constituição.

Patologização na educação: do mal-estar do sintoma ao sujeito de desejo

Kupfer (2000), em *Educação para o futuro*, diz que as pesquisas apontam que 90% das crianças que se dirigem aos ambulatórios de saúde mental apresentam queixa de problemas na escola. E complementa:

> Se um psicólogo ou psicanalista aceitar para tratamento psicológico esse exército de crianças com queixa escolar, estará provavelmente incorrendo no mesmo erro do Alienista, personagem de Machado de Assis (1882), que internou em seu hospital para doentes mentais uma cidade inteira [...]. Mas, ao questionar que o erro estivesse talvez em sua teoria, acabou por soltar a cidade e a internar-se a si próprio, fonte de todos os erros. (KUPFER, 2000, s/p).

Kamers (2015) define tal aumento de psicodiagnósticos como uma verdadeira epidemia. O TDHA, o Transtorno Desafiador Opositivo (TOD), o transtorno de conduta e a dislexia lideram os psicodiagnósticos. Observa-se um empuxo a nomear de "transtornos" características que, anteriormente, eram consideradas próprias da infância. Segundo a Agência Nacional de Vigilância Sanitária (Anvisa), 26,8% das crianças brasileiras receberam psicodiagnósticos e estão medicalizadas. "O cuidado com a criança ultrapassou os limites da família e da escola, sendo abarcado pelo discurso médico sobre a infância" (KAMERS, 2015, p. 269).

A infância tem sido tema de pesquisas com intensa ênfase no século XXI, como visto na obra *Por uma (nova) psicopatologia da infância e da adolescência* (KUPFER, 2015), considerado "o século da criança patologizada". A esperança de endireitar as crianças é dada à educação. Adjetivos diversos enfatizam crianças atentas ou não, interessadas ou desinteressadas, bem ou mal-educadas, pautadas no discurso da preocupação na construção de adultos bons. Assim, se no início havia um julgamento moral sobre as crianças, esse discurso foi substituído por uma adjetivação médica: transtornos e síndromes.

A psicopatologização merece e carece de atenção, pois há um déficit assustador cujas consequências poderão impactar os rumos da civilização. Questionar é tarefa aos que pretendem pensar sobre a infância, livrando as crianças dos destinos capitalistas (interesses econômicos que estão acima de qualquer sujeito) e neuróticos (com suas compulsões pela norma, tentando evitar a dor natural de existir, já que a vida é mesmo árdua e cheia de incertezas).

Em nome da metáfora do futuro, dos ideais do ego, diante da demanda da perfeição, a criança passa a ser a vítima perfeita. Aponta Dunker (2015), ao apresentar a proposta da literatura de uma nova psicopatologia, a urgência de defender a criança das garras da negação do mal-estar estrutural. O sucesso é de saída demandado às crianças pelos pais, pela escola e pela sociedade. A criança responde a uma expectativa, e as habilidades ou inabilidades acabam por generalizar o mau aluno, mau filho e mau cidadão.

Dessa forma, muitas das dificuldades que são próprias, inerentes, à infância, à adolescência, às relações humanas em geral e aos processos de aprendizagem passaram a ser consideradas indícios de transtornos, de déficits e síndromes — verificando-se uma grande tendência à patologização do processo de aprendizagem.

Não se trata de negar os avanços científicos da medicina; no entanto, é preciso diferenciar o sintoma médico do sintoma analítico. Tratando-se de sintomas psíquicos, não se pode desconsiderar, para além dos processos neuroquímicos, os elementos simbólicos.

Para a Psicanálise, o que está em questão é o sujeito do Inconsciente e sua relação com o que o causa, o objeto enquanto falta e a apreensão pelo significante. Aquela não vê as dificuldades de aprendizagem, a hiperatividade, a dificuldade em prestar atenção, as dificuldades na leitura, na escrita e em cálculos como um déficit intelectual, o que pode até mesmo ocorrer, em função de causas orgânicas. O que encontramos, com frequência, nas instituições escolares são sujeitos presos às demandas e exigências de não atenderem a um ideal.

Assim, partindo do pressuposto de que não pode a Psicanálise salvar a infância das garras do mal-estar de existir, nem estar a serviço da cura milagrosa de fazer com que todas as crianças sejam alfabetizadas e felizes no contexto pedagógico, pode ela, sem dúvida, e deve, estar a serviço daqueles que compreendem, assim como Freud, que somente na investigação de uma a uma, na decifração dos sintomas, que cada criança poderá existir a seu modo particular, por meio do acesso ao seu desejo.

Observa-se que o fracasso nos processos de aprendizagem pode ser um sintoma ou uma inibição intelectual, uma desordem provocada por um conflito inconsciente. Portanto, o desejo de saber pode ficar inibido, interditado, quando o conhecimento ameaça o equilíbrio do sujeito. O conflito pode ser relativo às identificações edipianas, ao superego interditor que bloqueia o acesso ao saber, quando esse saber equivale a uma realização fálica, ao conflito entre o ego ideal e o ideal de ego, como articulado por Cordié (1996).

A causa para o fracasso escolar nunca é única, há uma conjunção de fatores que interferem. A pressa em diagnosticar, intervir e eliminar o mal-estar tem levado os educadores a buscarem parcerias com especialistas e com as ciências médicas. Com isso, as diferenças, as insuficiências e as dificuldades têm sido transformadas em patologias, síndromes e transtornos. Não há resposta única e classificatória que responda ou resolva definitivamente ao problema sem a decifração das causas da função "sinto mal", não há "droga" que cure esse mal-estar.

Kupfer (2015), refletindo sobre o aumento dos psicodiagnósticos e essa tendência à classificação comum à prática das ciências que "foracluem" o sujeito, observa que houve um aumento brutal dos diagnósticos de autismo. Um excesso nessa circulação discursiva:

> No início dos anos 1990, apenas quatro em 16 mil crianças eram diagnosticadas com autismo. Mas a partir de 2007 esse cenário mudou radicalmente, quando os Centers for *Disease Control and Prevention*, dos EUA – os CDCs – divulgaram que havia uma criança com autismo em cada 150, a partir de dados colhidos em 2002. Em 2009, esse número cresceu para uma em cada 110 crianças. Em 2012, um em cada 88. Atualmente, fala-se em uma criança autista em cada 68! (KUPFER, 2015, s/p).

Para Kupfer (2015), a amplitude da síndrome autística no *Manual Diagnóstico e Estatístico* (DMS-V) contribuiu para o aumento dos diagnósticos, incluindo nesse quadro a síndrome de Asperger, os Transtornos Invasivos do Desenvolvimento (TIDs) e os distúrbios globais do desenvolvimento, como o Transtorno do Espectro do Autismo.

"Desde o início do século XX, quando a debilidade mental foi conceituada, a pedagogia passa a fazer aliança com a psiquiatria e esperar dela o saber para lidar com as crescentes patologias do aprendizado" (PITA, 2008, p. 20). Todavia, nunca se prezou tanto o discurso da ciência como na atualidade, enquanto principal representante do discurso social, sendo ela responsável por nomear o sujeito no mundo moderno.

Para a Psiquiatria, existem três eixos de leitura que auxiliam a classificação: inabilidade para interagir socialmente; dificuldade no domínio da linguagem; e comportamentos restritivos e repetitivos — uma abordagem puramente fenomenológica e ineficiente para se pensar esses e outros sintomas.

Na *Folha de S. Paulo*, Jorge faz referência ao médico francês Patrick Landman, que aborda o movimento na Europa fazendo críticas ao *Manual Diagnóstico e Estatístico de transtornos mentais*. O médico debruça-se sobre os maiores motivos de consultas em Neuropediatria e Psiquiatria infantil: o transtorno de déficit de atenção e hiperatividade, com ou sem hiperatividade. Coordenador na Europa do movimento *"Stop DSM"*, Patrick Landman critica o manual classificatório. A epidemia de excesso de diagnósticos parte dos Estados Unidos e chega ao Brasil e a diversos outros países. Dados estatísticos mostram que 11% das crianças entre 4 e 17 anos são psicodiagnosticadas, mais da metade é tratada com medicamentos (JORGE, 2019).

A quinta versão do manual define o transtorno por meio de dois fatores díspares: o déficit de atenção e o comportamento perturbador, tendo em sua prioridade mais as perturbações do comportamento do que o déficit de atenção propriamente dito. Nada na etiologia biológica comprova nenhum embasamento sobre as inúmeras especulações levantadas até o momento, como anomalia cerebral ou lesão mínima cerebral. Patrick Landman, responsável pelo movimento, afirma a desconsideração dos aspectos sociais e psíquicos envolvidos nos sintomas de crianças desatentas, desajustadas, agitadas e ansiosas (JORGE, 2019). Em transcrição literal de suas palavras:

> Desconhecer os fatores subjetivos tem sido a marca da medicina "baseada em evidências", mas é fundamental insistir junto aos médicos e psiquiatras que as desordens mentais e comportamentais, na grande maioria dos casos, não se devem exclusivamente a distúrbios orgânicos. (LANDMAN, 2019 *apud* JORGE, 2019, p. 1).

Ainda na mesma matéria, o médico responsável pelo movimento (Patrick Landman) é lembrado por apontar o olhar diferenciado da Psicanálise, que toma o problema como um sintoma, e não doença, devendo considerar os fatores externos envolvidos no caso, assim como a posição do sujeito diante desses fatores (JORGE, 2019).

O texto em questão faz uma crítica ao uso sistemático e contínuo da substância metilfenidato, presente em medicamentos como a Ritalina. Denuncia os interesses econômicos da poderosa indústria farmacêutica, e destaca a tendenciosidade de muitas pesquisas ditas científicas — mas comprometidas com o poder do capital dessas mesmas indústrias. Na esteira dessas críticas e denúncias, cita as propagandas autorizadas pelos Estados Unidos que divulgam as eficácias milagrosas dos medicamentos por intermédio da televisão, contribuindo para a evidência de que a psiquiatria norteada pelo DSM cria patologias e oferece curas mágicas em nome do capital (JORGE, 2019).

Algo semelhante foi realizado com o diagnóstico de bipolaridade, que em 1980 produziu equívoco parecido, devido à invenção de um pseudociclo do humor sem base científica, atribuindo à rara psicose maníaco-depressiva uma banalização, de modo que rapidamente todos eram considerados bipolares.

Em entrevista concedida à Gardenal, Moysés (2013) — médica e pesquisadora da Universidade Estadual de Campinas (Unicamp) — também denuncia o uso abusivo de drogas lícitas e afirma que esta pode ser a porta de entrada para o uso indiscriminado de drogas ilícitas na adolescência e vida adulta. Diante das dificuldades e dos sofrimentos da vida, na busca pelo prazer, a saída poderá ser o uso de drogas. Em citação literal, a médica e pesquisadora destaca que:

> A Ritalina assim como o Concerta (que tem a mesma substância da Ritalina – metilfenidato, é um estimulante do sistema nervoso central-SNC) tem o mesmo mecanismo de ação da cocaína [...]. Ela aumenta a concentração de dopamina [...] é certo que os prazeres da vida também fazem elevar um pouco a dopamina, porém durante um pequeno período de tempo. Contudo, o metilfenidato aumenta muito mais. Assim, os prazeres da vida não conseguem competir com essa elevação. A única coisa que dá prazer, que acalma, é mais um comprimido de metilfenidato, de anfetamina. Esse é o mecanismo clássico da dependência química. É também o que faz a cocaína. (MOYSÉS, 2013, p. 1).

Se no passado as crianças que apresentavam sintomas eram castigadas e a humanidade se envergonhou de tal feito, o que a proposta que legaliza a inclusão pelo uso de laudos, diagnósticos, medicações e estratégias de reeducação do sintoma tem repetido? Será o excesso de medicalização na infância e adolescência a "camisa de força" da contemporaneidade? Observam-se crescentes práticas das políticas de assistência à saúde mental e inclusão escolar que se apoiam nos modelos de coerção física, no treino, num certo "amestramento" e na medicalização.

Ao aprendermos que a ignorância, o fracasso, as dificuldades de aprendizagem não são merecedores de castigo, e se não usamos mais as práticas de castigos físicos, o que fazemos hoje com a criança que ignora aprender, que ignora regras, que ignora responder aos ideais exigidos? Qual é a camisa de força que está sendo usada hoje?

Essas práticas pedagógicas, articuladas às práticas medicamentosas, alienam, visam calar, silenciar, o sujeito do desejo.

> A escola brasileira reproduziu o padrão de castigo físico que silencia a alma por séculos. O milho atrás da porta e a palmatória estão ainda nas lembranças e nas cicatrizes de pessoas que convivem conosco. Essa prática era reveladora da antiguíssima, mas sempre presente, ideia de que a ignorância era por si só, merecedora de castigo. (FERRAREZI JR., 2014, p. 1).

Não estaria o discurso de inclusão alienado às mesmas práticas normalizadoras, esmagadoras do desejo, que os castigos físicos do passado praticavam? Não seria ainda a recusa ao mal-estar?

Para Cordié (1996) e Mrech (1999), o discurso democrático, pautado numa ideologia igualitária, discorre sobre uniformização e rigidez de programas. Querem normalização e visam encaixar as crianças em parâmetros de normalidade. E assim, cada vez mais, os professores são treinados para saber como agir em cada situação, como se tudo pudesse ser previsto e moldado sob um contexto normalizador, distorcendo a construção da relação professor-aluno.

Na proposta de uma sociedade inclusiva e, consequentemente, de uma educação inclusiva, observa-se uma crescente solicitação por parte das escolas de avaliações neuropsicológicas, neurológicas e psiquiátricas visando a um diagnóstico/um laudo que justifique as dificuldades de aprendizagem e de adaptação de alguns alunos. A proposta é a de uma escola que inclua todas as crianças, independentemente de suas estruturas psíquicas. Diz-se que as escolas não estão preparadas para receberem as crianças, mas será que todas as crianças com graves sofrimentos psíquicos (agressivas, desatentas, agitadas, autistas, psicóticas) estariam preparadas para estar nas escolas? Assim, o sintoma passa a ser visto como escolar. Segundo Pita (2008), a inclusão é uma prática vinculada ao ideal, o que recai sobre uma ilusão (pisco)pedagógica. Compete à Psicanálise romper com os ideais narcísicos do professor, possibilitando suportar o saber furado, não todo. Assim, faz-se necessário buscar o saber da criança em detrimento do saber do especialista.

Considerar a formação dos sintomas à luz das Psicanálise e as diferenças fundamentais nas estruturas psíquicas corresponde à direção possível de se pensar em incluir os sujeitos em sua alteridade, contribuindo para a construção da ruptura com as antigas práticas normalizadoras.

A ciência criou mecanismos e ferramentas para lidar com as dificuldades de aprendizagem e com os "desajustes" na infância. A aliança feita pela Pedagogia com o discurso médico psicológico tem sido uma ferramenta eficaz no auxílio de melhorias da qualidade de vida e inclusão social de nossas crianças e nossos adolescentes? Esse discurso médico psicológico ignora o sujeito do Inconsciente e não se pergunta onde está o sujeito do desejo.

Tendo em vista tais colocações, possivelmente o leitor esteja se questionando se a Psicanálise não seria também uma ciência. Não haveria então, quando a direção é psicanalítica, um valor científico para falar e tratar os sintomas? Estaria a Psicanálise remetida ao obscurantismo, uma vez que o presente trabalho questiona as parcerias da Pedagogia com as ciências?

A ciência busca a veracidade sobre o objeto de estudo, nada quer saber de fato do sujeito de desejo, sujeito do Inconsciente, sujeito dividido. A ciência acaba por excluir o sujeito do Inconsciente. Se a ciência visa adquirir respostas sobre a insuportável falta de certeza, obturando a ausência de sentido, como poderia ela tomar como objeto de estudo a própria falta? Ocupar-se exatamente da impossibilidade da certeza? De que, em termos psíquicos, cada sujeito precisa ser tomado na sua unicidade, subjetividade?

Lacan (1998, p. 873), em "A ciência e a verdade", diz-nos que "não há ciência do homem porque o homem da ciência não existe, mas apenas seu sujeito", e demonstra sua discordância com a denominação "ciências humanas", julgando tal expressão a própria voz da servidão. Realiza uma crítica ao fracasso da Psicologia por se situar aqui, apontando as construções desenvolvimentistas de Levy-Bruhl e Piaget.

> Ao se dar ênfase aos estágios de desenvolvimento do processo de ensino aprendizagem normal, o que acabou sendo privilegiado foram os chamados processos biológicos, maturacionais, isto é, a crença de que as crianças se desenvolvem naturalmente, sem que o professor necessariamente precise auxiliá-las. E isto tanto do ponto de vista cognitivo quanto afetivo. (MRECH, 1999, s/p).

A Psicanálise não adota uma perspectiva classificatória, fenomenológica ou comportamental para pensar os "transtornos e síndromes". Privilegia, isto sim, a existência do sujeito do Inconsciente, do sujeito do desejo e de suas relações com o objeto, perguntando o que habilitaria e o que impediria alguém de sustentar a posição subjetiva de desejo de saber. Nesta perspectiva, a direção do trabalho não é a de reeducar o sintoma valendo-se das medicações ou do treinamento para as atividades de vida diária, procedimentos que atuam no e para o sintoma. A direção psicanalítica, ao contrário dessas práticas, visa à emergência e à aposta no sujeito e seu desejo. O que quer o sujeito com o seu sintoma? A que responde na sua construção?

Freud descobre que o Inconsciente se manifesta por meio dos sonhos, atos falhos, chistes e sintomas. O sintoma é uma via de acesso ao Inconsciente que precisa ser decifrado para que a mensagem seja compreendida, para que o sujeito do Inconsciente se faça apresentar na cadeia significante.

O sujeito responde ao mal-estar com seu sintoma e, muitas vezes, graças a este pode se proteger. Na vida escolar, pode responder com inibição, angústia, fobia, entre inúmeras outras respostas patológicas diante das exigências da vida, do Outro.

Elia (1995) adverte-nos de que o sintoma é um grito de socorro, ou uma contestação de ordem, que abre para o sujeito a possibilidade de um trabalho, o de saber em que ponto de sua estrutura, o sujeito frui daquilo que parece querer derrubar.

Cordié (1996) compara a recusa da anoréxica pelo alimento à recusa pelo saber do educando. Ressalta que a razão mais frequente dessa recusa costuma estar ao lado de uma demanda esmagadora que vem do Outro, seja o "coma", seja o "aprenda". Como salvação de não se prender à demanda do Outro, o sujeito livra-se e protege-se dessa garra, graças ao sintoma.

Flesler (2012) comenta que a criança condensa, para quem a deseja, uma expectativa que convida o sujeito a ocupar muito cedo o lugar do objeto preenchedor, não apenas em relação ao que deseja, mas também em relação ao desejo do Outro, encarnado nas figuras psiquicamente importantes para ela, frequentemente pais e também professores. Acrescenta que a criança chega ao mundo no entrecruzamento das expectativas do adulto, na ressonância que gera no adulto. O que o Outro espera ou quer de mim?

O analista, seja no consultório, seja na instituição, atento a esses índices relevantes, pode verificar as diferentes formas de enlace entre a criança, o adolescente e os adultos significativos na vida dela. Que lugar ocupam na dinâmica familiar e escolar? A que as dificuldades de aprendizagem, a hiperatividade, a desatenção, o esquecimento (o conhecido "deu branco") a agressividade responde?

O sintoma representa uma verdade do sujeito. O que acontece quando o sujeito se identifica com um significante que congela sua imagem de "burro", "peste", "feio" ou mesmo de "princesa do papai" e/ou quaisquer outras formas de cristalização a um significante que tomou do Outro? O sujeito comparece representado por seu sintoma. "Quando o significante responde como signo, em lugar de representar o $ para outro significante, representará algo para alguém, freando as novas significações para o sujeito" (FLESLER, 2012, p. 34). Poderá uma escuta analítica, mesmo que seja na escola, com aluno, professores e família, abrir possibilidades, devolver ou construir um outro lugar para esse sujeito?

Faz-se necessário ressaltar que ser uma pessoa autista, desatenta, hiperativa, desobediente e *tutti quanti* não é a mesma coisa que ser uma pessoa com defesas autísticas, com dificuldades para aprender, de prestar atenção, de sossegar na sala de aula e/ou obedecer às regras. É preciso olhar para a singularidade dos casos, são casos que não se repetem, gerando diferenças infinitas e que estão sempre em processos de mudanças.

Com a Psicanálise, entende-se a demanda de saber como um dos fios que constituem o sujeito — não se pode olhar para as dificuldades de aprendizagem como um déficit a ser corrigido ou sanado pelo efeito de medicamentos. A sua prática não é um trabalho de adaptação do sujeito ao meio social. Sua lógica e sua ética próprias possibilitam levar o sujeito a se implicar com sua posição diante de suas dificuldades e retificar ou ratificar suas escolhas.

Há infinitas possibilidades de aplicação da Psicanálise para além da clínica, na construção de laços que incluem o sujeito na vida. Como dito inicialmente, a presente proposta não visou esgotar o tema, tampouco desconsiderar os avanços das ciências médicas e psicológicas, contudo, sem incluir as possibilidades de o sujeito de desejo existir e aposta na singularidade de sua existência, jamais estaremos a serviço de uma inclusão verdadeiramente ética. E o saber, assim, será mantido do lado do mestre, do especialista, ignorando o saber do aluno; mesmo quando seu sintoma for o de não querer saber, será preciso decifrar os enigmas da ignorância como aquele que não sabe. E só assim abrir possibilidades para o saber.

Referências

CORDIÉ, A. **Os atrasados não existem**: Psicanálise de crianças com fracasso escolar. Porto Alegre: Artes Médicas, 1996.

DUNKER, C. I. L. **Por uma nova psicopatologia da infância e da adolescência.** São Paulo: Escuta, 2015.

ELIA, L. **Corpo e sexualidade em Freud e Lacan.** Rio de Janeiro: Uapê, 1995.

FERRAREZI JR., C. **Pedagogia do silenciamento**: a escola brasileira e o ensino de língua materna. São Paulo: Parábola, 2014.

FERREIRA, T. **A escrita da clínica**: Psicanálise com crianças. Belo Horizonte: Autêntica, 2000.

FLESLER, A. **A Psicanálise de crianças e o lugar dos pais**. Rio de Janeiro: Zahar, 2012.

FREUD, S. (1916). Conferências introdutórias sobre Psicanálise. *In*: FREUD, S. **Edição standard brasileira das obras psicológicas de Sigmund Freud**. Rio de Janeiro: Imago, 1996. p. 325-342. v. 16.

FREUD, S. (1988). Lembranças encobridoras. *In*: FREUD, S. **Edição standard brasileira das obras psicológicas de Sigmund Freud**. Rio de Janeiro: Imago, 1996d. p. 283-304. v. 3.

FREUD, S. (1910). Leonardo da Vinci e uma lembrança de sua infância. *In*: FREUD, S. **Edição standard brasileira das obras psicológicas de Sigmund Freud**. Rio de Janeiro: Imago, 1996e. p. 67-141, v. 11.

FREUD, S. (1908). Moral sexual civilizada e doença nervosa moderna. *In*: FREUD, S. **Edição standard brasileira das obras psicológicas de Sigmund Freud**. Rio de Janeiro: Imago, 1996b. p. 165-204. v. 9.

FREUD, S. (1933). Novas conferências introdutórias sobre a Psicanálise XXII: explicações, aplicações e orientações. *In*: FREUD, S. **Edição standard brasileira das obras psicológicas de Sigmund Freud**. Rio de Janeiro: Imago, 1996f. p. 13-155. v. 22.

FREUD, S. (1907). O esclarecimento sexual das crianças. *In*: FREUD, S. **Edição standard brasileira das obras psicológicas de Sigmund Freud**. Rio de Janeiro: Imago, 1996c. p. 121-129. v. 9.

FREUD, S. (1930). O mal-estar na civilização. *In*: FREUD, S. **Edição standard brasileira das obras psicológicas de Sigmund Freud**. Rio de Janeiro: Imago, 1996g. p. 65-148. v. 21.

FREUD, S. (1905). Os três ensaios sobre a teoria da sexualidade. *In*: FREUD, S. **Edição standard brasileira das obras psicológicas de Sigmund Freud**. Rio de Janeiro: Imago, 1996a. p. 119-231. v. 7.

FREUD, S. (1908). Sobre as teorias sexuais das crianças. *In*: FREUD, S. **Edição standard brasileira das obras psicológicas de Sigmund Freud**. Rio de Janeiro: Imago, 1996b. v. 9.

JORGE, M. A. Médico francês questiona o aumento de diagnósticos de TDHA. **Folha de S. Paulo**, 23 nov. 2019.

KAMERS, M. **Psicopatologia dos transtornos do comportamento**. São Paulo: Escuta, 2015.

KUPFER, M. C. **Educação para o futuro**: Psicanálise e educação. São Paulo: Escuta, 2000.

KUPFER, M. C. **Freud e a educação**: o mestre do impossível. São Paulo: Scipione, 1992.

KUPFER, M. C. **O impacto do autismo no mundo contemporâneo**. São Paulo: Escuta, 2015.

LACAN, J. A ciência e a verdade. *In*: **Escritos**. Rio de Janeiro: Jorge Zahar, 1998.

MILLOT, C. **Freud antipedagogo**. Rio de Janeiro: Jorge Zahar, 1987.

MINAS GERAIS. **Guia de orientação da educação especial na rede estadual de ensino de Minas Gerais**. Belo Horizonte: Secretaria do Estado de Educação de Minas Gerais, 2014.

MIRANDA, E. R. **Debilidade mental e estrutura clínica**. Dissertação (Mestrado em Psicologia) – Universidade do Rio de Janeiro, Rio de Janeiro, 2002.

MOYSES, A. M. **A Ritalina e os riscos do 'genocídio' do futuro**. [Entrevista cedida a] I. Gardenal. Ago. 2013. Disponível em: https://www.unicamp.br/unicamp/noticias/2013/08/05/ritalina-e-os-riscos-de-um-genocidio-do-futuro. Acesso em: 13 abr. 2020.

MRECH, L. **Psicanálise e educação**: novos operadores de leitura. São Paulo: Pioneira, 1999.

PITA, P. P. N. **Transtorno do déficit de atenção e hiperatividade**: sintoma escolar e sintoma analítico. Dissertação (Mestrado em Educação) – Universidade de Brasília, Brasília, 2008.

RASKIN, S. **Genética e Psicanálise**: um encontro possível? São Paulo: Escuta, 2015.

VOLTOLINI, R. **Educação e Psicanálise**. Rio de Janeiro: Jorge Zahar, 2011.

VIOLÊNCIA E NECROPOLÍTICA: O QUE PODE A PSICANÁLISE PELO LAÇO SOCIAL

Maria Caroline Cardoso Gomes
Magali Milene Silva

Não havia mais tempo porque não havia mais ossos entre os momentos,
porque alguém teve a péssima ideia de negligenciar o cuidado a tal
ponto que os ossos do tempo se quebraram, descalcificaram.
(O Solfejo de Nossas Filhas, Vladimir Safatle)

Introdução

A violência é tema frequente na atualidade e é inerente e característica da própria cultura, variando de acordo com a época e o contexto social. De acordo com dicionário de língua portuguesa, é "aquilo que atua com força ou impetuosidade, emprego da força bruta, algo que revela grande ira e que se manifesta descontroladamente" (VIOLÊNCIA, 1998, p. 2.205). O *Michaelis* apresenta a violência como sendo contrária à razão, ainda que exclusiva da cultura. Perguntamo-nos: como algo fora do natural, isto é, próprio da cultura, poderia ser contrário à razão? Como poderíamos pensar a violência sob essa definição, considerando sua forma de apresentar-se em nossa época?

A violência não é um fenômeno exclusivo da contemporaneidade. Apesar disso, permanece insistentemente atual. A Psicanálise dá especial acento a essa questão, começando por Freud em seus textos sociais, como "Totem e tabu" (FREUD, 1912-1913/2012) e *Psicologia das massas e análise do Eu* (1921/2016), e perpassando, também, a obra de Lacan, especialmente a teoria dos discursos, que nos oferece ferramentas para pensar esse fenômeno na contemporaneidade.

No texto dedicado a contar o mito da origem da civilização intitulado "Totem e Tabu", Freud (1912-1913/2012) propõe que haveria uma horda primitiva, na qual o *Urvater*, o pai soberano, teria acesso a todas as mulheres do bando. Os irmãos, reunindo suas forças, ter-se-iam rebelado contra esse "pai", cometendo o parricídio e estabelecendo um totem. O totem seria um objeto que representava elemento da natureza, animal ou ideia e que portaria simbolicamente orientações para a vida do grupo. Nessa narrativa freudiana, junto ao totem, ter-se-ia estabelecido uma lei, o tabu do incesto, e, por meio desse pacto social entre irmãos, fundar-se-ia a cultura. A fundação totêmica teria por função a regulação da sexualidade e agressividade, que, de acordo com Freud, são inerentes ao homem.

Vale frisarmos que os impulsos violentos somente foram qualificados como tal a partir da fundação da cultura. Posto isso, podemos pensar que a cultura se funda com um ato qualificado como violento. Isso significa que esses impulsos configuram parte inerente da constituição do sujeito na cultura; ou seja, a violência constitui-se sincronicamente com aquilo que é humano.

Segundo Silva Júnior e Besset (2010, p. 326), a violência pode ser lida em qualquer momento da história: "o que se altera são as formas fenomênicas de apresentação da violência" ou, ainda, o julgamento social sobre o que é ou não considerado violento. Isso inclui não só as formas explícitas de violência, como a guerra, mas também as violências denominadas por Zizek (2014) como violências simbólicas, tais quais a incitação ao ódio, a criação de indivíduos excluídos e dispensáveis, a negligência e o controle dos modos de vida.

A Psicanálise sempre se ocupou de temas como estes: violência, civilização e barbárie. Como nos afirma Birman (2017, p. 13), "Ao longo de sua história, a psicanálise trabalhou efetivamente sobre essas problemáticas, com bastante agudeza e rigor". Como procuramos demonstrar, esses temas atualmente adquirem especial relevo devido ao contexto social em que nos encontramos, e sobre o qual a Psicanálise tem algo a dizer.

Objetivamos caracterizar de que forma a violência se apresenta hoje em nosso país — cujo governo, seguindo os moldes neoliberais, coloca a economia à frente do cuidado, normaliza a política de morte e alcança a marca de mais de meio milhão de mortes evitáveis[18] —, para, posteriormente, elucidar de que forma a Psicanálise pode situar a violência, colocando questões para o nosso laço social.

Para tanto, faz-se importante a articulação com outras áreas do conhecimento. Por essa razão, tomaremos emprestado da filosofia o conceito de "necropolítica", para caracterizar a violência da qual buscamos tratar aqui. Utilizamos as ferramentas conceituais oferecidas pela Psicanálise, isto é,

---

[18] Na data da escrita deste artigo, o número chegou a 604 mil mortos. Minas Gerais consta como o segundo estado com maior número de mortes (BRASIL, [2021]).

a teoria lacaniana dos discursos e do discurso capitalista, para pensar os efeitos da violência para o sujeito.

A violência da negligência

A violência, propriamente, não é característica de um país ou região, mas da própria cultura. Tendo isso em vista, vale ressaltarmos que a cultura apresenta alterações nos modos de apresentar a violência de acordo com a época e o contexto. Neste trabalho, visaremos à violência silenciosa, que se manifesta sob a forma da negligência de Estado que assolou nosso país no contexto atual da pandemia do novo coronavírus: Covid-19.

Segundo Foucault (2002), a partir do fim do século XVIII, as relações de poder na cultura ocidental passaram a ser profundamente marcadas pela vigilância, pelo controle e pela correção. O poder soberano é o poder de fazer morrer (de tirar a vida de um súdito) e, ou consequentemente, de deixar viver. Trata-se de um poder assimétrico, pois baseia-se no direito de matar; e negativo, pois o soberano pode retirar a vida, mas não pode dá-la. No século XVIII, entretanto, surgiu um novo tipo de poder, poder diferente do soberano, que permite fazer viver e deixar morrer. É o que Foucault (2002, p. 286) chamou de surgimento do biopoder: "uma tomada de poder sobre o homem enquanto ser vivo, uma espécie de estatização do biológico". O biopoder não se exerce apenas pela via localizada da soberania que se impõe, mas pela difusa malha do tecido social. O biopoder marca a entrada da "vida da espécie humana" no domínio do saber e do poder:

> Já não se trata de pôr a morte em ação no campo da soberania, mas de distribuir *os vivos em um domínio de valor e utilidade*. Um poder dessa natureza tem de qualificar, medir, avaliar, hierarquizar, mais do que se manifestar em seu fausto mortífero; não tem que traçar a linha que separa os súditos obedientes dos inimigos do soberano, opera distribuições em torno da norma. (FOUCAULT, 2002, p. 135, grifo nosso).

Ao passo que a tecnologia disciplinar se dirige aos corpos individuais para treiná-los, vigiá-los, usá-los e até mesmo puni-los, enquadrando-os segundo o formato do homem normal, a tecnologia do biopoder dirige-se aos homens como uma massa global, afetados por processos próprios à vida, como nascimento, morte e doença; ao homem como objeto de um saber, que pode otimizá-lo coletivamente. O biopoder faz-se em direção não do homem-corpo, mas do homem-espécie.

O olhar do Estado lança-se sobre as taxas de natalidade e mortalidade, sobre os índices de longevidade, problemas para os quais a estatística será a ferramenta fundamental; e as ciências humanas, o operador ideal. Ou seja, o biopoder refere-se a vidas como número sobre o qual se pode operar de acordo com o interesse no poder. Conforme Foucault (2002), essas mudanças foram marcantes no fim do século XVIII, quando a medicina passou a ter a função de controle da saúde pública: trata-se de um olhar sobre a doença como fenômeno de população, não a morte que se abate brutalmente sobre a vida, como a epidemia, mas morte como ameaça permanente e sutil, que deve, por conseguinte, ser permanente e astutamente controlada. A medicina do século XIX ocupou-se não apenas do corpo individual, mas do corpo social, valendo-se dos problemas expressos nas taxas de reprodução, natalidade, morbidade, acidentes, mortalidade etc.

O enfoque da biopolítica serão as previsões, as estimativas e as medições globais, tratando-se, principalmente, do poder soberano de fazer morrer e deixar viver. O biopoder, poder de regulamentação, faz viver e deixa morrer. É um direito de intervir para fazer viver; direito de intervir no "como da vida". Poder que se expressa claramente a partir do momento em que intervém para aumentar a vida, para controlar seus acidentes e suas eventualidades, para garantir que a vida se expresse apenas, ou ao menos preferencialmente, de modo adequado; isto é, para indicar quais vidas são válidas.

Mbembe (2018, p. 15) elucida o conceito foucaultiano de biopoder e afirma que "o biopoder parece funcionar mediante a divisão entre as pessoas que devem viver e as que devem morrer". O biopoder não só intervém para fazer valer o direito de viver, mas deixa de intervir para que morra. É essencial que seja feito de forma a aliviar a culpa pela agressividade exteriorizada: "A soberania exige que a força para violar a proibição de matar estará sob condições que o costume define". Por essa razão, é preciso definir seu modo de operação: "O mais importante é o modo como o poder de morte opera [...] sobre a capacidade de definir quem importa e quem não importa, quem é descartável e quem não é" (MBEMBE, 2018, p. 15, 41).

Ao contrário do poder soberano, em que é possível localizar a violência em agentes que a representam, na lógica do biopoder as violências disseminadas nas microestruturas do tecido social não são facilmente localizáveis, sendo difícil opor-se a elas. Podemos nos perguntar se, no caso da condução da pandemia no Brasil, as violências não seriam legitimadas por discursos tais como o de Bolsonaro (BOLSONARO..., 2020, s/p): *O vírus está aí, vamos enfrentar o vírus como homem, pô! Não como moleque. Vamos enfrentar o vírus com a realidade, é a vida, todos nós iremos morrer um dia".* Tais pronunciamentos legitimam as violências institucionais e individuais, inclusive as formas de violência relacionadas com a negligência. Como nos afirma Mbembe (2018, p. 33), "O Estado se comprometeria a 'civilizar' os modos de matar e atribuir objetivos racionais ao próprio ato de matar". Isso leva à legitimação da violência a tal ponto que se tornam naturalizadas tais práticas, como podemos ver de maneira clara em nosso contexto atual:

> Essa exigência de colocar a economia à frente do cuidado com a vida traz a todo momento um tensionamento em que a morte passa a ser considerada algo menor frente aos prejuízos econômicos e, consequentemente, a violência é legitimada contra todos que defendem a manutenção do isolamento social. (CALAZANS; MATOZINHO, 2021, p. 21).

Se acrescentarmos a isso as grandes dificuldades no acesso a direitos trabalhistas, previdência social e precarização do trabalho — também formas de violência relacionadas ao neoliberalismo —, podemos nomear essas violências de genocídio, o que é autorizado pelo biopoder, cuja marca é definir quais vidas têm valor. Nessa lógica, sabemos quem será descartável. Como afirma Calazans e Matozinhos (2021, p. 19):

> Fica patente uma lógica de contenção e extermínio de um tipo de população, que morre diretamente pela mão do Estado, seja pela via da segurança pública em época de pandemia, seja pela omissão do Estado em sua responsabilidade de ofertar condições econômicas e de saúde para a população.

A situação do Brasil na pandemia lembra-nos essas formas de violência que se articulam com o conceito de necropolítica. Isso quer dizer que, "ao operar certa forma de governo, a violência torna-se mecanismo fundamental de manutenção das formas de controle e dominação" (TELES, 2018, p. 24), o que se torna claro na pandemia, quando a gestão da morte é uma estratégia política, econômica e social do neoliberalismo (CALAZANS; MATOZINHO, 2021). Violência que opera desde a retirada de direitos e garantias mínimas até a negligência do cuidado "em uma pandemia, cuja gestão da morte é a aceleração da destruição de corpos não produtivos ou que podem ser considerados matáveis" (CALAZANS; MATOZINHO, 2021, p. 73).

Percebemos que, de tempos em tempos, as características das barbáries mudam suas roupagens, uma vez que a violência se apresenta de inúmeras formas. Entretanto, há, entre elas, algo que permanece marca comum: o benefício de poucos em detrimento de muitos. Zizek (2014, p. 24) denomina de violência sistêmica a "violência inerente a um sistema: não só da violência física direta, mas também das formas mais sutis de coerção que sustentam as relações de dominação e exploração". Nossa questão, aqui, é tentar localizar qual o lugar possível para o sujeito nesse modelo de laço social, já que, "se a morte como experiência não é mais um fator de socialização, ela torna possível a banalização do extermínio do outro" (CALAZANS; MATOZINHO, 2021, p. 8).

Laço social e violência neoliberal

A violência e o mal-estar alteram-se de acordo com as formas de organizar o social. Em nosso contexto histórico e social, percebemos formas funestas de se apresentarem, na medida em que variam de acordo com certos movimentos e políticas de negligência, que parecem intensificá-los. A violência da negligência do cuidado vivenciada na pandemia, aliada ao neoliberalismo — forma atual de organização social —, é avassaladora. Desse modo, opera o neoliberalismo, reduzindo o homem ao estado de produto (DUFOUR, 2005), ao passo que aparece em nosso contexto atual "a morte como um desejo de destruição, e não como um acontecimento contingente na vida das pessoas" (CALAZANS; MATOZINHO, 2021, p. 17).

A pergunta que nos cabe é: o que regulam os laços sociais e como o capitalismo neoliberal age nas relações sociais? Os laços são constituídos conforme a linguagem e situam um lugar para o sujeito no social. Assim, o sujeito organiza-se posicionando-se em relação ao gozo, à mestria e ao saber. Que lugar é esse no neoliberalismo, que é, segundo Dardot e Laval (2016, p. 17), um "capitalismo desimpedido"?

Para Lacan (1969-1970/1992), os "discursos" são uma estrutura necessária que ultrapassa a palavra, mas que permanece em seu campo. Isso implica que eles subsistem em certas relações fundamentais, no interior das quais, mediante o instrumento da linguagem, é possível inscrever algo que vai mais longe que as enunciações efetivas — de modo que, com isso, Lacan define formas fundamentais dessas estruturas denominadas discursos na tentativa de formalizá-las.

Lacan (1969-1970/1992) formula, a princípio, quatro estruturas discursivas: discurso do mestre, da histérica, do analista e do universitário.

APLICADA OU IMPLICADA: QUAL PSICANÁLISE PARA A CIÊNCIA?

Esses discursos não são fixos, mas flexíveis, possibilitando ao sujeito transitar entre diferentes posições nos discursos. Dessa maneira, ao girar, cada discurso culmina na formação de um outro. São esses giros que possibilitam sua articulação com os demais discursos e organizam o social segundo essas posições, isto é, conforme os modos de gozo. Em conferência em Milão, Lacan (1972) formula um quinto discurso: o do capitalista.

Para elaborar tais fórmulas, Lacan (1972) utiliza a fórmula da fantasia, a saber, $\$ a$. Isso porque o sujeito se representa conforme um traço específico, que, por sua vez, se representa em um campo já estruturado de saber; ao passo que, ao se adicionar o terceiro e o quarto pé, isto é, sujeito e objeto a, tal como se escreve nas fórmulas da fantasia, culmina-se na criação dos discursos, que se relacionam entre si a partir de quarto de giro.

Trabalhar as estruturas discursivas perpassa saber que cada um dos discursos apresenta quatro elementos, sendo eles: S1, S2, a e $. O significante mestre (S1) representa o sujeito determinado pela ação significante. O saber (S2) é o significante ante o qual S1 representa o sujeito, junto ao qual se estrutura a cadeia mínima para a significação. O objeto a é lido como causa de desejo ou mais-de-gozar. E, por fim, o sujeito ($) barrado marca a possibilidade de "vir a ser", tal como Lacan (1969-1970/1992) elucida:

Figura 1 – Os lugares nos discursos

Lugares:
desejo   Outro
verdade   perda
(seminário 17, lição de 19-02-1970)

agente   trabalho
verdade   produção
(Seminário 17, lição de 10-06-1970).

Fonte: Silva (2012, p. 182)

Aqui, cabe dizer que o objeto a é representante do desejo e do mais-de-gozar, isso porque sua relação com o gozo se acentua segundo a relação com a função do desejo. É na tentativa de explicar tal relação que Lacan (1970/1992, p. 18) desenvolve o termo "mais-de-gozar", fazendo referência à "mais-valia" de Marx, atribuindo a ambas o mesmo lugar ambíguo "do trabalho a mais, do mais-de-trabalho. O que é que isso paga, pergunta ele – senão justamente o gozo, o qual é preciso que vá para algum lugar". Isso significa dizer que o gozo só pode ser apreendido na dimensão de resto. A mais-valia refere-se ao valor excedente derivado do trabalho do operário e do qual o capitalista se apropria. O único modo como o trabalhador no sistema capitalista pode obter ganho com seu trabalho é concordando em perder uma parte dele para os donos dos meios de produção. A mais-valia aponta, de um lado, a perda de usufruto por parte do trabalhador; e, de outro, o gozo que dela faz o capitalista.

Lacan fala também de lugares que, ocupados por cada um dos elementos, determinam o discurso. Assim, o elemento posto representa, respectivamente, o agente (desejo), o trabalho (o Outro) e, sob a barra, a verdade e a produção (perda). Os lugares são fixos; e os elementos, dispostos de forma alternada, sendo sua variação dada a partir de um quarto de giro:

Figura 2 – Discursos lacanianos

Mestre	Histérica	Analista	Universitário
$S1 \rightarrow S2$	$\$ \rightarrow S1$	$a \rightarrow \$$	$S2 \rightarrow a$
$\$ \blacktriangle a$	$a \blacktriangle S2$	$S2 \blacktriangle S1$	$S1 \blacktriangle \$$

Fonte: Lacan (1969-1970/1992, p. 27)

O discurso do mestre é o primeiro modelo discursivo elaborado por Lacan, com base no qual se pode elaborar os demais. O agente desse discurso é o significante mestre (S1), que se dirige ao campo do saber (S2). Esse discurso produz mais-de-gozar, uma perda de gozo, que diz da relação entre significante mestre (S1) e saber (S2), que aparece sob a barra representado pelo a. Sob a barra no lado do mestre (S1), encontra-se o sujeito barrado ($\$$), implicando que o mestre nada sabe sobre sua divisão subjetiva. A partir de um quarto de giro, produz-se o discurso da histérica, que apresenta como agente o sujeito barrado ($\$$). O sujeito dirige-se ao significante mestre (S1) produzindo um saber (S2) e recalcando a verdade de seu gozo (a). Nesse discurso, a histérica ($\$$) aponta para a falha do mestre.

Mais um quarto de giro, e teremos o discurso do analista, no qual o agente é a causa de desejo ou mais-de-gozar (a), o que significa que, "ao invés de tomar um significante no lugar de mestria, toma o rechaço do desejo como mestria e se propõe a considerar os efeitos sobre o sujeito" (SILVA, 2018, p. 168). Desse modo, tem como produção uma verdade singular. Aqui, reside um dos grandes potenciais da Psicanálise em face do discurso capitalista, que visa aniquilar as diferenças e totalizar todas as formas de relação. Por último, temos o discurso do universitário, no qual o agente é o próprio saber (S2), que convoca o objeto (a) no lugar do trabalho, produzindo, inevitavelmente, um sujeito barrado ($), que esconde a verdade de estar a serviço do próprio mestre (S1).

Além desses, há o discurso do capitalista, formulado posteriormente na conferência de Milão (LACAN, 1972), que faz exceção aos outros quatro, pois não opera em quarto de giro, mas de forma transversal e diruptiva, tal como na fórmula que segue:

Figura 3 – Discurso do capitalista

Discurso do capitalista

Fonte: Lacan (1972, p. 40)

Portanto, pensar a sociedade pela via da teoria dos discursos é pensar também quais os discursos dominantes e seu modo de circulação; ou seja, os modos possíveis de se localizar no laço social. Segundo Lacan (1969-1970/1992, p. 30), em nossa sociedade, o discurso do mestre moderno é chamado de capitalista e este surge intimamente aliado ao discurso do universitário. O discurso do universitário é originado da regressão em quarto de giro do discurso do mestre. Tem como dominante o saber (S2), que dá o tom de ordem, de mandamento ao discurso, e produz sujeitos a serem objetificados, moldados e formatados, isto é, idênticos a si mesmos, criando, assim, tal como Lacan (1969-1970/1992, p. 65) afirma, "irredutivelmente, a Eu-cracia". Assim, a ciência alicerça-se no discurso universitário, de modo que "é impossível deixar de obedecer ao mandamento que está aí, no lugar do que é a verdade da ciência 'vai, continua. Não para. Continua a saber sempre mais'" (LACAN, 1969-1970/1992, p. 110).

Mas qual a importância do discurso universitário para compreender a violência na gestão da pandemia? Em nossa leitura dos discursos do capitalista e do universitário, buscamos dizer o que eles engendram. O discurso do universitário, ao tomar por agente o próprio saber, convoca o objeto no lugar do trabalho e produz um sujeito barrado ($), que esconde a verdade de que esse sujeito está a serviço do próprio mestre (S1). A divisão subjetiva é como um motor que causa sempre ao sujeito a busca por um novo saber.

Nesse discurso, o (S1), no lugar da verdade, vela o enigma e silencia toda pergunta sobre a verdade do sujeito, sendo impossível não obedecer ao mandamento de incessantemente continuar sempre a saber mais. Enquanto o objeto *a* ocupa o lugar do trabalho, da exploração mais ou menos tolerável, tal como Lacan (1969-1970/1992, p. 189) elucida, é o objeto *a* "que permite arejar um pouquinho a função do mais-de-gozar". Dessa forma, o discurso universitário copula com o discurso capitalista para a produção ilimitada de objetos, fazendo uso da ciência por meio de dados numéricos como saber (S2), como se os números inquestionavelmente traduzissem a verdade e restando ao sujeito o lugar de ocupar nesse discurso a verdade velada. O sujeito aparece, assim, como sintoma desse modelo discursivo.

O discurso do capitalista, por sua vez, como já dissemos aqui, não opera em quarto de giro, mas em curto-circuito, ignorando a perda ligada à barreira de gozo, que, de acordo com Bousseyroux (2012), produz um laço associal. Isso porque recusa a diferença, obstrui o poder subversivo do sintoma e impossibilita a falta. Esse discurso propõe o lugar do sujeito consumidor do mais-de-gozar, reduzindo tudo a números, valendo só o que pode ser contabilizado e sobrepondo os objetos ao sujeito. Desse modo, esse discurso

> [...] introduziu uma variação lógica no que chamou de discurso do mestre. O discurso capitalista caracteriza-se fundamentalmente por se autopropulsionar de dentro para fora de forma ilimitada, de tal forma que não conhece crises, embora existam catástrofes sociais, nem conhece qualquer limite que possa realmente interromper o que Lacan considera o movimento circular do capitalismo. (ALEMÁN, 2016, p. 33, tradução nossa).

Ele se autopropulsiona de dentro para fora, na produção ilimitada de objetos, tentando, incansavelmente, transformar tudo em predicados contáveis. Tal transformação só é possível na medida em que o discurso universitário, isto é, a ciência, encarnada no discurso dos "especialistas", garante o sucesso desse projeto. Os progressos da tecnicização da ciência e o discurso do capitalismo viabilizam os efeitos de segregação. "A ciência exclui e nada quer saber sobre a verdade do sujeito, é em nome de sua constituição enquanto campo que encontra limites e fronteiras" (BRUNHARI; DARRIBA, 2018, p. 3).

Brunhari e Darriba (2018, p. 4) elucidam a segregação como efeito de uma prática atrelada ao discurso capitalista, em que "ferramentas forjadas por meio de parâmetros científicos avaliam e classificam massas homogeneizadas". A noção de segregação estaria associada a um processo que envolve tanto a ciência quanto a lógica mercadológica; ou seja, a ciência naturaliza a violência e o mercado a justifica. Desse modo, a maneira de organizar o gozo no discurso do mestre moderno (capitalista) aliado ao discurso universitário causa efeitos de violência, uma vez que reduz os sujeitos a objetos mercadológicos, segregáveis, descartáveis e matáveis.

Em nosso contexto, há a priorização da economia à vida e consequente negligência do cuidado amplamente vista na política de morte aplicada como gestão da pandemia — mas não só. A violência está justamente na dimensão que busca reduzir sujeitos a predicados contáveis e uniformizados, números ou CPFs. Para Dufour (2005), o homem está — sob o discurso capitalista — liberado de todos os valores morais e éticos, pois esses valores não apresentam valor mercadológico. Assim, a lógica interna do capitalismo aposta na violência:

> O entrecruzamento dos progressos da ciência com o discurso do capitalismo possibilita a ampliação dos processos de segregação ao fazer vigorar a relação entre sujeito e objeto nos termos deste discurso. Esta tríade entre progressos técnicos, discurso do capitalismo e efeitos de segregação tem sobre o sujeito uma incidência que procuraremos diferenciar como uma abolição da divisão, uma consumação desde a qual sujeito e objeto não se diferenciam. (BRUNHARI; DARRIBA, 2018, p. 6).

Segundo Lustoza (2009), essa equivalência (sujeito-objeto) produz-se sob a insígnia da insatisfação constante, acompanhada da relação com *gadgets*, objetos descartáveis que produzem uma fruição curta e rápida, de modo que os homens passam a se interpretar como mercadoria, algo a ser usado e descartado. Ao negligenciar o cuidado e aplicar uma política de morte, isto é, a necropolítica na gestão da pandemia, ocorre a expropriação neoliberal da subjetividade. Os indivíduos tornam-se produtos. Normaliza-se o grande número de mortos por serem sempre as mesmas vítimas da falta de acesso à saúde, perpetrando, além da violência, leis que aumentam as desigualdades e colocam esse aumento na conta do sujeito (CALAZANS; MATOZINHO, 2021).

O discurso capitalista rompe com o funcionamento dos outros quatro, já que não se forma por um quarto de giro. Nesse modelo discursivo, o saber é reduzido ao trabalho para a produção de mais-de-gozar; ou seja, lucro para o senhor e objeto de gozo para o consumidor (BRUNHARI;

DARRIBA, 2018). Esse discurso opera em curto-circuito, impossibilitando a leitura conforme os lugares, como nos outros modelos discursivos. Neste, o sujeito encontra-se no lugar de agente dominando a cena do consumo. Deste lugar, é incitado ao consumo desenfreado dos objetos forjados e pelos progressos da ciência. O discurso do capitalista não faz laço, como Brunhari e Darriba (2018, p. 9) nos esclarecem:

> Caracterizado como freneticamente astucioso, o discurso do capitalismo se consuma na medida em que consome. Isto aponta para o fato de que este discurso não promove o laço social, já que a relação que se estabelece é entre o sujeito ordenado pela falta de gozo e o objeto de consumo acessível, o *gadget*. [...] o senhor moderno tende a desaparecer do lugar dominante e tornar agente o sujeito voraz e ganancioso que consome o produto de maneira insaciável.

Esse enfraquecimento do laço social favorece uma ligação perversa ao Outro, que reduz o sujeito a um objeto a ser violentado (LUSTOZA, 2009). Assim, a violência formalizada como necropolítica, ou política da negligência, não está desvencilhada dessa modalidade discursiva em sua vertente neoliberal. Segundo Santos e Teixeira (2006), no discurso do capitalista a violência apresenta-se como impossibilidade de proibir. Sendo assim, é uma manifestação possível dessa estrutura que a ética do desejo dê lugar ao fardo do imperativo do gozo, tão presente na aceleração que aparece no tempo neoliberal da lógica do resultado imediato e direto. Brunhari e Darriba (2018) afirmam que a associação do discurso da ciência com o discurso do capitalismo engendra o engessamento do sujeito no lugar de produto, abolindo a barra e relegando-o à categoria de indivíduo, pois coincide sujeito e objeto. Nesse modelo discursivo, o sujeito é impossibilitado de se colocar a trabalho. Resta a nós, enquanto analistas interessados em trabalhar com o sujeito e sua verdade, sempre singular e não totalizante, questionar as possibilidades em face desse modelo discursivo que visa, justamente, à aniquilação das diferenças.

Considerações finais

A Psicanálise não esgota o debate sobre a violência. Para conduzi-lo, devemos considerar esse conceito numa interface que perpassa diversas áreas. Vimos que as características desse fenômeno se alteram de acordo com o tempo e a cultura. Nesse cenário, o conceito de necropolítica surge como uma forma de caracterizar a violência presente em nosso tempo. Para tanto, faz-se necessário considerar esse fenômeno em um sentido sistêmico. Como afirma Zizek (2014), a violência sistêmica é inerente a um certo tipo de sistema e fá-lo operar, sendo fundamental em nosso modelo de organização social, o capitalismo.

A necropolítica, isto é, o poder de morte, forma de operar do que chamamos de violência sistêmica, é responsável por criar indivíduos excluídos e dispensáveis, e por determinar o modo como o poder de morte opera, definindo quem é descartável e quem não é. Freud (1912-1913/2012) conta-nos, desde "Totem e tabu", que caberia às instituições a função de mediar e regular o gozo desenfreado, limitando as pulsões agressivas inerentes ao homem. Quando a lógica é normalizar a violência pela via da negligência institucional, há um problema para a civilização. O neoliberalismo, cujo imperativo é o de gozo imediato, parece operar dessa maneira, pois, ao normalizar o grande número de mortos por negligência, perpetra-se uma violência, cuja conta é do sujeito, que se torna mercadoria.

Dufour (2005) afirma que, nesse contexto, o homem estaria liberado de todos os valores morais ou éticos, por não possuírem valor mercadológico. O imperativo cristão de amar ao próximo como a si mesmo torna-se, mais do que nunca, impossível de ser levado a cabo, levando a concluir que o Estado e suas instituições podem acentuar e até naturalizar formas de violências, confirmando o pensamento de Pavón-Cuéllar (2018), que acredita que o Estado pode assumir formas de expressão da violência, o que, embasado no discurso capitalista neoliberal, torna-se uma máquina de matar pelo monopólio da violência física ou pela pobreza, miséria, negligência.

O rompimento do laço aparece também aí, na violência da necropolítica: quando a política da morte é adaptada e gerida pelo Estado, que, supostamente, deveria atuar no sentido de diminuir ou ao menos mediar a violência — inerente ao homem —, porque a civilização, embora fundada em um ato de violência, tem como intuito o contingenciamento das pulsões agressivas e a gestão dos laços sociais.

Lacan (1969-1970/1992) faz uso dos laços sociais, ou discursos, para situar um lugar para o sujeito dentro da civilização, isto é, no laço social. Assim, são também a ferramenta para pensar os efeitos de um modelo de organização social para o sujeito, que, por sua vez, está submetido às condições históricas de um determinado tempo, ou seja, determinado por um certo tipo discursivo dominante.

Dessa maneira, os discursos são a forma pela qual é possível estabelecer um modo de gozo possível com a vida coletiva, com a civilização. Elaboração que funciona bem até o momento em que Lacan (1972) apresenta o que seria um quinto modelo discursivo, isto é, o discurso do capitalista, que não apresenta barra ao gozo, tornando tudo possível e levando a ética do desejo, como Santos e Teixeira (2006) afirmam, ao pesado fardo do imperativo de gozo.

Pensamos que a violência da negligência da gestão da pandemia e sua naturalização entre os sujeitos seriam uma manifestação possível dessa estrutura discursiva, isso porque, nesse modelo de discurso que faz curto-circuito, rompe com algo do campo da civilização. Valendo-se da aplicação dessa forma de violência, os próprios homens passam a interpretar-se como mercadoria, algo a ser usado e descartado (LUSTOZA, 2009). Ou seja, os homens passam a ser também objetos a serem consumidos, mesmo que fatalmente, por via desse curto-circuito no laço social. Portanto, pensar a violência na cultura brasileira à luz da Psicanálise apresenta como possibilidade, a fim de se colocar a trabalho baseado na escuta desse sintoma social, de novas formas de laço social.

Referências

ALEMÁN, J. **Horizontes neoliberales en la subjetividad**. Buenos Aires: Grama Ediciones, 2016.

BIRMAN, J. Fraternidades: destinos e impasses da figura do pai na atualidade. *In*: BIRMAN, J. **Arquivos do mal-estar e da resistência**. Rio de Janeiro: Civilização Brasileira, 2017. p. 143-169.

BOLSONARO e o coronavírus: veja falas do presidente sobre a pandemia. Estadão. 2 maio 2020. Publicada em casal do YouTube. Disponível em: https://youtu-be/T_kl-EMGkOw. Acesso em: 21 set. 2021.

BOUSSEYROUX, M. Práticas do impossível e teoria dos discursos. **A Peste**: Revista de Psicanálise e Sociedade, São Paulo, v. 4, n. 1, p. 183-194, jan./jun. 2012.

BRASIL. Ministério da Saúde. **Painel coronavírus**. [*S. l.*]: MS, [2021]. Disponível em: https://covid.saude.gov.br/. Acesso em: 21 set. 2021.

BRUNHARI, M. V.; DARRIBA, V. A. O discurso do capitalismo e os efeitos de segregação: uma prática. **Psicologia em Estudo**, [*S. l.*], v. 23, p. 1-15, 9 ago. 2018.

CALAZANS, R.; MATOZINHO, C. **Pandemia e neoliberalismo**: a melancolia contra o novo normal. Rio de Janeiro: Mórula, 2021.

DARDOT, P.; LAVAL, C. **A nova razão do mundo**: ensaio sobre a sociedade neoliberal. São Paulo: Editora Boitempo, 2016.

DUFOUR, D. **A arte de reduzir as cabeças**: sobre a nova servidão na sociedade ultraliberal. Tradução de Sandra Regina Felgueiras. Rio de Janeiro: Companhia de Freud, 2005.

FOUCAULT, M. **Em defesa da sociedade (Cursos do Collège de France 1975-1976)**. São Paulo: Martins Fontes, 2002. (Coleção Tópicos).

FREUD, S. (1921). Psicologia das massas e análise do Eu. *In*: FREUD, S. **Psicologia das massas e análise do Eu (1920-1923)**. São Paulo: Companhia das Letras, 2016. p. 13-114. v. 15.

FREUD, S. (1912-1913). Totem e tabu. *In*: FREUD, S. **Totem e tabu, contribuição à história do movimento psicanalítico e outros textos (1912-1914)**. São Paulo: Companhia das Letras, 2012. p. 13-244. v. 11.

LACAN, J. Discours de Jacques Lacan à la Univerité de Milan le 12 mai 1972. *In*: LACAN, J. **Lacan in Italia (1953-1978)**. Milan: Salamandra, 1972. p. 32-55.

LACAN, J. (1969-1970). **O seminário, livro 17**: o avesso da Psicanálise. Rio de Janeiro: J. Zahar, 1992.

LUSTOZA, R. Z. O discurso capitalista de Marx a Lacan: algumas consequências para o laço social. Ágora, Rio de Janeiro, v. 12, n. 1, p. 41-52, jun. 2009. Disponível em: http://www.scielo.br/scielo.php?script=sci_arttext&pid=S1516-14982009000100003&lng=en&nrm=iso. Acesso em: 14 maio 2020.

MBEMBE, A. **Necropolítica**. São Paulo: n-1 edições, 2018.

O SOLFEJO de nossas filhas. V. Safatle. São Paulo: Estúdio Guidon, 2018. Publicada em canal do YouTube. Disponível em: https://youtu.be/4pyzrp6kNvc. Acesso em: 5 mar. 2021.

PAVÓN-CUÉLLAR, D. O capital que jorra sangue e lodo por todos os poros. *In*: PAVÓN-CUÉLLAR, D.; LARA JUNIOR, N. **Psicanálise e marxismo**: as violências em tempos de capitalismo. Curitiba: Appris, 2018. p. 17-30.

SANTOS, T.; TEIXEIRA, M. Violência na teoria psicanalítica: ruptura ou modalidade de laço social? Psicol. Rev., Belo Horizonte, v. 12, n. 20, p. 165-180, dez.

2006. Disponível em: http://pepsic.bvsalud.org/scielo.php?script=sci_arttext&-pid=S1677-11682006000200005&lng=pt&nrm=iso. Acesso em: 14 maio 2020.

SILVA JÚNIOR, J.; BESSET, V. Violência e sintoma: o que a Psicanálise tem a dizer? **Fractal**: Revista de Psicologia, Rio de Janeiro, v. 22, n. 2, p. 323-336, ago. 2010. Disponível em: http://www.scielo.br/scielo.php?script=sci_arttext-t&pid=S1984-02922010000800008&lng=en&nrm=iso. Acesso em: 20 mar. 2019.

SILVA, M. M. O discurso universitário e a clínica contemporânea. Cad. **Psicanal.**, Rio de Janeiro, v. 40, n. 38, p. 161-182, jun. 2018.

SILVA, M. M. **Psicanálise, estrutura e laço social**: por uma clínica do sujeito. 2012. Tese (Doutorado em Psicanálise) – Universidade do Estado do Rio de Janeiro, Rio de Janeiro, 2012.

TELES, E. Subjetivação da violência. Revista Cult, São Paulo, n. 232, p. 22-25, mar. 2018.

VIOLÊNCIA. *In*: MICHAELIS: moderno dicionário da língua portuguesa. São Paulo: Melhoramentos, 1998. p. 2.205.

ZIZEK, S. **Violência**. São Paulo: Boitempo, 2014.

O PAI CAPRICHOSO DE SCHREBER E SUA CONSEQUENTE PSICOSE

Paula Cristina Reis Silva
Thiago Bellato de Paiva

Não desejo suscitar convicção;
desejo estimular o pensamento e derrubar preconceitos.
(FREUD, 1915/1996)

É corrente que Schreber (1842-1911) se tornou um célebre da Psicanálise, uma vez que a narrativa de sua história na obra *Memórias de um doente dos nervos*, de 1903, ainda propicia, nos dias atuais, que inúmeros estudiosos da psicose conheçam, por meio dessa autobiografia, o funcionamento da estrutura psicótica.

Além disso, sabe-se que a pesquisa referente aos escritos das memórias de Schreber se iniciou pela análise do psicanalista vienense Sigmund Freud (1911-1913), tornando o caso um dos mais paradigmáticos do meio psicanalítico, o que propiciou que Freud (1911-1913) e posteriormente Lacan (1955-1956) aventassem questões e informações preciosas sobre o funcionamento da estrutura psicótica. Ademais, trata-se de um episódio notável, por abordar um paciente com quem Freud não teve nenhum tipo de contato pessoal (nem com Schreber, nem com nenhum dos familiares deste).

A priori, Carone (1984) aponta, nos escritos de Schreber, questões relevantes a um cenário familiar que de certa forma causou prejuízos à saúde mental de Daniel Paul Schreber, sobretudo ao que o juiz experienciou em relação à severidade do próprio pai. A autora ainda revela que Schreber se originou de uma família de burgueses protestantes, moralistas intelectuais que se diziam preocupados com o bem da humanidade, como se o bem da humanidade fosse deposto ao rigor da moral e dos bons costumes.

Assim sendo, se Schreber advém de uma família de burgueses cheios de boas intenções, temos nesse cenário familiar uma mãe submissa, cujo apagamento é fruto do pouco reconhecimento manifestado por seu pai, Daniel Gottlieb Moritz Schreber. Seja dito de passagem: este referido senhor era reconhecido no meio social como o pedagogo e ortopedista que lançou livros referentes a ginástica, higiene, educação, e também aparelhos ortopédicos produzidos com materiais de ferro e couro com o intuito de controlar o modo de viver e agir de inúmeras crianças, cenário em que ostentava o poder da religião como forma de abuso contra os pequenos.

Perante todas as especulações estendidas ao pai de Schreber na sua austeridade, vale pensar sobre o lugar que Schreber ocupa na relação pai e filho, em se tratando da falha na entrada da lei paterna para a formação estrutural da psicose. Afinal, não podemos perder de vista que Lacan se encontrava às voltas com a psicose ao considerar a impossibilidade de uma lei intransmissível da qual o sujeito do Inconsciente seria tributário; ou seja, na ausência da lei articulada ao desejo, temos o mecanismo específico da psicose, nomeado a priori por Freud *"Verwerfung"*, o que Lacan conceituará posteriormente como "Foraclusão"; conceito de que falaremos em breve neste trabalho.

Diante das inferências aqui destacadas referentes aos três pilares funcionais parentais (figura paterna, figura materna e a criança), ressalta-se a importância do tema componente ao texto, do que se destaca ainda a seguinte questão: o que presume a Psicanálise ante a relação da impossibilidade de uma lei intransmissível advinda da figura paterna consequente à eventual entrada na psicose? Em suma, é notável que, ao perpassar a trama de Schreber, observa-se uma história do "real" notadamente perspicaz ao retratar em seu texto a sua psicopatologia própria, em que algo da sua constituição subjetiva não passou pelo campo do simbólico e não constituiu uma representação: "o que fora rejeitado (do interior) do simbólico, retorna no (exterior) no real" (LACAN, 1985, p. 158).

O cenário familiar de Schreber

Sabe-se que, de acordo com Carone (1984), o presidente Dr. Daniel Paul Schreber foi considerado o louco mais famoso da história da Psicanálise e da Psiquiatria, além de um excelente advogado, que nasceu em Leipzig, a 25 de julho de 1842, filho do médico ortopedista e pedagogo Daniel Gottlieb Moritz Schreber (1808-1861) e da senhora do lar Louise Henrietta Pauline Haase (1815-1907). O presidente Schreber tinha mais quatro irmãos: Ana, Sidonie, Klara e Gustav — que, aos 38 anos de idade, foi marcado pelo ato de suicídio; utilizando-se de uma arma de fogo, pôs fim à própria vida. Em 1878, Schreber casou-se com Ottlin Sabine Behr (1857-1912), 15 anos mais jovem, com quem descreveu ter vivido momentos marcados de felicidade.

Outrossim, Schreber (1903 *apud* CARONE, 1984), experienciou questões relevantes a um cenário familiar que de certa forma causou a entrada deste na psicose, sobretudo ao que vivenciou em relação à severidade do Schreber pai, que utilizava métodos educacionais de tortura. A autora ainda afirma que a família de Schreber fora enraizada em conceitos que se orientavam pelos atos morais e éticos que visavam à integridade plena de um ideal a ser atingido pelo patriarca da família, conforme já apontado.

Dessa forma, se Schreber (1903 *apud* CARONE, 1984) certifica que seu pai foi um homem severamente controlador, moralista, rígido e religioso ortodoxo, que tinha o intuito de contribuir para com o aperfeiçoamento da obra de Deus e da sociedade humana, interessa-nos localizar quanto seu pai, na posição de legislador, foi incapaz de, em sua implacabilidade, transmitir uma lei articulada ao desejo. Não por acaso, a nosso ver, sua mãe encontrava-se em submissa posição, não sendo elevada à posição de objeto causa de desejo.

Machado (2015) revela-nos que o palco familiar é um dos objetos de estudo da Psicanálise, no que condiz à entrada no Complexo Edípico. Por tal importância, o autor ainda aponta que:

> Para a Psicanálise, a família é o lugar onde o drama edípico se realiza, onde o sujeito se constitui em um cenário que estão presentes, não propriamente o pai, a mãe e o filho, mas o sujeito, o grande Outro, o objeto "a" e o operador fálico que movimenta a estrutura [...] é nessa cena que se constitui o sintoma que revela a transmissão inconsciente: a verdade de gozo do par parental, bem como, em alguns casos, também a captura do sujeito na fantasia da mãe. (MACHADO, 2015, s/p).

Em consequência disso, nota-se que o cenário familiar de Schreber revela uma relação ao sofrimento psíquico causados pela posição abusiva de seu pai, a saber, que Schreber esteve na posse de um pai tirânico e insolente, que praticava incansáveis tentativas de controle, demarcação e invasão sobre o corpo daquele, colocando-o na posição de objeto de seu desejo.

Assim, se o pai de Schreber se utilizava da figura de Deus para atingir os seus propósitos, contribuindo para com o aperfeiçoamento da obra de Deus na criação de um novo homem, tais ideais, curiosamente, aparecem nesta solução de Schreber, cuja metáfora delirante o coloca na posição de "mulher de Deus", que cópula com o criador visando à geração de uma nova raça de homens.

Quanto a tal, Carone (1984, p. 8) esclarece que:

> Para Daniel Gottlieb Moritz Schreber, [...] a retidão do espírito era fruto do aprendizado precoce de todas as formas de contenção emocional e da supressão radical dos chamados sentimentos imorais, entre os quais naturalmente todas as manifestações da sexualidade. "Poucas pessoas cresceram com princípios morais tão rigorosos como eu e poucas [...] se impuseram ao longo de toda sua vida tanta contenção de acordo com estes princípios, principalmente no que se refere à vida sexual [...].

Se não bastassem tais acontecimentos aqui citados, Schreber fora impedido pela corte de exercer o seu direito de cumprir a sua civilidade, a sua atividade profissional, bem como da autonomia sobre a administração de seus bens. Tais situações levaram Schreber a impugnar a corte a seu favor, e estabeleceu um processo judicial ocupando-se pessoalmente de todos os trâmites referentes aos seus direitos. Isso posto, Schreber demonstrou possuir inteligência, capacidade de raciocínio, capacidade de ação, memória conservada e discurso claro, com o que conseguiu requerer a reintegração de seus bens e igualmente o seu posto no Tribunal de Justiça. Temos aqui a estabilização delirante de Schreber, trabalho psíquico intenso e doloroso.

Assim, levantados aqui alguns elementos que dizem respeito à biografia de Schreber, em especial ao cenário familiar diante da posição de excessiva autoridade de seu pai, passemos à entrada da psicose em Schreber, consequência da falha parental.

O pai e a entrada de Schreber na psicose

É sabido que Freud (1911-1913) revelou, por meio de correspondências enviadas a Fliess, o seu interesse sobre o fenômeno da psicose, tendo em vista que, ao se dispor a analisar o texto autobiográfico narrado por Schreber, inevitavelmente viabilizou a abertura para outros fascinados pelo assunto a desvelar um tema de tamanha complexidade, assim como instrumentalizou Lacan (1955-1956), que, mesmo antes de ler Freud e Schreber, já fora fisgado pela enigmática psicose.

Aliás, constata-se, que ao perpassar a trama de Schreber, observa-se uma história do "real" notadamente perspicaz quando retrata em seu texto a sua psicopatologia própria, em que algo da sua formação subjetiva que não passou pelo campo do simbólico e não constituiu uma representação:

"o que fora rejeitado (do interior) do simbólico, retorna no (exterior) no real" (LACAN, 1985, p. 158).

Ademais, Schreber aponta em sua obra os seus mecanismos delirantes, alucinatórios, engajados numa

> [...] expressão de sua conflitiva corporal: com queixas de amolecimento do cérebro, crença de estar morto com a certeza de seu corpo estar em estado de decomposição, delimitando o corpo como objeto de horrores em nome de um intuito sagrado. (MOURA; ZANOTTI, 2016, p. 45).

Ainda, Lacan (1955-1956, p. 73), no Seminário 3, *As psicoses*, faz alusão ao "funcionamento do inconsciente a descoberto", o Inconsciente a céu aberto, ao que está no "real" na sua impossibilidade de simbolização.

Ao fazer alusão ao funcionamento da psicose, Minerbo (2013), aponta a distinção entre a Psicose e a Neurose, para melhor compreensão sobre o assunto. O autor assinala que a psicopatologia psicanalítica pontua a psicose como oriunda da ruptura com a realidade, enquanto a neurose conserva esse vínculo. Por assim dizer, enquanto na Neurose há o recalcamento, na psicose há a rejeição do Nome-do-Pai, que seria "a perda primeira da realidade a renegação (Verleugnung)" (KAUFMANN, 1996, p. 370), a identificar-se ainda na psicose, sintomas relacionados às angústias e às defesas primitivas. Todavia, Kaufmann (1996) alude que esse tipo de funcionamento psicótico pode ser reconhecido também em outras estruturas psíquicas.

> Para Lacan a psicose é um drama no coração do simbólico. Um drama encravado aí nesse centro estilhaçado, lugar único e múltiplo, encruzilhada onde se topam o sujeito e o significante, zona de encontro onde se realiza o que, para o falante, é da ordem do possível. (SANTOS, 1991, p. 9).

Partindo da premissa da possibilidade de uma lei simbólica transmissível, Freud (1894-1896), em "As neuropsicoses de defesa", considerou a Neurose Histérica o campo privilegiado de suas investigações. Entretanto, mesmo diante da dedicação em relação à Neurose Histérica, esta não fora impedimento para a realização de investigações em torno das particularidades inconscientes no que se refere ao funcionamento do mecanismo psíquico da paranoia e suas implicações no corpo, o que levou Freud a conhecer o funcionamento do sujeito psicótico, que é convocado a construir um corpo valendo-se de uma metáfora delirante, entre outros tipos de invenções.

Sabe-se ainda que, em relação à Neurose, a lei simbólica será transmissível ocupando o lugar de anuência; e Lacan (*apud* GUERRA, 2010) salienta que a entrada da lei paterna, assim dizendo, do Nome-do-Pai, é a lei que veda, é o "pai que ao mesmo tempo, proíbe e dá, interdita e consente" (GUERRA, 2010, p. 46). Guerra (2010), evidencia a lei que se constitui enquanto autoridade fundamental no processo de castração, no interdito do incesto, para a instauração da metáfora paterna congruente ao processo simbólico faltoso que introduz o sujeito no desejo.

> A metáfora paterna tem a função de selar a proeminência do simbólico sobre o imaginário e o real, colocando um limite e organizando o campo simbólico. Ela instaura o símbolo do pai totêmico por meio de uma repetição simbólica da cena da horda primitiva que marca sua morte e sua incorporação. Tendo que a metáfora paterna é o mecanismo que passa a operar a partir de e como repetição do mito do pai da horda, nada mais lícito do que nos debruçarmos sobre esta aproximação. (BARBOSA, 2020, p. 33).

Ademais, Silva e Castro (2018, p. 55) apontam observações importantes sobre as distinções e aproximações que Freud destacou entre a Neurose e a Psicose:

> [...] ambos são modos de se haver com a realidade psíquica onde há perdas nesses dois modos de constituição. Para Freud, a neurose é resultado dos conflitos entre o ego e o id, ao passo que a psicose diz respeito ao conflito entre o ego e o mundo externo. Nesses conflitos, tanto para a neurose quanto para a psicose, haverá perdas; porém, perdas diferenciadas. Freud ensina que na neurose a perda é relativa ao id, por isso a perda se dá na dimensão pulsional relativa ao desejo. Na psicose, no entanto, a perda é relativa ao mundo externo, por isso é uma perda na dimensão simbólico-social [...].

Dando prosseguimento à entrada da lei paterna, Guerra (2010) elucida-a como sendo do significante sobre o significante introduzido na função materna primária, da autoridade que autoriza, que submete tanto a mãe quanto o filho a uma abertura do sujeito desejante a outro objeto que não seja o interditado pelo pai. Eis a possibilidade de subjetivação da falta, o que viabiliza a emergência do sujeito inconsciente na criança.

Ao proferir a possibilidade de uma lei simbólica transmissível que introduz o sujeito no desejo e na simbolização da falta, será articulado aqui o saber sobre o que leva à impossibilidade de uma lei intransmissível acerca do sujeito. Temos Freud (1894-1896) às voltas com a psicose já no momento que cita a *Verwerfung*, o que deu origem posteriormente, em Lacan (1955-1956/2010, p. 369-370), à Foraclusão: aqui, em vez de se servir da metáfora paterna, o psicótico é convocado à construção da metáfora delirante, como um significante que surge para ocupar o lugar em que a metáfora paterna falhou (CELANI; LAUREANO, 2010, p. 79).

Ao tratar sobre o estado psicótico, Nasio (2001, p. 36) enfatiza a utilização de mecanismos de defesa do Eu pelo psicótico. Entre os mecanismos da psicose, está a rejeição violenta da representação irreconciliável determinada pela Foraclusão, sendo a psicose uma doença de defesa. Destarte, aponta-se que na Foraclusão "o eu expulsa para fora uma ideia que se tornou intolerável para ele, demasiadamente investida, assim, separa-se também da realidade externa da qual essa ideia é a imagem psíquica" (NASIO, 2001, p. 36).

Além disso, Lacan (1999, p. 171) aponta uma questão relevante, qual seja, a de que "não existe o Édipo quando não existe o pai, e, opostamente, falar do Édipo é introduzir como essencial a função do pai". Acrescenta: "a função do pai no complexo de Édipo é ser um significante que substitui o primeiro significante introduzido na simbolização, o significante materno". Lacan (1999, p. 180), à vista disso, salienta que o significante advindo da função paterna será denominado de significante do Nome-do-Pai ou metáfora paterna.

Contudo, se a operação *supra* é fundamental para a entrada do sujeito falante no discurso, Miller (2014, p. 9) indica que o pai do presidente Schreber constitui uma "falsa paternidade, a paternidade patogênica", condizente com a inexistência da função paterna. Pode-se apreender que:

> Na impossibilidade de admitir o particular do desejo no outro sexo, o pai destrói, na criança, o sujeito sob o outro do saber. Daí, o pai, o falso pai, pressiona essa criança, cada vez mais, a encontrar refúgio na fantasia materna, a fantasia de uma mãe negada como mulher. (MILLER, 2014, p. 9).

Por conseguinte, temos em Schreber um pai que, por si só, não quis saber do estabelecimento de uma lei articulada ao desejo, um pai caprichoso, e essa inexistência da função paterna evidencia-nos um contexto familiar perturbado. Aqui não é por demais lembrarmos que, pelo que parece, a mãe de Schreber também falha em buscar no pai o falo, significante do desejo. Resta um pai invasor e hostil, e a criança responde mansamente a tal lugar como sendo objeto eletivo de desejo do pai.

Mediante o exposto, vale considerar que Schreber, não à toa, privou-se de quereres e desejos mediante um pai que somente desautorizava. Assim, se Freud (1913-1996), em "Totem e tabu", afirma que a função paterna adequada seria aquela que operaria nas relações enquanto agente organizador das relações parentais, no que toca ao pai de Schreber, chama atenção sua proximidade com o pai mítico, cuja posição de exceção à castração coloca seus filhos e mulheres à mercê de seu gozo avassalador.

Constata-se aqui um marco histórico propiciado pela leitura de Freud e Lacan em torno do caso Schreber, que contribui significativamente para o avanço da clínica psicanalítica nas psicoses. Dessa maneira, se Lacan realiza uma revisão do caso Schreber em seu Seminário 3, *As psicoses*, este, ao analisar o discurso de Schreber, deduz que a paranoia não seria uma defesa contra a homossexualidade, como constatou Freud. Traz à tona a rejeição, a Foraclusão do Nome-do-Pai enquanto mecanismo característico da psicose diante da castração.

Deste modo, trata-se, como aponta Severo (2002), da constituição da psicose estando na falha parental, na lei paterna que não se instaurou, que não se cumpriu como deveria. Em suma, fora apresentada nos escritos a mãe, que fora apagada da sua função, função essa que não instituiu a lei, a proibição, o que autoriza e desautoriza, para que assim fosse estabelecido o processo de entrada do pai na relação. Temos a criança no lugar primeiro do desejo da mãe, não realizando, assim, no seu Inconsciente, a inscrição da lei.

Portanto, "a loucura surge primeiro por a mãe ser uma mãe desejante e não mulher desejante (torna o/a filho/a alvo primeiro de seu desejo) e a posteriori, pelo pai que torna o/a filho/a alvo primeiro de seu desejo" (SEVERO, 2002, p. 379). Assim dizendo, no pai gozador de Schreber, não há transmissão de uma lei articulada ao desejo, quem parece fazer do filho objeto de seu fetiche, fetiche que não se endereça à mulher enquanto objeto causa de seu desejo. Eis a falta, por assim dizer, a falha do Nome-do-Pai, que não opera no sujeito em questão; por conseguinte, em nosso entendimento, a causa de sua psicose.

Considerações finais

Em virtude dos fatos mencionados, nota-se que a obra de Schreber não passa desapercebida por Freud e Lacan. Assim, se o psicanalista vienense introduz a *Verwerfung*, colocando a paranoia como defesa contra a homossexualidade, Lacan faz alusão à entrada de Schreber na psicose, na elaboração da questão da Foraclusão do Nome-do-Pai, valendo-se de uma releitura atenta da proposta freudiana.

Eis os aspectos fundamentais de que nos servimos, de forma breve, neste artigo, a fim de que pudéssemos sustentar a hipótese do lugar que o pai de Schreber teve no tocante à estruturação psíquica deste. Afinal, se a função paterna articula o desejo à lei, fazendo a transmissão de um ideal, no caso de Schreber, seu pai, ao se colocar com um interesse particularizado diante dos seus filhos, tenta comprovar seu abusivo método pedagógico-ortopédico.

Pareceu-nos falhar no que toca à humanização de um desejo que aparecerá em uma vertente caprichosa e não dialetizável. Quanto a tal, Miller, em seu precioso texto "A criança entre a mulher e mãe", observa:

> A função feliz da paternidade é ao contrário, a de realizar uma mediação entre as exigências abstratas da ordem, o desejo anônimo do discurso universal, de um lado, e o que decorre, para a criança, do particular do desejo da mãe. É o que Lacan chegou a nomear com uma expressão que tentei, sem conseguir, até o presente, apreender exatamente, mas que, agora, penso ter conseguido: é o que ocorreu a Lacan chamar de "humanizar o desejo". (MILLER, 2014, p. 9).

Eis Schreber diante de uma lei implacável, cuja solução teve como conteúdo principal a ideia delirante de se tornar a mulher de Deus a fim de que uma nova raça de homens fosse gerada do ato da cópula. Mais que mera coincidência com o ideal paterno, cujo fim último, de seu estranho método corretivo, também visava à produção de um novo homem.

Referências

BARBOSA, K. **De Jakobson a Lacan**: a construção da metáfora paterna. Rio de Janeiro: Ed. Ágora, 2020.

CARONE, M. Da loucura de prestígio ao prestígio da loucura. *In*: SCHREBER, D. P. **Memórias de um doente dos nervos**. Rio de Janeiro: Edições Graal, 1984.

CELANI, P. G. Da foraclusão do nome-do-pai: a leitura lacaniana de Schreber. **Universitas**: Ciências da Saúde, Brasília, v. 8, n. 1, p. 79-109, 2010.

FREUD, S. (1894). As neuropsicoses de defesa. *In*: FREUD, S. **Edição standard brasileira das obras psicológicas completas de Sigmund Freud**. Rio de Janeiro: Ed. Imago, 1996.

FREUD, S. (1911-1913). O caso Schreber, artigos sobre técnica e outros trabalhos. *In*: FREUD, S. **Edição standard brasileira das obras psicológicas completas de Sigmund Freud**. Rio de Janeiro: Ed. Imago, 1996. v. 12.

FREUD, S. (1923-1926). O ego e o id e outros trabalhos. *In*: FREUD, S. **Obras completas**: edição standard brasileira das obras psicológicas completas de Sigmund Freud. Rio de Janeiro: Imago, 1996. v. 19.

GUERRA, A. M. C. **A psicose**. Rio de Janeiro: Ed. Zahar, 2010.

KAUFMANN, P. **Dicionário enciclopédico de Psicanálise**: o legado de Freud e Lacan. Rio de Janeiro: Ed. Jorge Zahar, 1996.

LACAN, J. (1955-1956). **O seminário, livro 3**: as psicoses. Rio de Janeiro: Ed. Jorge Zahar, 1985.

LACAN, J. (1956-1957). **O seminário, livro 4**: a relação de objeto. Rio de Janeiro: Ed. Jorge Zahar, 1995.

LACAN, J. **O seminário**: as formações do Inconsciente. Rio de Janeiro: J. Zahar, 1999.

MACHADO, Z. **A família está viva! Uma abordagem psicanalítica.** IBDFAM. Instituto Brasileiro de Direito de Família. Disponível em: https://ibdfam.org.br/artigos/1047/A+familia+est%C3%A1+viva!+Uma+abordagem+psicanal%C3%A-Dtica. 2015. Acesso em: 12 abr. 2022.

MILLER, J.-A. A criança entre a mulher e a mãe. **Opção Lacaniana online nova série**, ano 5, n. 15, p. 1-15, nov. 2014.

MINERBO, M. **Neurose e não neurose**. 2. ed. São Paulo: Casa do Psicólogo, 2013.

MOURA, G. C.; ZANOTTI, S. V. A hipocondria de Schreber: uma inflação narcísica? **Tempo Psicanalítico**, Rio de Janeiro, v. 48.1, p. 45-64, 2016.

NASIO, J.-D. **Os grandes casos de psicose**. Rio de Janeiro: Ed. Zahar, 2001.

SCHREBER, D. P. **Memórias de um doente dos nervos**. Rio de Janeiro: Graal, 1984.

SEVERO, C. G. Análise de práticas discursivas em torno da loucura. *In*: **Anais ENCONTRO DO CELSUL**, 5, 2002, Curitiba. 2002.

SILVA, B. S.; CASTRO, J. E. A construção do conceito de psicose de Freud a Lacan e suas implicações na prática clínica. **Analytica**, São João del-Rei, v. 7, n. 13, jul./dez. 2018.

QUAL O LUGAR DO PSICANALISTA NO SISTEMA PRISIONAL?

Rafael Pereira Gomes

Antes de entrarmos em nossa questão central, que é a respeito do lugar do Psicanalista no sistema prisional, vejamos como se deu o surgimento das prisões. Neri (2007, p. 6) afirma que:

> [...] os séculos XVII e XVIII marcaram uma transição nos modelos de aplicação de penas, que, embora severas, não evitaram que a criminalidade alcançasse o patamar de insustentável. A prisão como a conhecemos hoje, surge entre os séculos XVIII e XIX, com as reformas institucionais e da sistemática penal, realizadas no período anterior e defendidas pelo jurista italiano Cesare Beccaria (1738-1794). O princípio básico da criação da prisão era humanizar as penas aplicadas aos criminosos.

Neri (2007) assinala ainda que os princípios da legalidade dos crimes e das penas constavam no centro das reformas, ou seja, a discussão central começou a girar em torno do reconhecimento da cidadania do prisioneiro, lógica esta que subverte a questão da punição em detrimento de uma humanização na forma de tratamento ao preso.

As prisões foram criadas para proteger a sociedade daqueles que lhe causam prejuízos e podem vir a reincidir em tais ações. Tornaram-se, segundo Foucault (1973 *apud* NERI, 2007) a modalidade principal de punição do século XIX e foram incorporadas no imaginário social, através da ideia, ainda que ilusória, de segurança e proteção. Ou seja, o cárcere teria uma função apaziguadora em termos de responsabilidade social sobre a existência da criminalidade.

Nota-se expressiva evolução no sentido de que a ideologia de repressão ao encarcerado no Sistema Prisional brasileiro vem sendo superada. Hoje, além das equipes de Policiais Penais, temos a presença de técnicos que formam equipes de Atendimento em Saúde e Atenção Psicossocial dentro das penitenciárias e presídios no Estado de Minas Gerais. Estas equipes são formadas por psicólogos, assistentes sociais, médicos clínicos gerais e psiquiatras, enfermeiros e técnicos em enfermagem, farmacêuticos, pedagogos, entre outros. Em nossa experiência temos desenvolvido projetos que favorecem o emergir de efeitos subjetivos: atendimentos individuais e de grupo, exibição de filmes para debate, confecção de artesanatos, oferta de estudos fora da Unidade Prisional, oportunidades de trabalho intra e extra-muros, novas parcerias desenvolvidas a partir de um trabalho que ocorre na rede municipal de saúde, envolvendo: Centros de Atenção Psicossocial (CAPS), Policlínica Municipal e, sobretudo a aproximação dos familiares dos sujeitos em cumprimento de pena. Todos esses projetos favorecem o rompimento de preconceitos em relação a estes sujeitos.

As primeiras tentativas de um trabalho psicossocial com os detentos no contexto das prisões se deu pela inserção da Psicologia e do Serviço Social nas unidades prisionais, sendo que as discussões sobre as possíveis contribuições da Psicanálise são mais recentes.

Em Psicanálise o campo de pesquisa é a clínica e no presente artigo especificamente a clínica psicanalítica no sistema prisional. Segundo Amancio (2012, p. 45),

> [...] pesquisar no campo da psicanálise será tomar a clínica como campo de pesquisa. É a clínica a forma de acesso ao sujeito do inconsciente e por esta razão ela será sempre o campo de pesquisa. É que o pesquisador a partir do lugar definido no dispositivo analítico como sendo um lugar que fará basculharem o lugar do analista com o do analisante, vai fazer operar a escuta, escuta analítica que não será guiada pelas qualidades de valor da consciência, mas pela atenção flutuante orientada por Freud. Na clínica será necessário pressupor o ato analítico e o desejo do analista.

Freud (1987), a partir de sua clínica, identifica uma possível explicação a respeito das pessoas criminosas em consequência de um possível sentimento de culpa. Para o autor, o trabalho analítico trouxe:

> [...] a surpreendente descoberta de que tais ações eram praticadas principalmente por serem proibidas e por sua execução acarretar, para seu autor, um alívio mental. Este sofria de um opressivo sentimento de culpa, cuja origem não conhecia, e, após praticar uma ação má, essa opressão se atenuava. Seu sentimento de culpa estava ligado a algo. (FREUD, 1987, p. 347).

Para Freud (1987), a relação desta culpa que antecede a prática do delito em si, se deve a um desejo de exterminar o pai e assim ter relações sexuais com a mãe, ou seja, o resultado de seu trabalho analítico foi mostrar que o sentimento de culpa advinha de questões relacionadas ao complexo de édipo.

Somos provocados, na escuta psicanalítica no contexto do sistema prisional, a inferência de que muitos detentos poderiam apresentar em sua constituição psíquica, a falha na operação do Nome do Pai. O lugar do Psicanalista em uma possível clínica no contexto do Sistema prisional, seria então o lugar para trabalhar não com a culpa advinda do delito cometido, mas com a dimensão culposa que o antecede. Também o lugar do Psicanalista seria o lugar de trabalhar a atualização da lei e do limite.

Freud (1987) assinala que "a preexistência do sentimento de culpa e a utilização de uma ação a fim de racionalizar esse sentimento cintilam diante de nós nas máximas de Zaratustra – sobre o criminoso pálido". Tal afirmação freudiana remete-nos a considerar a questão da reincidência do crime, visto que muitos detentos após cumprirem sua pena retornam para o presídio a partir do mesmo delito. A reincidência na prática delituosa nestes casos estaria relacionado ao fato da utilização de uma nova ação do neurótico a fim de racionalizar a culpa. Já para o perverso não existe esta possibilidade, visto que o mesmo não sente culpa.

Para Elia (1995, p. 40),

> [...] a culpa, ou o *sentimento de culpa* precede, assim, o ato delituoso, cuja função é propiciar um alívio deste sentimento, tão mais pesado e opressivo quanto menos ligado a uma representação simbólica. É impossível não enxergar nesta análise de Freud a incidência do que Lacan designará como o registro do *real* enquanto impossível a simbolizar, como o que escapa à representação operada pelo simbólico.

O crime se liga à culpa, que se encontrava solta, sem ligação. Freud (1987) mostra que todos os sujeitos são passíveis de cometerem delitos em suas vidas e não somente alguns.

Ainda segundo Elia (1995, p. 45):

> [...] temos indefectivelmente a tendência a pensar que a culpa *decorre* do delito. Cometi uma má ação, um delito, então me sinto culpado. De quê? Desta ação, dos danos que ela causou a outrem, por exemplo. Pois bem, não é assim. Freud nos faz ver exatamente o contrário: Sentia-me culpado. De quê? Não sei, e é justamente esta a questão: não sei e não consigo saber, não há representação simbólica, trilhamentos ideativos, *vinculação psíquica*, da culpa. Cometo então um delito, este

> sim, representável nos códigos sociais e simbólicos humanos, valorado, significado, situável num enquadramento de atos humanos. Resultado: experimento então um alívio, e não uma sobrecarga na culpa, porque agora posso *ligá-la* a algo.

Como vemos, o lugar do psicanalista no sistema pressupõe, também, intervir a partir de tal culpa do sujeito, mas não uma culpa em detrimento do ato delituoso, mas ao que antecede ao ato. Mais um motivo para não ocuparmos o lugar daqueles que fazem valoração do criminoso e nem ouvir o sujeito a partir do delito cometido.

O Psicanalista trabalha com a aposta de emergência do sujeito do inconsciente, a partir da singularidade de casa caso. Observamos certas particularidades acerca da linguagem do detento dentro do sistema prisional através da sua fala durante os atendimentos, como por exemplo, o uso frequente de gírias. Nas palavras de Elia, "O inconsciente não é racional ou intelectual, ele fala de todo mundo, a língua corrente, seu verbo é o *verbo comum*" (ELIA, 1995, p. 30).

Cabe ao Psicanalista tomar as palavras, inclusive as gírias, como significantes. Os detentos possuem o costume de solicitar atendimentos por escrito, o que na linguagem deles denominam como "pipas". A pipa precisa ser tomada pelo Psicanalista de maneira singular, ou seja, a partir de cada sujeito:

> [...] o acoplamento entre significante e significado conduziria necessariamente à produção de significações unívocas, e o sujeito, como efeito da linguagem, estaria reduzido a uma significação já contida ou indicada no próprio nível do significante (ELIA, 1995, p. 31).

Como psicanalistas, escutamos o sujeito do inconsciente e não a explicação de um comportamento socialmente definível como criminoso ou a partir de fatores explicativos de natureza social, pois se ouvirmos a partir desta referência vamos ao encontro do sujeito da ciência clássica e não do sujeito da psicanálise. Para a ciência o discurso é analisado a partir da causalidade dos fenômenos, ou seja, fazendo equiparações entre causa e efeito. Nem tampouco ouvimos a partir do ponto de vista onde o criminoso é uma "vítima" de sua infância. Não intervimos a partir de uma concepção "sociologista", onde se priorizam os efeitos dos fatores sociais como determinantes do delito e assim o criminoso é uma "vítima" da sociedade em que viveu.

O lugar do Psicanalista é um lugar de escuta sem um saber a priori acerca do sujeito. Como nos mostra Lacan (1953-1954, p. 317) em seu ensino, trata-se de estarmos numa posição de uma *ignorância douta.*

A clínica psicanalítica no sistema prisional como em qualquer outro lugar ocorre a partir do discurso de cada sujeito, ou seja, no um a um. Como Psicanalistas não podemos responder de um lugar que busca generalizações na escuta de cada sujeito que cumpre sua pena.

Segundo Elia (1995, p. 87)

> [...] é pela inclusão do sujeito do inconsciente no campo do saber que a psicanálise rompe com as duas formas [...] de explicação do ato criminoso, a psicologista e a sociologista. Não é por levar ou não em conta os elementos da realidade social do sujeito que este rompimento se dá, porquanto estamos sustentando que a psicanálise rompe igualmente com o psicologismo, que reivindica levar em conta os elementos supostamente subjetivos (vida infantil, familiar, experiências emocionais, etc.), mas na verdade individuais, do sujeito.

Verificamos que muitas vezes no sistema prisional, detemo-nos a seguir rigorosamente os termos de classificação, que são termos que priorizam estes aspectos ditos do psicologismo. Trata-se enquanto Psicanalistas de priorizar a associação livre conforme nos ensina Freud, de possibilitar um espaço para que o sujeito fale a partir de suas demandas e de seu desejo e não simplesmente participe de um interrogatório com perguntas pré-estabelecidas. Existe uma impossibilidade de que a psicanálise fale do sujeito sem ouvi-lo, ou seja, é o sujeito o único que pode dizer, não em qualquer condição pré-estabelecida, mas no dispositivo analítico, constituído por Freud como único método de se obter este saber e esta verdade produzidos pelo sujeito. Já nos aponta Elia (1995, p. 60) que "qualquer teoria que tenha como propósito explicar os atos de um sujeito por ele, em seu lugar, elimina este lugar, o que equivale a dizer – e para isto basta ler esta frase ao pé-da-letra – elimina o sujeito do campo do saber."

Constatamos que a dificuldade de nossa parte em ouvir o detento está na resistência do próprio Psicanalista.

Neri (2007, p. 20) afirma que

> [...] o sistema penitenciário revela sua face de horror através da convivência entre os indivíduos que com ele se relacionam. Os diferentes tipos de unidade penal têm especificidades que exigem posicionamentos e soluções diferenciadas de acordo com as necessidades dos internos. Há unidades onde

a demanda de pareceres psicológicos, como parte de exames criminológicos, é intensa. Isso dificulta a oferta de outras possibilidades de atendimento.

Os detentos possuem uma visão acerca dos técnicos, inclusive do psicanalista, como aquele que está somente para conceder um laudo para possíveis benefícios ou progressão de regime. O lugar do Psicanalista é o lugar de buscar esvaziar a atribuição de saber e poder que muitas vezes é endereçada pelos detentos a ele e aos outros técnicos.

Bom exemplo disso é o Plano Individual de Ressocialização (PIR), onde cada técnico expressa seu posicionamento acerca das questões que envolvem o detento. A direção é que o profissional de saúde tenha uma proposta de trabalho a ser aplicada com o detento. Porém, assinalamos com a psicanálise que o Psicanalista não deve demandar nada ao sujeito, ou seja, elaborar o PIR só pode funcionar se forem levadas em conta as questões subjetivas de cada sujeito. Se no PIR são colocados apenas aspectos a serem trabalhados com os detentos como possibilidades futuras, habilidades sociais, vínculos familiares, caímos na idealização do sujeito. Portanto cada atendimento é único e em cada um devemos fazer a suspenção de nossos saberes para dar lugar à construção do saber que vem do sujeito.

Levantamos a questão de como fica a possibilidade do emergir das questões inconscientes dos detentos se o discurso dos mesmos está marcado pela necessidade de criar uma imagem social positiva para que seu laudo seja favorável? Espera-se que como Psicanalistas possamos promover o furo na instituição. Provocar o furo é passar de uma atitude institucional que prioriza a reabilitação social para uma atitude que priorize o tratamento dos sintomas e que leva em consideração o discurso do sujeito.

Segundo Tenório (2001 *apud* AMANCIO, 2009, p. 80), "as propostas de reabilitação, e em um aspecto mais geral, a própria psiquiatria oficial, abdicam do tratamento dos sintomas através da exclusão da clínica e acolher o psicótico sem levar em consideração o discurso é afirmar o modelo de exclusão e isolamento do manicômio". Concordamos com esta afirmação. No sistema prisional é colocado como ideologia principal a ressocialização. Porém, como Psicanalistas não poderemos responder deste lugar, visto que não trabalhamos a partir de nenhuma garantia.

O PIR deve, a partir da Psicanálise, possibilitar aos sujeitos, implicar-se com suas questões e no delito, levando a responsabilização deste sujeito e a uma possibilidade de retificação subjetiva. Só assim o sujeito pode passar da queixa e da culpa para outra posição que não aquela que vê o delito e sua permanência na prisão como um equívoco. É pela retificação subjetiva que o sujeito que cumpre sua pena pode passar de uma posição poliqueixosa para se haver com suas questões.

Exige-se que o técnico tenha que ter uma proposta de trabalho com todos os detentos, mas nem sempre existem demandas para isso. O fato de estar encarcerado nem sempre implica em demandas para acompanhamento psicanalítico. Percebemos que muitas vezes os técnicos atendem a demanda institucional que determina a periodicidade dos atendimentos, até como uma exigência a ser seguida. Tal fato não vem de encontro à proposta da Psicanálise, visto que o psicanalista deve identificar a periodicidade dos atendimentos individuais a partir da clínica, da escuta do sujeito.

A Psicanálise não trabalha a partir das especializações. Não é como especialistas que desenvolveremos nosso trabalho no sistema prisional. O lugar do psicanalista é o de interrogar os saberes que propõe uma concepção prévia ou um certo enquadramento acerca de cada detento, porém tal concepção não impossibilita o trabalho interdisciplinar e em equipe.

O PIR também deve considerar a direção da desespecialização, ou seja, o lugar do Psicanalista será o lugar de não especialista dentro da equipe multidisciplinar que inclui as reuniões da Comissão técnica de classificação (CTC).

Identificamos que a instituição prisional, por vezes, realiza certa valoração do sujeito a partir do delito ou delitos cometidos. Tal prática de valoração compete aos Meritíssimos Senhores Juízes de Direito e não aos diretores, policiais penais, técnicos e demais funcionários dentro do Sistema Prisional. Por vezes, pode ocorrer que o técnico de forma consciente ou inconsciente também faça valoração dos detentos, qualificando o sujeito a partir do crime cometido. Não cabe ao psicanalista valorar o sujeito a partir do delito cometido, mas tomá-lo com um sujeito sem qualidades; ou seja, despojar o sujeito de toda e qualquer qualidade é uma condição sem a qual não se funda o sujeito do inconsciente (AMANCIO, 2012).

Outro ponto que queremos destacar é a questão transferencial. O que percebemos em nossa prática é a presença de sentimentos por parte do profissional que atende os detentos tais como receios, medo, disposição das salas de atendimento a dificultar possíveis reações hostis dos detentos, a vigilância dos policiais penais durante os atendimentos, o uso de algemas etc. Citamos como exemplo o desconforto que é por vezes atender detentos que cometeram assassinatos.

Em contrapartida experimentamos certo alívio quando atendemos um detento que está na prisão por pensão alimentícia, o que em nosso imaginário estaríamos mais garantidos de não sermos reféns ou de sofrer algum mal. Detectamos que muitas vezes víamos um detento de maneira mais positiva, no sentido moral, do que um outro e que isto nos deslocava do lugar de Psicanalista que não deve ter um saber a *priori* ou valorações como: detento de alta periculosidade ou não, pobre ou rico, traficante ou associado ao tráfico etc.

Outro ponto que tem a ver com questões transferenciais é o temor em nos tornarmos "moeda de troca" diante da possibilidade de um motim ou de sermos feitos reféns. Tais questões só poderão ser trabalhadas através da *psicanálise em intensão* de cada técnico do Sistema prisional.

Um outro aspecto sobre a transferência diz respeito ao fato de que o Psicanalista não deve responder de maneira dual a, por exemplo, alguma manifestação de hostilidade ou de resistência ao tratamento por parte do sujeito que cumpre pena, mas possibilitar que o sujeito possa prosseguir falando. Em nossa prática identificamos que muitas vezes estabelecemos a periodicidade dos atendimentos de alguns casos como sendo trimestral. Identificamos que tal periodicidade foi uma tentativa de criarmos um certo distanciamento em relação ao sujeito.

As questões transferenciais podem ser pensadas também a partir do que disse Freud sobre o crime. A possibilidade de um crime passa por qualquer sujeito e admitindo isso o Psicanalista pode lidar melhor com as questões transferenciais.

> [...] não são *certas* pessoas, as pessoas pouco respeitáveis, que cometem delitos, mas *todas* as pessoas, mesmo as respeitáveis. Forma elegante de dizer o que, de outra forma – certamente mais pobre – dir-se-ia assim: "o sujeito humano, falante, por razões de estrutura, que circunscrevem sua relação com a lei simbólica, a lei do pai e do Édipo, cuja falha estrutural produz um furo na sua organização simbólica, que se expressa pelos afetos da *culpa* ou da *angústia*, (sua variante tópica), é sempre passível do ato delituoso, e efetivamente o comete" (FREUD, 1987, p. 234).

O lugar do psicanalista dentro da Instituição Prisional é o lugar da desburocratização da instituição, ou seja, sair da atuação pautada unicamente nas classificações, nos papéis e demandas da instituição frente às demandas do sujeito. Se o detento deseja ser atendido devemos assumir o lugar de

APLICADA OU IMPLICADA: QUAL PSICANÁLISE PARA A CIÊNCIA?

colocarmos o sujeito diante disso, ou seja, intervir através do questionamento ou do motivo de tal decisão por parte do sujeito e não intervir a partir dos sentimentos que poderão ser despertados ou da solicitação da assinatura de um termo assumindo as responsabilidades da recusa do atendimento. Identificamos muitas vezes que há um certo conformismo de nossa parte, afinal de contas é menos um "criminoso" para ser atendido.

Nota-se que a resistência é do psicanalista. Partindo do Ensino de Lacan, podemos conceber tal resistência relacionada a uma transferência negativa por parte do Psicanalista, que por vezes usa de tais situações para a evitar o sujeito detento. Quando o Psicanalista entra com sua pessoa, não possibilita a direção do tratamento. Um Psicanalista é um lugar, uma função e não um cargo, uma profissão e só pode dispor de sua escuta, escuta esta que não se dá a partir de uma relação dual.

A *Psicanálise em intensão* é uma forma de tratamento psicanalítico em sentido estrito, mas que se exerce em dispositivo diverso do dispositivo freudiano clássico, ou seja, o Psicanalista em sua poltrona e entre quatro paredes e o analisante. Amancio (2012) aponta a experiência de vários pesquisadores que a relação Psicanalista- analisante se estabelece efetivamente em uma clínica institucional cujo funcionamento é o dispositivo psicanalítico entre muitos. Constatou-se que havia: demanda de uma intervenção estritamente analítica, houve condições e disponibilidade do técnico para dar uma resposta adequada a esta demanda e houve relação identificável como Psicanalista-analisante destacada do fundo coletivo entre muitos. Além disso, foi corroborado que o dispositivo psicanalítico ampliado entre muitos pode ser considerado *stricto sensu* psicanalítico. O discurso da psicanálise é a proa do trabalho. É neste sentido que faremos a verificação dos efeitos da psicanálise com muitos no Sistema prisional.

De acordo com o referencial bibliográfico, o lugar do Psicanalista no sistema prisional deve ser o lugar onde o dispositivo analítico como aquele que se estende a toda a unidade prisional, pois o dispositivo não será unicamente o consultório do Psicanalista, ou seja, o dispositivo criado por Freud não se confunde com configurações de espaço. É possível fazer da sala de artesanatos, da horta e dos demais espaços, lugares onde possa operar também o dispositivo analítico (AMANCIO, 2012).

Segundo Goffman (2001), as prisões são locais de segregação, onde a secularização, a vigilância e a regulação do tempo e das atividades auxiliam na implantação e manutenção de um controle quase que absoluto dos indivíduos. A lógica subjacente articula confinamento e reintegração social.

Do lugar de psicanalista que não demanda ao paciente coisa alguma, não cabe, portanto, demandar a ressocialização ou humanização para os sujeitos ou ainda querer o bem do sujeito. Tomamos como exemplo os casos clínicos onde os detentos queixam-se da ausência da família. Neste sentido nos precipitávamos diante de tal queixa, ora "não escutando" ora solicitando que o setor de Assistência Social entrasse em contanto com a família do detento para ver a possiblidade de uma visita social a parte. Quando agimos deste lugar, tiramos do sujeito a possibilidade de que o sujeito venha se deparar com essa falta e elaborar alguma coisa a partir dela. Se, ao invés de ouvir quem se queixa da falta dos familiares, nos colocamos em lugar de tamponar a falta, providenciando uma visita do familiar, impedimos que o sujeito possa ter qualquer elaboração sobre a questão.

No sistema prisional, há uma lógica imperativa da ressocialização. A instituição demanda que sejamos os responsáveis pela recuperação, ressocialização e melhora dos detentos, mas isso não pode ser tomado em primeiro plano pelo Psicanalista.

Como psicanalistas, vemo-nos muitas com o desafio de atendermos a demanda da instituição em detrimento de uma ética da psicanálise no sistema prisional. Temos o imperativo de um discurso dos direitos dos detentos, sobretudo através da Lei de Execuções Penais (LEP). Porém, o psicanalista não deve se ocupar com o sujeito de direitos.

Elia (1995, p. 103) nos mostra que o sujeito de direitos nem sempre se posiciona como um sujeito de responsabilidades. O sujeito de direito teria que ser transmutado em sujeito de desejo. Estamos aqui diante de uma impossibilidade tão lógica quanto ética: o sujeito, uma vez tomado apenas em seus direitos, deixaria, no mesmo golpe, de ser um sujeito, e ser tornaria um objeto- vítima social, vítima familiar, vítima dos processos de exclusão. Se há sujeito, então ele é responsável.

O lugar do psicanalista é o de interrogar o sujeito sobre seu ato, ao mesmo tempo em que sua concepção de sujeito o situe sobretudo como *determinado* (*sujeito* a) e não *autodeterminado,* conforme nos aponta Elia (1995). Sendo assim, o sujeito é o único capaz de responder por aquilo de que ele é efeito.

O sujeito que cumpre pena deve ser responsável e ativo. Responsável porque o sujeito na perspectiva do inconsciente toma parte nas forças que o determinam, ainda que sem sabê-lo e ativo porque é pelos seus atos que recebe o que lhe é externo. É pelos seus atos que o sujeito que cumpre pena deve responsabilizar-se e não somente pelo delito em si, mas por todas as suas escolhas, inclusive pela possibilidade de permanecer na prática criminosa ou esquivar-se dela.

É o lugar do psicanalista que leva o sujeito a se responsabilizar, a se retificar subjetivamente. Percebemos nos atendimentos que a maioria dos detentos não se responsabiliza em suas questões, bem como pelo delito. Tal situação poderia se justificar devido ao fato de que os detentos afirmam que os técnicos trabalham para emitir laudos para a justiça. Fato este que não se justifica uma vez que os técnicos no Sistema prisional não estão a serviço da Justiça como os peritos, Psicólogos e Psiquiatras Judiciais.

É por essa concepção de emissão de laudos por parte dos técnicos, como imaginam os detentos, nota-se pelo discurso dos mesmos, que os detentos buscam criar uma imagem social positiva, o que desfavorece na possibilidade do emergir de efeitos analíticos, de retificação subjetiva e implicação. Se estou sob a avaliação de um técnico preciso demonstrar que mudei ou que sou bom e como dizem que estou pronto para voltar para a sociedade. O Psicanalista deve mais uma vez buscar quebrar esta identificação dentro da unidade prisional. Geralmente os PIRs dentro da CTC, onde cada técnico emite seu PIR e ao final chega-se ao consenso se determinado detento está ou não apto para trabalhar dentro ou fora da unidade prisional.

Como seria o PIR a partir da Psicanálise? Como identificar a partir de nosso referencial como um sujeito poderá ou não receber certos benefícios como trabalho interno ou externo, ou estudo?

Como psicanalistas devemos buscar identificar a possibilidade de implicação do sujeito, as retificações subjetivas. Importante também identificarmos se o sujeito que ingressou recentemente no isolamento carcerário demonstra-se arrependido e ressignificando o delito cometido ou se apresenta-se indiferente ao fato de estar preso. Será pertinente identificar se o sujeito somente permanece em uma postura de culpa ou de queixa que não o coloca em movimento ou busca ressignificar suas vivências sociais e familiares? São questões que poderão ser identificadas por parte do Psicanalista e expressas no Plano individual de ressocialização.

Com este artigo, deixa-se, pois, em relevo que a psicanálise em intensão (aquela que acontece entre Psicanalista e psicanalisante) será possível no sistema prisional desde que o Psicanalista esteja em seu lugar.

O psicanalista frente ao sujeito que esteja em situação de cárcere, não irá receber um criminoso, mas sim um sujeito sem qualidades, ou seja, ao receber o sujeito não deve identificá-lo categoricamente com o delito. Só assim haverá possibilidade de trabalho Psicanalítico. É o lugar do Psicanalista que vai possibilitar uma outra escuta e assim fazer emergir o sujeito da Psicanálise que é o sujeito do inconsciente. O Psicanalista da instituição penal tem que ser Psicanalista como em outros lugares.

REFERÊNCIAS

AMANCIO, V. R. **Uma clínica para o CAPS:** a clínica da psicose no dispositivo da Reforma psiquiátrica a partir da direção da psicanálise, 1. ed. Curitiba: CRV, 2012.

BRASIL. **Lei de execução Penal.** Lei nº 7210 de 11 de julho de 1984.

ELIA, L. **Inconsciente e delito**: incidências da experiência da paternidade da passagem ao ato delituoso. 1995. 114 f. Tese (Doutorado em Psicanálise) — Pontifícia Universidade Católica, Rio de Janeiro, 1995.

GOFFMAN, E. **Manicômios, Prisões e Conventos.** Tradução de Dante Moreira Leite. 7. ed. São Paulo: Editora Perspectiva, 2001.

FREUD, S. (1916). Alguns tipos de caráter encontrados no trabalho psicanalítico. *In*: FREUD, S. **Edição standard brasileira das obras psicológicas completas de Sigmund Freud.** 2. ed. Rio de Janeiro: Imago, 1987. v. XIV.

LACAN, J. (1955-1956). **O seminário.** Livro 3. As psicoses. 2. ed. Rio de Janeiro: Zahar, 2008a.

NERI, H. F. **O feminino, a paixão e a criminalidade**: quem ama mata? Dissertação (Mestrado em Psicanálise) — Instituto de Psicologia, UERJ, Rio de Janeiro, 2007.

TENÓRIO, F. **A psicanálise e a clínica da reforma psiquiátrica.** Rio de Janeiro: Rios Ambiciosos, 2001.

A FORMAÇÃO DO PSICANALISTA: ATUALIZAÇÕES SOBRE A ANÁLISE LEIGA

Sidney Kelly Santos
Wericson Miguel Martins

Introdução

A Psicanálise apresenta conceitos que norteiam sua prática clínica, mas também aqueles que a praticam. Assim, a formação do psicanalista é um tema que está sempre sendo debatido, não só nas origens, na obra freudiana, mas em vários autores psicanalistas.

Em 21 de setembro de 1897, Freud escreve a Fliess uma carta emblemática. Nessa missiva um grande segredo vem emergindo aos poucos, e é perceptível o abandono do Freud médico para surgir um Freud psicanalista, em sua teoria transformada. Ao não confiar mais em sua neurótica, Freud faz abertura à questão do Inconsciente, que tenta se libertar (uma relação impossível) do consciente. A vitória do psicanalista vem ainda nessa mesma carta, ao dizer que "a dúvida que se instala não é produto de um trabalho intelectual, mas sobre suas próprias questões" (MASSON, 1987, p. 267); em suma, a medicina já não fazia morada no psicanalista.

Em 1909, Freud (1996) foi convidado a falar para os estudantes na Universidade de Clark (Massachusetts), em comemoração ao 20.º aniversário da instituição. O convite foi de Stanley Hall, para a apresentação da Psicanálise como prática não médica. Nessa ocasião, Freud (1996, p. 27) anuncia inicialmente:

> Mas, preliminarmente, uma observação. Vim a saber, aliás com satisfação, que a maioria de meus ouvintes não pertencem à classe médica. Não cuidem, porém, que seja necessária uma especial cultura médica para acompanhar minha exposição. Caminharemos por algum tempo ao lado dos médicos, mas logo deles nos apartaremos.

Assim, vir a ser psicanalista distanciar-se-ia da graduação médica, na esteira de uma construção de ser, propriamente, psicanalista. No Brasil, isso se configurou mais perto dos profissionais de Psicologia. Pensar a análise leiga está de acordo com a especificidade da formação do psicanalista. Em mais detalhes:

> Que a autorização para a prática da Psicanálise não provém de um diploma universitário nem de nenhuma titulação, aprofunda-se na argumentação lançando quase que uma provocação: não se pode regulamentar a Psicanálise porque o psicanalista não existe! Ele é uma função assumida por alguém que, tendo passado pelo tripé da formação psicanalítica, (estudos, análise pessoal e supervisão) situa-se no campo da transferência. Ocupa a "estranha" função de fazer-se meio para o Outro. (MAURANO, 2019, p. 206).

Este trabalho se organiza em torno desse tema, estudando as bases da prática psicanalítica e as diretrizes da formação do psicanalista; por outro lado, conhecer as bases dessa mesma formação no Brasil, desde sua história; finalmente, refletir sobre as condições que, atualmente, fazem com que se solicite a regulamentação da Psicanálise, por meio de um diploma (graduação).

Freud e a análise leiga

Desde o início, o apontamento freudiano para a formação do psicanalista era o de uma especificidade: estar a serviço da escuta do Inconsciente. A esse respeito,

> Se é verdade que para Freud tratava-se de tomar posição a respeito de uma situação contingente, efetivamente o aspecto médico ou não da Psicanálise não é de fato a questão essencial. A opção de Freud pelo termo 'leigo' – atributo antes de tudo ético, mais que ideológico ou profissional – indica uma peculiaridade intelectual e não coincide com uma categoria profissional. Definitivamente, a palavra 'leigo' não é usada por Freud como contrário ou negação em relação a algo que não é leigo. A acepção da laicidade que ele propõe delineia-se no sentido de um estatuto que diz respeito coextensivamente à liberdade (paradoxal, mas absoluta) com que funcionam as lógicas do inconsciente. (RIZZI, 2005, p. 192).

É preciso pensar a Psicanálise desde a sua prática, e em seu método: Associação Livre (da parte do analisante) e Atenção Flutuante (da parte do psicanalista) — essa é a regra psicanalítica fundamental (FREUD, 2021, p. 95). Quem quer que a pratique deve fazê-lo sob essas premissas.

Em 1926, há um momento importante em que Freud traz a questão da formação dos psicanalistas em relação à laicidade da formação: "A questão da análise leiga" (FREUD, 2021). O texto forja uma situação de diálogo do autor com alguém que se pretenderia vir a ser psicanalista. Já de início, Freud (2021, p. 205) aponta questões ao fato de não médicos poderem exercer a Psicanálise.

Esse texto freudiano teve como função colaborar com a liberdade de seu amigo não médico Theodor Reik, acusado de charlatanismo em 1926, sob a acusação de exercitar ilegalmente a Medicina ao praticar a Psicanálise. Até então, tal questão, de não médicos na formação psicanalítica, não era levantada. O saber psicanalítico estava vinculado ao saber médico (condição nos Estados Unidos), colocando os outros no charlatanismo de acordo com as leis de cada lugar.

Consultando as leis, Freud (2021) identifica que a Psicanálise tem um sentido prático, com diferenças estabelecidas pelo psicanalista e pelo analisante. A doença dos nervos é diferente, e quem a escuta não é propriamente leigo: aquele que se aprofunda nos estudos da Psicanálise deixa de ser leigo. Há diferenças em relação à Medicina, pois a Psicanálise é capaz de encontrar outras razões para o sintoma do paciente.

No entanto, Freud (1996) foi à universidade, e isso aponta uma aproximação, até inserção, dos preceitos psicanalíticos na formação universitária. De seus preceitos, Freud (2021) vai se deter na transmissão da Psicanálise. Sustentada em si mesma, alicerçada nos elementos que a tornam possível: a capacidade de observação e a educação do intelecto.

Se no primeiro plano temos o doente, que sofre de suas mazelas, em seguida temos o médico, que está ali para verificar, observar os órgãos e medicar. Partindo desse princípio, em um quadrante à parte, temos a Psicanálise, que é um procedimento voltado à cura ou à melhora, seguindo outros meios (do direcionamento das questões do paciente) (FREUD, 2021).

Este procedimento acontece por meio da escuta, sem medicamentos, sem instrumentos ou outras prescrições. Fixos apenas o local e o horário. Como técnica, deixar a pessoa falar (*talking cure*) e, de acordo com a influência que exerce sobre o analisante, agir sobre as palavras do próprio analisante, trazendo alívio para o sintoma.

Caberia dizer que "leiga" é a denominação usada para pessoas que não têm a formação em Medicina, para além de sua atividade. Todavia, o que importa à Psicanálise é ser, antes de mais nada, um ofício.

Freud (2021, p. 221) faz uma colocação bastante relevante para o estudo da Psicanálise ao dizer que a psicologia[19] se interessa pelo EU e pouco reconhece a função do ISSO: "a psicologia bloqueou o acesso à área do Isso, na medida em que se ateve a um pressuposto que parece evidente, mas que não se sustenta". E continua:

> [...] que todos os atos anímicos são conscientes em nós, que a consciência é a marca do anímico e que, se houver processos inconscientes em nosso cérebro, eles não merecem o nome do ato anímico e não são da alçada da psicologia. (FREUD, 2021, p. 221).

No ofício do psicanalista, a formação de um psicanalista é a de que, diante de alguém acometido de seus males e incômodos, busca alívio, mas faz isto pelo conhecimento do Inconsciente. As leis que regulam uma análise são as do Inconsciente ou mesmo do Isso (Inconsciente dinâmico) (FREUD, 2021).

Em análise, submetido aos ditames da transferência ao analista, o futuro psicanalista adquire um saber que o faz não leigo em relação às leis do Inconsciente. Leis reguladas pelo Inconsciente, cujas resistências se expressam como formações substitutivas e permitem sua ação e expressão. O futuro psicanalista "sofre" do mesmo processo que faz romper as barreiras do Eu (as defesas) enquanto analisantes.

Freud (2021) complementa que a forma de escutar e abordar que a Psicanálise traz é diferente à do médico — o psicanalista vai além de ouvir os sintomas e não os entende como sinais de uma doença. Uma análise pode ser análoga à escolha de Ulisses no retorno para casa — passar pelas pedras flutuantes ou enfrentar Cila e Caribdes —, dada a dificuldade de movimentação do Inconsciente diante das defesas do Eu. Algo se perde nessa travessia, e sempre com angústia.

Para além disso, diferentemente da Medicina, a Psicanálise não se pretende à remissão dos sintomas. Ao contrário; diz Lacan (1992, p. 73) que "o sujeito do discurso não se sabe como sujeito que sustenta o discurso", há um saber desconhecido sobre essa movimentação no Inconsciente, sobre o momento ou como está acontecendo.

Psicanálise é uma outra forma de ser ciência (ou de fazer ciência), em que o saber se apresenta como uma justaposição de resistências para

---

[19] A concepção de psicologia, na obra freudiana, é o sentido estrito da palavra — estudo do psiquismo. Não se refere à graduação de Psicologia, tal como a identificamos atualmente.

outra forma de conhecimento que não é completo; sempre deixa um resto da passagem do sintoma (alternativa de satisfação perdida) ao que resta como Sinthoma (fazer bem com o próprio sintoma) (LACAN, 2007, p. 16).

Sendo assim, passando por uma análise, não mais leigo pela própria análise, o psicanalista compreende o Inconsciente quanto às resistências e às transferências, além da compreensão da técnica psicanalítica como a arte de interpretar. Ser ou não leigo é um projeto que Freud (2021) desconstrói, é um reverso do não capacitado.

A formação do psicanalista vai além da destreza de uma técnica do campo da Medicina. Atravessa o campo da educação médica, sem que a despreze em direção à disciplina das letras:

> [...] a instrução analítica também englobaria disciplinas distantes do médico e com as quais eles dificilmente se defrontam em sua atividade: a História da Cultura, Mitologia, Psicologia da Religião e a Ciência da Literatura (FREUD, 2021, p. 284).

O movimento psicanalítico teve muitos não médicos e não graduados, como Marie Bonaparte e Lou Andreas-Salomé. Além destas, Otto Rank, Theodor Reik, assim como Hans Sachs e muitos outros discípulos de Freud pertencentes à Sociedade das Quartas-Feiras (ROUDINESCO; PLON, 1998). Embora não referendada por Freud, há Melanie Klein, que era uma dona de casa, que se revelou "pelas ideias inovadoras e o conjunto da obra. Da escola kleiniana, destacam-se os analistas não-médicos, Joan Rivière, Susan Isaacs, Money-Kyrle e Betty Joseph, entre outros" (CARNEIRO, 2019-2020, p. 94).

Embora a Psicanálise, como ciência, já tenha nascido leiga, faz parte da natureza humana repetir e se repetir. Esta discussão ressurge no Brasil.

Psicanálise no Brasil

Juliano Moreira, psiquiatra, em 1899 foi o pioneiro a aplicar as teorias freudianas no Brasil, na Faculdade de Medicina na Bahia. Apresentou, em conferência da Sociedade Brasileira de Neurologia, os métodos de Freud (ABRÃO, 2001). A difusão dos textos freudianos cresceu no início do século XX, associada pelos artistas e intelectuais da Literatura, das Artes e da Antropologia. Embora o trânsito da Psicanálise fosse restrito, não foi impedimento.

Assim, pode-se dividir a emergência da Psicanálise no Brasil em três grupos: os precursores, os pioneiros e os atuais. Dos precursores, um era negro, baiano e filho de português com uma doméstica, Juliano Moreira — venceu a barreira racial, entrou na faculdade de Medicina aos 13 anos, apadrinhado pelo Barão de Itapoã. Aos 18 anos, em 1891, Moreira defendeu o doutorado. Em 1899, foi conferencista sobre as ideias freudianas e, de 1895 a 1902, participou de cursos relacionados ao adoecimento mental, frequentou as clínicas mais importantes da Europa (Alemanha, Itália, Inglaterra, França e Áustria) (ABRÃO, 2001; VALE, 2003).

Ainda em tempo precursor, a Psicanálise ganhou presença em São Paulo e, depois, no Rio de Janeiro, no Rio Grande do Sul, na Bahia e em Pernambuco. Em São Paulo, avançou com Franco da Rocha, diretor do Hospital dos Alienados em 1893; e, depois, no Hospital do Juquery, de 1896 a 1923.

Em 1919, substituto de Franco da Rocha, Durval Marcondes seria um dos pioneiros. Acadêmico de Medicina (São Paulo), apresentou o trabalho "Do delírio em geral" (ABRÃO, 2001). Ao se formar em 1925, Durval Marcondes aplicou as teorias psicanalíticas e organizou o Grupo Psicanalítico de São Paulo. A fundação desse grupo, ainda sem a intenção de formar psicanalistas, teve importante papel na divulgação da Psicanálise. Participaram profissionais bastante diversificados (GALVÃO, 1966).

A teoria psicanalítica recebia reconhecimento — como acolhimento dos dilemas humanos, do sofrimento psíquico e da forma de ser —, mas também críticas. Muitas adesões e desistências (ABRÃO, 2001). Dessa forma, o grupo brasileiro conduzido por Durval Marcondes precisou ir além das leituras: passar pelo processo analítico. Durval Marcondes promoveu uma aliança com a Associação Psicanalítica Internacional (IPA) para viabilizar a vinda de psicanalistas para o Brasil. Ernest Jones enviou a Dr.ª Adelheid Lucy Koch (1896-1980), da Sociedade Psicanalítica de Berlim, que buscava refúgio por ser judia (ABRÃO, 2001). A Dr.ª Koch chegou em novembro de 1936, e sua adaptação (aprendizado da língua portuguesa) aconteceu por cerca de um ano no Rio de Janeiro.

Flavio Dias, Darcy de Mendonça Uchoa, Virginia Leone Bicudo, Lygia Alcântara do Amaral e Durval Marcondes formaram o primeiro núcleo de

APLICADA OU IMPLICADA: QUAL PSICANÁLISE PARA A CIÊNCIA?

analisantes do Grupo Psicanalítico de São Paulo[20] (ABRÃO, 2001). Em 1943, o grupo requereu à IPA o reconhecimento do título de psicanalistas, que chegou em 3 de dezembro. A constituição oficial do Grupo Psicanalítico de São Paulo aconteceu em 5 de junho de 1944. Após solicitar a inclusão do Grupo à Sociedade Brasileira de Psicanálise, isto aconteceu em 24 de outubro de 1945, como sociedade componente da IPA. A oficialização aconteceu em 1951, como Sociedade Brasileira de Psicanálise de São Paulo. Em 1949, a Sociedade Brasileira de Psicanálise tem novos participantes: entre eles, o médico Henrique Mendes e sua esposa, Lygia Alcântara do Amaral. A confirmação chegou a Durval no XII Congresso Internacional de Psicanálise de 1951 em Amsterdã, que contou com a presença da Dr.ª Koch e de Lygia Amaral; neste evento, Durval Marcondes conheceu Winnicott e Melanie Klein (ABRÃO, 2001).

Na universidade, a Psicanálise perdera lugar. Franco da Rocha aposentou-se em 1923. Com sua saída, a cadeira da Psiquiatria passou à de Neurologia, aos cuidados do Dr. Enrajas Vampré. No novo concurso, com Durval Marcondes e Antônio Carlos Pacheco e Silva, Pacheco e Silva (avesso à Psicanálise) entrou (ABRÃO, 2001).

Entre 1951 e 1956, Theon Spanudis veio de Viena para São Paulo para auxiliar Adelheid Koch, única analista, supervisora e professora. Em função de a IPA não aceitar sua homossexualidade assumida, Spanudis abandonou a Psicanálise, dedicando-se à literatura e à crítica literária no Brasil[21] (FACCHINETTI; PONTE, 2003).

No Rio de Janeiro, capital da República, o estabelecimento de uma Sociedade de Psicanálise deu-se de forma mais lenta. Iniciou-se como uma sucursal da Sociedade de São Paulo, sob a direção de Juliano Moreira e Porto-Carrero, secretário; extinta um ano depois. As iniciativas de retomada aconteceram em 1940, sob o comando de psiquiatras (ABRÃO, 2001).

Como primeiro analista no Rio de Janeiro, foram contatados Arnaldo Rascovsky, Angel Garma, Georg Giró, Marie Langer e Daniel Lagache, sem sucesso. Em 1943, Alcyon Bahia, Danilo Perestrello, Marialzira Perestrello, Walderedo de Oliveira, Manoel Martins e Zaira Martins (os dois últimos de Porto Alegre) foram para Buenos Aires iniciar a formação psicanalítica

---

[20] Já se destaca aqui a presença de Virginia Leonel Bicudo, mulher negra, educadora e sanitarista, em meio ao grupo de médicos. Foi a primeira mulher da América Latina a se deitar em um divã e primeira analista didata do Brasil.

[21] Spanudis participou do Movimento Neoconcreto e fez parte da Poesia Cinética Brasileira.

na Associação Psicanalítica Argentina (APA), voltaram em 1949 (Danilo Perestrello, primeiro analista didata do Rio de Janeiro), 1950 (Alcyon Bahia e Walderedo Ismael de Oliveira); 1952 (Marialzira Perestrello e Alcyon Bahia tornaram-se membros da APA). Ficaram conhecidos como "grupo argentino"[22] (ABRÃO, 2001).

Em 1947, com Domício Arruda Câmara, criou-se o Instituto Brasileiro de Psicanálise e, sob a intercessão de Ernest Jones, vieram dois analistas didatas em 1948: Martin Burke, judeu e polonês; e Werner Walter Kemper, alemão, ariano (VALE, 2003).

Martin Burke chegou em fevereiro de 1948, logo se ambientou, dominando a língua portuguesa. Fez contato com o grupo paulista, com os iniciantes em Porto Alegre e visitou outros grupos, do Chile e da Argentina. Werner Kemper, partidário das propostas nazistas e responsável pela arianização da Psicanálise, chegou em dezembro de 1948.

Em 1951, Kemper nomeou sua esposa, Anna Kattrin Kemper, analista didata, com ampla rejeição dos cariocas (VALE, 2003). Tal fato gerou grande crise no Instituto, e Werner Kemper foi expulso com seus analisantes, criando o Centro de Estudos Psicanalíticos, buscando apoio do grupo de São Paulo. Com base nesse apoio, o grupo de Werner Kemper solicitou o aval da IPA. Werner Kemper e seus analisantes foram reconhecidos em 1953, passando a se chamar Sociedade Psicanalítica do Rio de Janeiro. O grupo argentino e o de Martin Burke preferiram se manter independentes e não foram reconhecidos pela IPA (VALE, 2003).

Desde que os problemas com Werner Kemper começaram, Martin Burke não mais se adaptou ao Rio de Janeiro e, sem o aval da IPA, retornou a Londres em 1953, deixando vários analisantes e supervisionandos. Alguns seguiram para Londres, para continuar a formação. Outros, para São Paulo, em busca do apoio de Adelheid Koch. Os que restaram compuseram um Grupo de Estudos que foi reconhecido pela IPA em 1959 e passou a se chamar Sociedade Brasileira de Psicanálise do Rio de Janeiro (VALE, 2003).

O grupo de Werner Kemper foi atacado pelos membros do Instituto. Kemper foi preso por algumas horas em razão de prática médica ilegal; aliás, as sociedades psicanalíticas no Brasil aconteceriam na ilegalidade. Simpatizantes de Werner Kemper conseguiram agir politicamente nos

---

[22] Aqui, um problema que se revelaria posteriormente: no I Congresso de Saúde Mental, em 1954, ficou acordado entre a Sociedade Brasileira de Psicanálise de São Paulo, a Sociedade Psicanalítica Argentina e o Centro de Estudos Psicanalíticos que os argentinos não poderiam titular membros brasileiros como didatas.

governos e, posteriormente, no Ministério da Saúde. Em 1967, Kemper retornou à Alemanha, separado da esposa, que acabou por se desentender com os membros da Sociedade Psicanalítica do Rio de Janeiro e criou o Instituto Brasileiro de Psicanálise (VALE, 2003).

A Psicanálise no Brasil veio com a história da Psiquiatria, na área médica — diferentemente de sua origem, com Freud, na Neurologia. Porém, em função da aproximação com as questões da infância, a Pedagogia tornou-se mais um espaço de divulgação da Psicanálise[23]. Posteriormente, na época da Ditadura, com o surgimento da Psicologia, a Psicanálise passou a fazer parte de sua grade curricular[24] (ABRÃO, 2001).

O I Congresso de Latino-Americano de Saúde Mental aconteceu em 1954, São Paulo, e trouxe trabalhos de Virgínia Bicudo e Lygia Amaral, na categoria Psiquiatria e Higiene Mental Infantil, presidida pela Dr.ª Carolina Tobar Garcia. As psicanalistas sofreram críticas ferozes dos participantes, que as acusavam de charlatanismo. Essas acusações vieram principalmente da ala de psiquiatras que exerciam a Psicanálise sem disporem de requisitos legais. Lygia disse em depoimento de 1997 que:

> Foi um período que nós sofremos um ataque dos médicos que achavam que dar possibilidade às pessoas de entrarem para o trabalho analítico sem formação médica seria então a que eles chamavam de charlatanismo. E naquela época as charlatãs eram: a Dra. Koch que não havia revalidado o diploma, Virginia Bicudo e eu, nós éramos as três [...] A presença dos argentinos aqui foi muito boa, porque eles perceberam logo que não eram as charlatãs que estavam sendo atacadas, era a Psicanálise. (LYGIA, 1997 *apud* ABRÃO, 2001, p. 68).

Em São Paulo, Rio de Janeiro, Brasília, Rio Grande do Sul, Bahia e Pernambuco, gradativamente, os leigos foram aceitos e ajudaram na divulgação da Psicanálise — nas instituições de formação em Psicanálise, nos centros culturais e nos locais de transmissão. Nos meios científicos, parte dessa divulgação aconteceu no espaço universitário, sendo a disciplina de Psicanálise parte das grades curriculares de vários cursos.

---

[23] Em função de pessoas como Lygia Amaral e Virginia Bicudo, houve a aproximação entre Psicanálise e Educação, por meio da Higiene Mental Escolar (órgão vinculado ao Departamento de Educação do Estado de São Paulo, em 1938).

[24] Em 21/01/1964, via Decreto 53.464, qualificou-se o exercício da profissão de psicólogo, identificado à prática de métodos e técnicas para a solução de problemas de ajustamento; o psicólogo pode atuar legalmente como psicoterapeuta.

Em 6 de junho de 1957, no Aviso Ministerial 257 do Ministério da Saúde, e na Câmara dos Deputados (Projeto de Lei 3.944/2000, Cap. II, Art. 8), a profissão de psicanalista foi regulamentada, permitindo que os não médicos atuassem sem serem cerceados, desde que, somada à formação psicanalítica, houvesse uma graduação concluída.

Na atualidade, encontram-se muitas vertentes de escolas, movimentos organizadores e instituições de formação para psicanalistas. Há os que seguem os ditames e diretrizes da IPA, os que se orientam fora da IPA, mais ou menos ortodoxos quanto às obras freudiana, kleiniana, winnicottiana ou lacaniana. A presença da Psicanálise na realidade brasileira é inegável.

Regulamentação da Psicanálise?

A criação da Psicanálise foi (e ainda é) cercada por pelejas e posicionamentos que garantiram sua sobrevivência; tais colocações ainda são uma realidade aos que pretendem galgar por estes caminhos. Parte da discussão em torno das demandas sobre o lugar da Psicanálise esbarra na regulamentação de sua própria existência, dividida entre o posicionamento leigo e as marcas dos preceitos universitários.

Entre as pelejas, há a inevitável pergunta se a Psicanálise é ou não ciência. Não é, por certo, uma ciência positivista, pautada na lógica da verificação (tornar verdade) do fenômeno que se estuda. Não há, por exemplo, como repetir um sonho ou um ato falho, ou mesmo "produzi-lo" sob força de nenhuma ação. Os fenômenos psíquicos estão sob a lógica da não objetividade, que, no entanto, apresenta especificidade de manejo e condução. Some-se a aproximação às universidades — discurso científico hegemônico —, que tende a ser positivista. Assim sendo, há a posição de que se faça de forma leiga, mas é inegável que esteja, também, marcada por rigor e cuidado; sendo ciência, ainda que de uma forma *outra*.

Kelly e Memento (2022) apontam que a inserção da Psicanálise na universidade a qualifica como ciência, em meio às Ciências Humanas; como já dito, aproximada à Psicologia. Embora Psicanálise e Psicologia se refiram ao psiquismo humano, Psicanálise não é Psicologia, pois fazem recortes diferentes.

De modo geral, a Psicanálise configura-se perto dos campos universitários por ser este um lócus de produção de conhecimento e divulgação de ideias e diálogos amplos, mesmo com impasses e divergências categóricas.

Era o que Freud (2011, p. 151-152) pretendia, na diversidade de saberes e pela possibilidade de articulação propiciada pelas suas condições[25]:

> Com a interpretação dos sonhos a Psicanálise ultrapassou os limites de um assunto puramente médico [...] diversas aplicações em áreas da literatura e da estética, em história da religião e pré-história, em mitologia, folclore, pedagogia etc. [...] a maioria das aplicações teve seu ponto de partida em meus trabalhos. Aqui e ali eu também prossegui um tanto pelo caminho, para satisfazer tal interesse não médico. Outros, não médicos, mas também especialistas, seguiram minhas pegadas e adentraram os respectivos territórios.

A Psicanálise é, então, plural, empregando várias vertentes de pensamento, desde as Artes à Antropologia, e tudo o mais que propaga a Cultura. Isso é anunciado na apresentação da Psicanálise e da teoria da libido:

> Uma apreciação da Psicanálise seria incompleta se deixasse de informar que - única entre as disciplinas médicas - ela mantém amplas relações com as ciências humanas e está prestes a adquirir, para a história da religião e da civilização, a mitologia e a ciência da literatura, uma significação análoga à que tem para a psiquiatria. Isso pode surpreender, quando se considera que originalmente ela não tinha outro objetivo senão compreender e influenciar os sintomas neuróticos. Mas é fácil indicar onde se estabeleceu a ponte para as ciências humanas. Quando a análise dos sonhos levou a uma percepção dos processos psíquicos inconscientes e mostrou que os mecanismos que geram os sintomas patológicos também agem na vida psíquica normal, a Psicanálise se tornou psicologia da profundeza e, como tal, capaz de ser aplicada às ciências humanas; pôde resolver uma série de questões ante as quais a psicologia oficial da consciência detinha-se perplexa. (FREUD, 2011, p. 268-269).

Vindo aos nossos tempos, de acordo com o tripé que sustenta a formação do psicanalista, e pelo desejo do analista, podemos dizer que a Psicanálise não se firma pelos modelos das práticas universitárias ou da religião. A riqueza da Psicanálise está na diversidade dos saberes humanos, nos grupos de estudos e no contínuo aprender, logo é um saber subjetivo em sua base.

---

[25] Poderíamos chamar essa articulação de Transdisciplinaridade.

Mesmo lastreada por diversos campos de saber, tais como Antropologia, Arqueologia, Psicologia (enquanto estudo do psiquismo), Literatura, a prática analítica é um ofício e uma ciência. Em Lacan (2003), encontramos que o ato analítico seria o objeto acabado de uma operação lógica do Inconsciente, que indaga: onde e como se regulamenta esta arte que se esgueira entre definições, aceitações, gestações e regências? Ainda em indagações, pode-se colocar em questão a veracidade factual de um psicanalista? Finalmente, como regular sua prática, o tempo de duração, os objetivos e precisar o valor de uma análise?

São questões, e não perguntas. Questões atravessadas pela teoria, pela prática (ofício) e pela investigação, que, como paralelas, não se tocam, mas interferem-se.

Além da regulamentação da profissão, em 21 de dezembro de 1994, via Portaria 1.334, revogada em 2002, hoje em vigor pela Portaria 397, de outubro de 2002 (BRASIL, 2002); neste documento, a profissão de psicanalista foi incluída na Classificação Brasileira de Ocupações, sob o Código 0-79.90. Ainda assim, discute-se como fiscalizá-la, como "ter certeza" de que se formou um bom psicanalista. Discussão constante, ainda que equivocada, pois, de acordo com seu tripé e formação — clínica, estudo e análise pessoal —, a regulamentação e a fiscalização são desnecessárias. Em nenhum país a Psicanálise é uma profissão regulamentada nem fiscalizada por nenhum órgão que não as instâncias e as escolas que a praticam.

Paralelamente a esse tema da regulamentação, respondendo a ele erroneamente, na tentativa viesada de responder a ele, emergem propostas de cursos livres (sempre rápidos e sem ênfase no processo analítico do candidato a psicanalista) e, mais recentemente, bacharelados. Em resposta a esses dois temas, desde 2000, instituições, escolas e movimentos organizadores de Psicanálise apresentaram-se levantando a questão da regulamentação, nomeados Movimento Articulação das Entidades Psicanalíticas Brasileiras[26].

Mais recentemente, em 2021, houve o lançamento do bacharelado em Psicanálise, em formato Educação a Distância (EaD), em que a análise do candidato surge no formato de uma disciplina a cumprir, e não norteada pelo desejo do analisante. Vários questionamentos foram feitos ao Ministério da Educação, até mesmo que se apresentaram sob forma de

---

[26] Em resposta à proposição de ser a Psicanálise um ofício, duas obras foram publicadas pelo Movimento Articulação: *Ofício do psicanalista: formação vs regulamentação* (2009) e *Ofício do psicanalista II: por que não regulamentar a Psicanálise* (2019).

um manifesto, com entidades organizadoras do Movimento Articulação e outras entidades apoiadoras[27].

Nas palavras de Vale (2003, p. 161), podemos observar como essa direção de regulamentação e institucionalização complexifica a ação do psicanalista:

> Quanto mais a Psicanálise se institucionaliza - e aí a legalização da profissão só viria reforçar esse caráter institucional -, mais sério se torna o seguinte dilema à sua transmissão: de acordo com um fenômeno que é natural nas organizações humanas, os grupos que conseguem se articular em torno de um determinado eixo tendem a uma dinâmica corporativista. Esse princípio de sobrevivência traria implícita uma tendência à manutenção de um status quo. No caso específico dos grupos e sociedades psicanalíticas, a tendência ao corporativismo constituiria uma força contrária à do ideal psicanalítico, ou seja, o do suporte teórico às regras da formação fundado no desejo de se analisar, na abertura para o novo e no amor à verdade. E esse dilema, até certo ponto, é inevitável, é humano.

Questionar e apontar os caminhos da Psicanálise deveria se fazer com base nos próprios psicanalistas. E, de acordo com os autores aqui mencionados, o caminho faz-se em outra direção.

Conclusão

A certeza que se pode gerar dessas considerações é que a Psicanálise é leiga por si e em si. Nesse sentido, o analista não ser tido como leigo, numa perspectiva cartesiana, é indicar aquele que pode dizer da Psicanálise por se orientar pela lógica do Inconsciente.

Por tantos que trabalharam para que a Psicanálise chegasse até aqui, assim como os que ainda o fazem, sua laicidade é legítima. É a experiência analítica que avaliza um psicanalista. A formação do psicanalista enraíza-se na transmissão da própria Psicanálise, desde a análise pessoal, passando pelo estudo dos conceitos, à clínica supervisionada. É estando dentro da Psicanálise que o psicanalista se autoriza, enquanto prática e como teoria, na forma de uma ética — orientada pela transferência e ao Inconsciente.

---

[27] Informações a respeito podem ser encontradas em: https://www.sig.org.br/articulacao/. Acesso em: 2 fev. 2023.

Ao ser laica, a Psicanálise independe-se e liberta-se de regulamentações advindas de fora de sua transmissão. Assim, por ser ética, a Psicanálise é também uma política; pela via da política (de transferência) que viabiliza a sua prática clínica e isto a articula nos movimentos de uma elaboração (DUNKER; PRADO, 2005).

É, pois, na liberdade da experiência analítica, que o sujeito é levado a se questionar sobre aquilo que não sabe de si. Quando se pensa a Psicanálise na universidade, isso talvez crie alguns atravessamentos. Se, por um lado, a Psicanálise na universidade interroga a ciência, por outro, questiona a si mesma de forma fecunda e plena.

Em todo e qualquer lugar, a Psicanálise faz valer os preceitos freudianos. E segue na via dos questionamentos, à margem e à parte. A despeito disso, a Psicanálise nunca esteve tão dentro da cultura e deste lugar, observa e questiona.

Referências

ABRÃO, J. L. F. **A história da Psicanálise de crianças no Brasil**. São Paulo: Escuta, 2001.

ALBERTI, S. *et al.* **Ofício do psicanalista**: formação vs regulamentação. São Paulo: Casa do Psicólogo, 2009.

BRASIL. Ministério da Saúde. **Aviso ministerial – 257**. Brasília: Câmara dos Deputados, 2000. PL 3944/2000. Disponível em: https://www.camara.leg.br/proposicoesWeb/prop_mostrarintegra;jsessionid=node0ddtyd2pksz6hew2x-co63szis12761493.node0?codteor=1118875&filename=Dossie+-PL+3944/2000. Acesso em: 2 fev. 2023.

BRASIL. Ministério do Trabalho. **Portaria 397, de 10 de 2002 – Classificação Brasileira de Ocupações**. Brasília: MT, 2002. Disponível em: https: https://www.abepepsi.com.br/legislacao-do-psicanalista. Acesso em: 27 jun. 2022.

CARNEIRO, C. A. A natureza leiga da Psicanálise. **Alter**: Revista de Estudos Psicanalíticos, [*S. l.*], v. 36, n. 1/2, p. 91-106, 2019-2020. Disponível em: https://www.spbsb.org.br/site/images/Novo_Alter/2019_2020/Claudia_Carneiro.pdf. Acesso em: 27 jun. 2022.

DUNKER, C. L. I.; PRADO, J. L. A. **Zizek crítico**: política e Psicanálise na era do multiculturalismo. São Paulo: Hacker Editores, 2005.

FACCHINETTI, C.; PONTE, C. De barulhos e silêncios: contribuições para a história da Psicanálise no Brasil. **Psyché**, [*S. l.*], v. 7, n. 11, p. 59-83, jun. 2003.

FREUD, S. (1923). Psicanálise e Teoria da libido. *In:* FREUD, S. **Obras Completas.** São Paulo: Companhia das Letras, 2011.

FREUD, S. (1926). A questão da análise leiga: fundamentos da clínica psicanalítica. *In:* FREUD, S. **Obras incompletas de Sigmund Freud.** 2. ed. Belo Horizonte: Autêntica, 2021.

FREUD, S. (1909). Cinco lições de Psicanálise. *In*: FREUD, S. **Edição Standard das Obras psicológicas de Sigmund Freud.** Rio de Janeiro: Imago, 1996.

FREUD, S. (1921). Psicologia das massas e análise do eu. *In*: FREUD, S. **Obras completas.** São Paulo: Companhia das Letras, 2020.

GALVÃO, L. Sobre o exercício da Psicanálise: uma nova profissão. **Jornal de Psicanálise,** São Paulo, n. 2, 1966.

KELLY, R. E. O. G.; MEMENTO, S. **Psicanálise e universidade**: incursões (im) possíveis. Curitiba: Appris, 2022.

LACAN, J. **O seminário, livro 15**: o ato analítico. Rio de Janeiro: Jorge Zahar, 2003.

LACAN, J. **O seminário, livro 17**: o avesso da Psicanálise. Rio de Janeiro: Jorge Zahar, 1992.

LACAN, J. **O seminário, livro 23**: o sinthoma. Rio de Janeiro: Jorge Zahar, 2007.

MASSON, J. M. **A correspondência completa de Sigmund Freud para Wilhelm Fliess – 1887-1904.** Rio de Janeiro: Imago, 1986.

MAURANO, D. Ofício do psicanalista II: por que não regulamentar a Psicanálise. **Revista Brasileira de Psicanálise,** [*S. l.*], v. 53, n. 4, p. 206, 2019. Disponível em: http://pepsic.bvsalud.org/scielo.php?script=sci_arttext&pid=S0486-641X2019000400022#:~:text=Denise%20Maurano%2C%20reiterando%20que%20a,porque%20o%20psicanalista%20n%C3%A3o%20existe! Acesso em: 28 ago. 2022.

RICCI, G. I. Leigo é o Inconsciente. *In*: RICCI, G. I. **As cidades de Freud**: itinerários, emblemas e horizonte de um viajante. Rio de Janeiro: Jorge Zahar, 2005.

ROUDINESCO, E. **Sigmund Freud na sua época e em nosso tempo.** Rio de Janeiro: Zahar, 2016.

ROUDINESCO, E.; PLON, M. **Dicionário de Psicanálise**. Rio de Janeiro: Jorge Zahar, 1998.

SIGAL, A. M.; CONTE, B.; ASSAD, S. **Ofício do psicanalista II**: por que não regulamentar a Psicanálise. São Paulo: Escuta, 2019.

VALE, E. A. N. **Os rumos da Psicanálise no Brasil**: um estudo sobre a transmissão psicanalítica. São Paulo: Escuta, 2003.

O ENGODO DA DEMANDA TRANSFERENCIAL EM UM CASO DE NEUROSE OBSESSIVA: PERCALÇOS TÉCNICOS OU A RETIFICAÇÃO ANALÍTICA COMO VIA DE ESCUTA?

Tatiane Regina de Assis Sousa

Introdução

Nesta exposição, pretendemos apresentar os impasses na condução de um caso de neurose obsessiva, no momento incipiente da formação em Psicologia da autora do presente texto, e cujos efeitos teóricos e técnicos foram sendo paulatinamente localizados à medida que os estudos e a formação em Psicanálise foram sendo cada vez mais presentes e significativos. Trata-se do tratamento do caso Diogo (pseudônimo), realizado no Estágio em Clínica Psicanalítica da Clínica-Escola de Psicologia do Centro Universitário de Lavras (Unilavras), no ano de 2019. Quatro anos depois, coloco-me na tarefa de tentar transmitir as construções possíveis desse caso, não com a finalidade de esgotá-lo teoricamente — nem demonstrar uma suposta eficácia do método psicanalítico freudolacaniano —, mas de situar o que foi possível ser construído eticamente na confrontação com a falha da intervenção e da interpretação, que podem, por isso mesmo, constituir um meio de advento da função de uma escuta que se pretende analítica.

Apostamos que localizar o que, da resistência do(a) analista, desvela uma posição do sujeito na transferência, podendo ser uma via pela qual uma retificação analítica alcança a escuta do Inconsciente, é a tarefa central desta exposição. Lado outro, também visamos explorar teoricamente a hipótese de um caso de neurose obsessiva, justificada por seis sintomatologias centrais: 1) posição na transferência por meio da reedição da matriz materna; 2) curto-circuito entre sujeito e demanda que mortifica o desejo; 3) o modo como a cena edípica é, paradoxalmente, como veremos, inscrita no polo materno; 4) as relações amorosas que reatualizam a enunciação do significante materno; 5) os exaustivos circuitos de idealizações e sentido; 6) transgressão e autocensuras ilimitadas.

Posto isso, para pensar o caso Diogo, perpassamos algumas proposições de Freud e Lacan concernentes ao destino do recalque na neurose obsessiva, o que nos permitiu inferir que as idealizações e as autocensuras ilimitadas presentes na neurose obsessiva seriam um paradigma da inibição que entrava no circuito do desejo, mas que em nenhuma medida devem ser consideradas como intransponíveis ao tratamento, dado que este, também, é tributário do modo como o(a) analista se posiciona mediante as suas próprias resistências na escuta transferencial. Porém, antes de adentrarmos as especificidades do quadro clínico, ressalvamos que a hipótese de um caso de neurose obsessiva e as direções técnicas possíveis perante o diagnóstico não são definitivas, visto que não pude concluí-lo, por razões que estão explicitadas ao fim deste texto e que assinalam direções ainda em aberto. Vamos ao caso.

Apresentação do caso: do engodo da demanda transferencial à possibilidade de tratamento em um caso de neurose obsessiva

Diogo (25 anos) chegou ao atendimento em 2019 por intermédio de um programa institucional que visava fornecer suporte terapêutico a alunos(as) do Unilavras. Especialmente, aos(às) alunos(as) que manifestavam dificuldades e queixas vinculadas às demandas acadêmicas, assim como aos conflitos nos mais diversos setores interpessoais. Nas sessões iniciais, Diogo trouxe impasses referentes à escolha do curso (Administração), planejamento de vida e relacionamento conturbado (que culminou em término). Relatava que se sentia improdutivo nas atividades acadêmicas e não se afetava por nenhuma disciplina do seu curso. Neste momento, Diogo solicitou a aplicação de testes para que pudesse "trabalhar suas potencialidades". Demanda que persistiu durante as sessões. Em contrapartida à solicitação adaptativa do imperativo neoliberal de produção, o convite era sempre a que ele tentasse dar tratamento pela palavra aos impasses que o atravessavam para que, posteriormente, verificássemos a pertinência, ou não, da possibilidade de aplicação do teste.

Ademais, sua queixa central residia na frustração em relação às metas de vida que, até então, não haviam sido realizadas devido à dúvida quanto a sua verdadeira vocação e seus objetivos de vida, que, na maioria das vezes, se dirigiam ao "sonho" de ser *bem-sucedido financeiramente*. A propósito, Diogo interessava-se por confecção de camisetas com temáticas de desenho, e concebia tal interesse como incompatível com seu objetivo de ser bem-sucedido financeiramente. Contradição que foi apontada e trabalhada durante as queixas em cada sessão.

Em algumas sessões, pretendeu-se trabalhar o que, da atividade de desenhar nas camisetas, marcava algo de sua singularidade e a qual lugar esses desenhos estavam endereçados idealmente. Assim, Diogo narrou sobre seus interesses pelo desenho, dizendo que *"gosto de desenhar super-heróis, quadrinhos e games, nada de especial só essas coisas mais* nerds". Evidentemente, o "nada de especial" chamou atenção, o que foi apontado para Diogo sempre que essa fala era proferida. O que se destaca é que, embora houvesse um interesse em desenhar, o paciente sempre respondia de forma hermética, desinvestida e pouco aberta para interrogações e implicações. Ao ser questionado sobre o teor desse "nada de especial", ele respondia hermeticamente *"não sei dizer sobre isso".*

Até aqui, cabe apontarmos algumas coordenadas dadas por Freud no que tange ao funcionamento da neurose obsessiva. É interessante notar que, no artigo "Repressão" (Recalque) (FREUD, 1969, p. 94), ao discorrer sobre a neurose obsessiva, Freud afirma que o retorno do recalcado — definido como a união do afeto livre e uma representação substituta e distorcida — se institui também pela via da formação reativa ambivalente, transforma-se em "ansiedade social, ansiedade moral e autocensuras ilimitadas". Nesse quadro, ocorre o deslocamento da ideia negada para a formação reativa, ressurgindo na consciência como juízo pequeno ou indiferente, sendo o afeto atribuído ao mecanismo de fuga presente nas evitações e proibições oriundas da abstenção da ação. Assim, entendemos que, no caso de Diogo, a ambivalência, a indiferença e a abstenção da ação (não apostar em seus interesses) dão notícias de um recalcamento nas esferas moral e autorre-criminativa (superego), como é o caso da invalidação de seus interesses. Assim, trata-se de uma posição de desinvestimento como forma de fuga diante de um conflito inconciliável que, naquele momento, não foi localizado no tratamento.

Voltemos ao caso. Em certa sessão, Diogo narrou sobre seus incômodos em relação ao término. Dizia não entender o porquê de sua ex-namorada ter rompido com ele, uma vez que sempre fez *"de tudo por ela".* Nota-se, aqui, um deslocamento de um mesmo conteúdo em cenas supostamente diferentes. Diogo estava sempre entre o tudo (tudo por ela) e o nada (nada de especial). Nesse momento, o paciente começou a dar pistas de sua posição na fantasia em que a tela para o objeto se coloca sempre entre uma inibição e um imperativo de subserviência voluntária. Lado outro, as tentativas de inversões dialéticas de equivocação do sentido e interrogações sobre sua posição na fantasia, na maioria das vezes, mostravam-se infrutíferas.

No entanto, em certa sessão, Diogo narrou que propôs, sem sucesso, uma reconciliação com sua ex-namorada, dizendo estar disposto a rotinas mais dinâmicas, visto que um dos motivos do término era a insatisfação da sua ex-namorada referente à rotina muito rígida e inflexível de Diogo. A partir desse momento, Diogo endereçou um lugar de suposição de saber na transferência, solicitando um auxílio para resolver os embaraços de seu relacionamento. Neste ponto, reiterei o convite feito a ele na primeira sessão: de que tentasse falar associativamente, abstendo-se de qualquer censura, até mesmo dos conteúdos mais difíceis, ou sem sentido, que pudessem ocorrer em sua mente (associação livre). Na sequência, Diogo percebeu-se na construção de uma narrativa, ao modo de um insight, que o surpreendeu, sobre um destino reincidente em seus relacionamentos anteriores, as saber, o de ser "deixado" por suas ex-namoradas, que, de forma geral, se queixavam do mesmo problema de fixidez e monotonia na rotina.

A partir de algumas intervenções que apontavam qual era a repetição ali engendrada, Diogo relata sobre sua difícil relação com seus familiares e, principalmente, com seu pai. Começa dizendo que, desde que sua mãe saiu de casa (e nunca mais voltou), passou a ser cuidado pelo pai e sua avó (paterna). Para Diogo, sua avó era distante, pouco amorosa, e arredia em relação aos cuidados com o neto. Além disso, relatava sobre sua relação conturbada com o pai desde muito cedo. Segundo Diogo, este tinha outra família, fruto do relacionamento posterior ao de sua mãe. O paciente residiu na mesma casa do pai durante o período de sua infância e adolescência. Em síntese, ele se queixava que se sentia deslocado, não pertencente nem reconhecido por esta família, o que ele correlaciona à sua baixa autoestima. Do mesmo modo, Diogo associa sua transgressão dos valores de seu núcleo familiar, como o alto consumo de drogas ilícitas e álcool na adolescência, à rejeição familiar desde sua mais tenra infância.

O curioso foi que, nas sessões posteriores a esses relatos, Diogo retornou para a posição de pouco investimento e implicação em sua fala, e solicitava insistentemente a aplicação de testes de personalidade para "conhecer suas potencialidades". Visando direcionar o tratamento pelo método de abstinência recomendado por Freud, que consiste na recusa do analista às demandas substitutivas dos desejos não realizados que recaem sobre o tratamento (FREUD, 2017), insisti para que Diogo se mantivesse na via da palavra, na tentativa de frustrar sua demanda para que uma narrativa sobre o sofrimento pudesse trazer outras possibilidades de significação.

Após a tentativa reiterada de intervenção, Diogo prosseguiu nas sessões subsequentes com a mesma postura de exaustivos circuitos de ligação de sentidos, circulando em torno dos mesmos temas, sem nenhuma abertura para a retificação subjetiva diante do sintoma. Não aparecia nada de novo, apenas repetição e "resistência". Tendo em vista as tentativas malogradas, em um momento após o fim de determinada sessão, interroguei-me se estava sustentando a escuta de Diogo, pois o cansaço que surgia na analista após a escuta desse paciente poderia ser um sinal de uma resistência não localizada, o que comprometeria o andamento do caso, levando-me a cogitar a possibilidade de encaminhá-lo para outro(a) colega de estágio.

No entanto, foi somente em ocasião da interrogação a respeito de uma falha no manejo transferencial que algo apareceu no horizonte do tratamento: seria o cansaço sentido ao fim de cada sessão um índice de uma repetição que levaria ao abandono de Diogo, assim como sua mãe e as demais mulheres com quem ele se relacionou? A posição de Diogo na transferência (repetitivo/cansativo) era uma enunciação discursiva de uma repetição que, ao seu modo, o conduzia ao mesmo destino de abandono, até mesmo em seu tratamento?

A partir dessa virada, pude escutar a estrutura do desejo do Diogo. Mesmo que a insistência para que Diogo falasse, em detrimento da aplicação do teste, fosse uma tentativa de subverter a demanda, foi paradoxalmente nesse ponto que caí no engodo da demanda, ao atendê-la pelo seu avesso. Mas, antes de adentrarmos as direções subsequentes, é necessário apresentar o recorte teórico que nos permitiu lançar a hipótese diagnóstica de uma neurose obsessiva.

Lacan (2008a), em *O mito individual do neurótico*, além de dar ênfase à estrutura dos mitos como paradigma da determinação simbólica do sujeito — recursando-se à antropologia estrutural de Lévi-Strauss —, traz contribuições para pensar a ritualística presente na neurose obsessiva, especialmente em casos mais agudos, como é o caso do clássico "Homem dos Ratos", conduzido por Freud em 1907 (publicado em 1909). Além disso, Lacan (2008a) ressalta que a exaustiva sequência de dedução, quase delirante para o autor, expressa certo ciclo de ideias fechadas e associadas a um dever doutrinal, isto é, que se impõe como dívida e consequente aprisionamento do obsessivo a uma subserviência ao Outro. Diz Lacan (2008a, p. 16):

> A situação apresenta uma espécie da ambiguidade, de diplopia — o elemento da dívida está situado em dois planos ao mesmo tempo, e é precisamente na impossibilidade de fazer esses dois planos se encontrarem que se desenrola todo o drama do neurótico. Ao tentar fazer um e outro se recobrirem, faz uma operação circular, nunca satisfatória, que não consegue fechar seu ciclo.

Aliás, "exaustivos circuitos de dúvidas" é uma metáfora paradigmática para pensar em que medida isso vem assinalar os impasses obsessivos em face de uma dívida simbólica, impagável, com o Outro. Tudo se passa como se o neurótico obsessivo virasse refém de uma caprichosa demanda inatingível, sobretudo para não se haver com a divisão do desejo que, por operar com base na falta, inscreveria um basteamento no circuito interminável da demanda de demanda. Lacan (2008a) ressalta que as funções do imperativo — imperativo categórico do superego, dizia Freud (1990) — e da dúvida ritualística e ambivalente do obsessivo são índices da constituição de um mito que, para Lacan (2008a), gira em torno da função de filiação. Aqui, cabe indicarmos um fragmento do caso em questão: não é isso que o caso Diogo, certamente de forma mais branda que do Homem dos Ratos, vem demonstrar? O abandono materno, a rejeição familiar e a subserviência de Diogo demarcam, em várias frentes, um impasse em torno da filiação e do modo como essa função está sendo precariamente representada.

Se pensarmos o caso de Diogo pelo crivo da filiação, que, *grosso modo*, pode ser compreendida como um lugar que antecede o nascimento do sujeito e porta uma transmissão significante, perceberemos que tal função também será determinada pelo modo como o sujeito se posiciona diante da função materna. Função que pode, igualmente, ser tributária às formas de velamento do desejo via identificação fálica, que, no nosso entendimento, se exacerba nos quadros de neurose obsessiva.

Joël Dor (1991) aponta que, no complexo de édipo, quando o obsessivo é confrontado com a lei do pai, passa à posição subjugada à matriz materna e representa-se, parcialmente, como objeto capaz de ocupar o lugar lacunar da insatisfação materna. Nessa tipificação da estrutura neurótica, tem-se uma tentativa de restaurar um lugar no e para o desejo materno. Entretanto, tal operação não pode ser confundida com a tentativa de encarnar um objeto último à satisfação materna (como seria na perversão), pois trata-se mais de uma identificação com o falo no campo do Outro do que, propriamente, uma tentativa de encarnar esse objeto suposto à satisfação materna. Vale ainda destacar que a representação do falo, enquanto objeto, falta no campo do Outro. Segundo Ferreira (2002), o falo só se inscreve como significante enquanto representante da falta de representação no campo da linguagem, descompletando a relação de unidade entre mãe e criança.

Segundo Lacan (2005b), em textos como "Os nomes-do-pai", a própria função de substituição e nomeação operada pelo Nome-do-Pai é uma metáfora dessa operação que funda a lei do desejo como falta, sendo a condição pela qual o sujeito é convocado a responder como efeito. Isso não significa que, no caso da neurose obsessiva, não haja circuito de desejo, já que este está subjugado à demanda materna, mas que há uma tentativa de velar a falta no campo do Outro, culminando em uma dificuldade de dar condições de remanejamentos para o circuito do desejo no reconhecimento de uma falta dialetizável.

Isto resulta na "enfermidade da demanda" (DOR, 1991, p. 100), na neurose obsessiva, visto que, ao se manter reduzido ao circuito do desejo materno, o sujeito constata que a falta é intransponível e, ao mesmo tempo, vetor do desejo que este visa tamponar. Isso porque o discurso metonímico, a inflexibilidade cotidiana, os exaustivos circuitos de organização e sentido surgem como tentativa de suturar a falta no nível do Outro. O cálculo do obsessivo é relativamente simples: velando a falta no Outro, é possível mortificar o seu próprio desejo, que implicaria uma posição de clivagem e responsabilização diante da dialetização do desejo mediado pelo Outro (DOR, 1991).

Segundo Joel Dor (1991, p. 100), "A marca da falha na satisfação do desejo materno se apoia precocemente na criança, ajudada pela relação dual privilegiada que ela mantém com a mãe". Ademais, o autor enfatiza que a cena de privilégio do sujeito obsessivo na demanda materna só pode ser representada como mítica, isto é, como suposta por ele. Assim, a cena de privilégio pode jamais ter ocorrido, na medida em que a fantasia edípica também se edifica em torno da função paterna via identificação fálica, transgressão e rivalização. Nesse sentido, ser prisioneiro da insatisfação materna, que leva o obsessivo à impotência diante de sua própria demanda (anulação retroativa), é um sintoma em face da impossibilidade fálica dada no nível da estrutura que é, irremediavelmente, o desamparo. Portanto, a subserviência voluntária, a recusa à perda e a demanda de demanda são índices sintomatológicos que recobrem a falta por meio do "tudo para o outro, deve despoticamente tudo controlar e tudo dominar" (DOR, 1991, p. 105).

Tal sintoma de defesa em face da impossibilidade fálica nos parece apontar que há, na neurose obsessiva, um estreitamento entre o sintoma e a inibição, sendo esse entrave o que dá consistência ao circuito exaustivo de sentidos e autorrecriminações. Indagamos: como vimos no caso Diogo, as expressões obsessivas de idealizações ilimitadas, autocensuras e certa paralisia perante seus interesses e possibilidades de dar encaminhamentos para o desejo podem ser lidas como um paradigma clínico da inibição? Quais as implicações disso para a direção do tratamento na neurose obsessiva? Portanto, passemos para breves considerações teóricas sobre o sintoma e a inibição tal como pensado por Freud e Lacan, para, na sequência, articular-larmo-lo ao caso de Diogo e às possibilidades técnicas para a transferência nesse quadro.

A neurose obsessiva como paradigma da inibição: o sintoma transferencial como um destino para o desejo

Em "Inibição, sintoma e angústia", Freud (1996b, p. 55) conceitualiza a inibição "como uma restrição normal de uma função", associada à sexualidade, bem como às dificuldades de atuações que redundam na paralisia do Eu diante do conflito. Por outro lado, Freud indica que a inibição não se liga, necessariamente, a um estado patológico que se traduz por um endereçamento de uma mensagem, como é o caso do sintoma. Desta maneira, o sintoma pode ser compreendido como um representante da alteração dessas mesmas funções de simbolização do conflito, não necessariamente vinculado à inibição. Em *O seminário, livro 10: a angústia*, Lacan (2005a) propõe a inibição nos eixos do impedimento e embaraço atrelado a uma petrificação do sujeito que restringe o movimento em torno do desejo (que não possui objetos), ou em torno de um objeto eleito como suposto à satisfação. Ou seja, pode surgir como defesa e alívio da tensão oriunda do confronto do sujeito com uma determinada perturbação ou angústia sinal. O que implica que a inibição pode subsistir alinhada ao sintoma, mas restringindo, de certo modo, o endereçamento da simbolização.

Já o sintoma, para Freud (1996b), consiste em uma tentativa de satisfação pulsional parcial em torno do fragmento desviado do recalque, isto é, como um trabalho psíquico metafórico perante uma negação. Se nos reportamos ao texto "A negativa", Freud (1996a) designa por negação a operação psíquica que separa afeto e juízo intelectual. Como já se sabe, estritamente na neurose, a negação insurge por meio do mecanismo do recalque que cumpre a finalidade de desinvestir os representantes pulsionais conflitivos ao Eu, culminando na separação entre representação (representante pulsional qualitativo) e afeto (representante pulsional quantitativo).

Retornando ao texto "A repressão", Freud (1969) possibilita-nos compreender o remanejamento psíquico necessário para construção do sintoma por meio da concepção de recalque, mas, também, como um destino para o afeto desligado que retorna em um endereçamento do descompasso representado como intransponível ao Eu. Para Freud, no momento da incidência do representante pulsional na consciência, a fuga perante o desprazer impõe o recalcamento unicamente da representação, separando-a do afeto que agirá de forma livre mirando um objeto, ou ideal, para se veicular. Há, assim, um deslocamento para uma nova representação substituta e distorcida; esta, por sua vez, se ligará ao afeto livre, anteriormente separado pelo recalque secundário (pós-calcar), instituindo, assim, o que Freud nomeou de retorno do recalcado. Conclui-se: a união entre afeto e representação distorcida e substituta é a operação de base para a formação do sintoma. Como vimos, Freud (1969), ao trabalhar o recalque sobre o recorte da neurose obsessiva, infere que o retorno do recalcado se presentifica, também, na formação reativa ambivalente ao operar o deslocamento de uma ideia negada e cujo resultado é a ansiedade moral e as autocensuras ilimitadas — o que localizamos clinicamente no quadro sintomatológico de Diogo.

Lacan (2005), retornando à teorização freudiana, acrescenta que o fracasso do recalque faz com que o sintoma comporte uma negação simbólica que retroage no mesmo registro, implicando um resíduo irrepresentável diante do qual gira, insuficientemente, o trabalho do recalque (STERNICK, 2011). Desse modo, o sintoma cumpre a função de apontar a insistência de um resto não integrável à cadeia significante. Igualmente, sendo o sintoma uma mensagem metafórica em face do estranhamento do enigma do Outro, este insere o sujeito em um endereçamento que confronta, simbolicamente, a impossibilidade de dar consistência às demandas do Outro.

Reiterando as proposições de Freud (1996b), o sintoma não atua no Eu ou a despeito dele, mas como formação substituta (metafórica) de um núcleo que não pode ser inscrito em insígnias de palavra. À vista disso, compreendemos que o sintoma — para além de uma tentativa de dar contornos ao irrepresentável — atua como uma exigência de tradução de algo irredutível, mas que, podendo ser endereçado, pleiteia um destino para o afeto que pode ser mediado discursivamente pela dialetização da falta no laço social com o Outro. Já a inibição, distintamente, impele o sujeito às funções superegoicas, em que há uma espécie de colagem ideal limitada a uma captura narcísica (STERNICK, 2011). Isso significa que há uma fixidez e paralisia que restringe operações que poderiam fazer com que o sujeito atuasse valendo-se de sua própria divisão significante.

Considerando, então, essas coordenadas, já podemos sustentar a hipótese de que a neurose obsessiva seria um paradigma clínico para pensarmos a inibição e seus efeitos para a direção do tratamento. Propomos, portanto, que as autocensuras ilimitadas, a restrição do ato no pensamento, as ininterruptas idealizações, assim como a dívida simbólica com o Outro, compõem o que estamos chamando de estreitamento do sintoma e da inibição, dado que o sintoma, nessa operação, pode retornar no formato de intensa autocensura e culpabilização, que resulta em processos de inibição e paralisia diante do desejo. *Grosso modo*, trata-se de um quadro em que a primazia da inibição dificulta que a vertente do endereçamento simbólico do sintoma possa se enunciar como uma possibilidade de responsabilização do sujeito no desejo. Lembremos que o sintoma, tanto para Freud quanto para Lacan, metaforiza uma interrogação sobre a falta, permitindo o tratamento do afeto irrepresentável (angústia/real) pelo simbólico em um endereçamento construído no laço com o Outro (transferencial).

Para retomar essa sintomatologia no caso em questão, é possível verificar que Diogo reeditou esses índices na relação transferencial. O discurso metonímico, a subserviência voluntária ao Outro, os exaustivos circuitos de controle e sentido, como as demais sintomatologias apresentadas, denunciam essa posição de mortificação do desejo que encontra, na inibição, uma aliada para mantê-lo petrificado. É importante notarmos que, a insistência para que Diogo privilegiasse a palavra, na tentativa de frustrar a demanda, pode ter reforçado as respostas de inibição. Assim, trata-se de um erro interventivo, que preservou Diogo na demanda de reedição materna pela via da insatisfação, isto é, a demanda de palavra era do suporte analítico, e não, a princípio, do Diogo. Tal direção, embora equivocada, talvez tenha constituído umas das condições de possibilidade para o tratamento de Diogo, visto que apontava um sintoma transferencial que até dado momento não estava sendo escutado.

Apostamos, não conclusivamente, que, embora os equívocos na direção do tratamento tenham gerado efeitos de inibição, muito demonstrados no modo pelo qual Diogo regressava a uma posição de paralisia mediante os impasses apontados, a escuta do sintoma transferencial foi o que viabilizou que uma direção de tratamento fosse traçada conforme uma interrogação sobre uma falha na escuta. Ora, se por um lado estamos considerando que a inibição é o modelo obsessivo inicial de defesa diante da angústia, por outro, entendemos que evocar o sintoma como metáfora de uma falta que passa a ser endereçada em transferência se constitui em uma direção de tratamento possível nesses quadros. Isto é, ao passo que a inibição seria o paradigma obsessivo do início do tratamento, evocar o sintoma transferencial seria uma direção crível para que para haja um lampejo de possibilidade de entrada propriamente em análise.

Considerações finais? A retificação analítica como via de escuta

Esta exposição versou sobre os impasses interventivos na condução de um caso de neurose obsessiva que, longe de esgotar suas vicissitudes, intencionou destacar que um possível ponto de partida para a direção analítica também se dá por meio da interrogação sobre os efeitos da faleabilidade da escuta em um tratamento. Dito de outro modo, localizar o que, da resistência do dispositivo analítico, dá notícias de uma posição do sujeito na transferência pode ser uma via pela qual a retificação analítica alcance a escuta do Inconsciente. Como vimos, elencamos algumas proposições de Freud e Lacan acerca do destino do recalque na neurose obsessiva visando desmontar que tanto as idealizações quanto as autocensuras ilimitadas nos habilitam a conceber tal tipificação clínica como um paradigma da inibição que impede o circuito do desejo, mas que em nenhuma medida devem ser consideradas como intransponíveis ao tratamento, visto que este também depende do modo como o analista vai se posicionar mediante as resistências na escuta transferencial.

No entanto, ainda resta evidenciar a interrogação central que circundou a direção do caso. Retornemos ao fragmento: uma vez que Diogo foi abandonado pela mãe, como pensar tal reedição materna na cena transferencial edípica? Como apontado por Joel Dor (1991), a posição privilegiada na demanda materna é suposta e, portanto, mítica. Sendo, até mesmo, um modo de identificação com a função fálica que visa, ao mesmo tempo, transgredir e restituir a função paterna. No entanto, o significante mestre do abandono, reeditado por Diogo nas relações e posições diante da vida, talvez seja um lugar que o mantém, paradoxalmente, no desejo materno. Ou seja, fazendo com que ele consista em uma ausência materna que se faz presença encarnada pela enunciação do significante abandono.

Por fim, ao escutar a transferência a tempo, pude prosseguir com outra via de intervenção. Na sessão subsequente à percepção do erro, levei até Diogo um teste projetivo e convidei-o para que marcasse uma posição perante este, proferindo a seguinte interpelação: *"Peço que escolha o teste projetivo ou a fala associativa, fica a seu critério um ou outro"*. Curiosamente, o teste foi levado em todas as sessões até o término de seu tratamento na instituição em função de sua mudança de cidade, bem como do contexto, que, naquele momento, impossibilitava o tratamento a distância. Vale assinalar que, durante o tratamento, Diogo abriu um pequeno negócio de vendas de camisetas, motivo pelo qual foi chamado para trabalhar em outra cidade.

Seja como for, durante as sessões, Diogo sempre prosseguia, em lapso, pela fala associativa implicada por uma narrativa. O lapso, reconhecido por ele ao fim da maioria das sessões, expressava uma espécie de queixa-chiste em que ele dizia: *"Esqueci o teste de novo* [risos]". Para cada queixa-chiste, proferia-se a intervenção: *"Temos tempo, não vou abandonar o teste"*. Não podemos julgar se essa condução foi, de fato, assertividade. Contudo, tais intervenções marcaram o que "de novo" foi possível ao evocar o desejo do Diogo na cena transferencial, retomada com base na divisão desse sujeito. Isto é, realizar ou não o teste seria um ato de aposta feita por Diogo em cada sessão.

Para fim, podemos perceber a importância de interrogar as falhas da posição de escuta, pois esta também pode ser considerada uma via de advento sujeito no laço transferencial. Como proposto por Lacan (2008b), se o discurso é sem palavras, é por transmitir o irredutível da falta endereçada a um lugar de equivocidade (Outro) que convoca o campo dissidente do desejo em cada aposta responsabilizada do sujeito.

Referências

DOR, J. **Estruturas e clínica psicanalítica**. Rio de Janeiro: Taurus Editora, 1991.

FERREIRA, N. P. Jacques Lacan: apropriação e subversão da linguística. Ágora, Rio de Janeiro v. 1, n. 1, 2002. Disponível em: https://www.scielo.br/j/agora/a/zzfHvD4sJg4RgTVzXqMN6Hv/?lang=pt. Acesso em: 7 nov. 2021.

FREUD, S. (1925). A negativa. *In*: FREUD, S. **Edição standard brasileira das obras completas de Sigmund Freud**. Rio de Janeiro: Imago, 1996a. p. 139-143. v. 19.

FREUD, S. (1919 [1918]). Caminhos da terapia psicanalítica. *In*: FREUD, S. **Fundamentos da clínica psicanalítica**. Belo Horizonte: Autêntica, 2017. (Coleção Obras incompletas de Sigmund Freud).

FREUD, S. (1926). Inibições, sintomas e angústia. *In*: FREUD, S. **Edição standard brasileira das obras completas de Sigmund Freud**. Rio de Janeiro: Imago, 1996b. v. 20.

FREUD, S. (1923). O Ego e o Id. *In*: FREUD, S. **Edição standard brasileira das obras psicológicas completas de Sigmund Freud**. Rio de Janeiro: Imago, 1990. v. 19.

FREUD, S. (1915). Repressão. *In*: FREUD, S. **Edição standard brasileira das obras psicológicas completas de Sigmund Freud**. Rio de Janeiro: Imago, 1969. p. 85-94. v. 14.

LACAN, J. (1953). **O mito individual do neurótico ou A poesia e verdade na neurose**. Rio de Janeiro: Jorge Zahar, 2008a.

LACAN, J. (1962-1963). **O seminário, livro 10**: a angústia. Rio de Janeiro: Jorge Zahar, 2005a.

LACAN, J. (1969-1970). **O seminário, livro 17**: o avesso da Psicanálise. Rio de Janeiro: Jorge Zahar, 2008b.

LACAN, J. (1963). Os nomes do pai. *In*: LACAN, J. **Nomes-do-Pai**. Rio de Janeiro: J. Zahar, 2005b.

STERNICK, M. V. C. **O corpo na clínica psicanalítica**: inibição, sintoma e angústia. Tese (Doutorado em Psicanálise). Instituto de Psicologia — Universidade do Estado do Rio de Janeiro, Rio de Janeiro, 2011.

POR UM ELOGIO AO DEJETO:
A PSICANÁLISE IMPLICADA AO SUAS[28]

Thiago Bellato de Paiva

Procurar por um psicanalista no Suas é *quase* tão anacrônico, *eu disse "quase"*, quanto procurar por um psicanalista no consultório para realizar um tratamento analítico. Pode não parecer óbvio, mas tudo o que o sujeito neurótico deseja é sustentar, mesmo que a duras penas, sua paixão pela ignorância de seu desejo, cujo apelo pela via da demanda ao analista visando apagar a falta no Outro, para além da fabricação de um sintoma analítico que lhe permitiria interrogar-se sobre seus dejetos psíquicos, busca querer ver restituída sua antiga maneira de gozar do seu sintoma.

Trata-se aqui de uma disposição ética em se dar conta de que nossa divisão psíquica atesta, em alguns episódios cotidianos e banais de nossa vida, que somos compostos por representações psíquicas que, apesar de incompatíveis com a bela imagem que montamos de nosso Eu, nos são absolutamente íntimas, por mais que pareçam estranhas. Em Freud, são *Das Unheimliche*, uma espécie de estranho-familiar, que prontamente desfaz "essas ilusões das demandas articuladas aos predicados identificatórios" (TEIXEIRA, 2021, p. 4), que tão bem se entrelaçam aos anseios do ego.

Assim, estabelecida essa pequena observação, faz-se necessário apontarmos que o encontro com um psicanalista é sempre da ordem da contingência, no que esta se articula à ética da Psicanálise. Neste ponto, destacamos a tese de que "é justamente por formular uma lógica que acolhe a contingência que a psicanálise pode ser evocada para intervir em questões relativas ao laço social" (BISPO, 2014, p. 79). Ou seja, ao incidir sobre o gozo, a cultura evidencia uma forma de regulação deste, que, apesar de sua dimensão autoerótica, passa aqui a concernir ao Outro Social, no que este se inclui ao Campo do Outro. "Seja através do pai, da família, da escola, das leis, etc., o laço social e o próprio Estado estabelecem limites implícitos ou explícitos para o gozo" (BISPO, 2014, p. 79).

Deste modo, avançar no conceito de contingência torna-se fundamental, visto que, caso nos tornemos mais próximos a este, nos daremos

---

[28] Sistema Único de Assistência Social.

conta de que sua significação, advinda do campo da engenharia, se atrela àquilo que sobra, excede ou resta, o que nos convoca muitas vezes a uma *bricolage*, uma espécie de improviso para fazer operar a Psicanálise também no campo institucional, em nosso caso, o Suas. Delineia-se aqui uma ética dos restos, dos dejetos, que faz todo sentido para a Psicanálise, em virtude de que são justamente tais rebotalhos psíquicos que interessam para a efetivação de seu campo clínico e epistemológico. Pois é nesse material que excede e escapa ao sentido, causando desordem até mesmo no corpo histérico, que Freud visa a este acontecimento chamado verdade. Verdade às avessas que se encontra em relação a qualquer tipo de discurso cujo anteparo de uma prescrição racional e da norma encontra escopo no Outro que confere sentido ao código. Em suma, Freud, em termos lacanianos, escutou a subversão perpetrada pelo discurso da histeria sobre o discurso do mestre e a consequência deste ato foi a criação da Psicanálise.

Retornando aos restos, não é por acaso que Lacan, em seu epistemológico Seminário 11, intitulado *Os quatro conceitos fundamentais da Psicanálise*, estabelece como ilustração de sua capa a bela tela de Holbein *Os embaixadores*. Tal tela, de 1533, ao emoldurar o homem burguês ancorado em suas parafernálias técnicas e religiosas — mapas, globos, instrumentos de medidas, bíblias, entre outras —, abriga uma delicada armadilha para seus espectadores. Trata-se da anamorfose que ficará às claras, caso olhemos o quadro por um ângulo específico. Ou seja, dependendo do lugar que observamos a obra de arte, deparamo-nos em seu centro com a figura de uma caveira; em Lacan, objeto *a*, que, zombeteiramente e com certa ironia, nos adverte que: "Apesar de toda a riqueza; *vanitas*", um dia nos tornaremos dejetos, desnudando-se nossa condição de objeto, de rebotalho.

Portanto, se a contingência da experiência analítica entrelaçada a sua ética nos aponta que em Psicanálise o que se busca é dar relevo sobretudo ao que escapa à formalização, às sutilezas de um ato falho, aos tropeços da fala, às besteiras que dizemos sem "querer dizer", aos lapsos, aos sonhos, mais além, aos sintomas histéricos, em suma, à caveira que nos surpreende e nos pega de surpresa como na tela de Holbein, cabe-nos aqui uma nova incursão sobre o que vêm a ser os dejetos a fim de que possamos avançar nesta exposição. Para tal, trazemos Miller (2011), cujo texto "'A salvação pelos dejetos" nos parece paradigmático para esta investigação, visto neste trabalho um dos mais contemporâneos leitores de Lacan se perguntar sobre o que vem a ser um dejeto". No que responde: "É o que é rejeitado, especialmente rejeitado ao cabo de uma operação onde só se retém o ouro, a substância preciosa a que ela leva"

(MILLER, 2011, p. 228). Ainda em Miller (2011, p. 228), "é o que cai, é o que tomba quando, por outro lado, algo se eleva. É o que se evacua, ou que se faz desaparecer, enquanto o ideal resplandece".

Assim, para o ideal resplandecer enquanto glória da forma, faz-se condição a extração desse objeto informe chamado dejeto, operação psíquica que viabiliza uma socialização do gozo, sua conexão ao laço social, ao circuito das trocas que trata da entrada do *infans* na linguagem, do sujeito humano aparelhado pela civilização. Interessa-nos verificar as contribuições da Psicanálise enquanto discurso ao campo do social, uma vez que nunca é por demais lembrar a orientação de Freud de que, em relação à psicologia individual, esta não vem desarticulada da psicologia social. Em resumo, não se trata de uma perspectiva maniqueísta que demarcaria uma oposição entre o indivíduo e o laço social, mas do fato que,

> [...] na vida psíquica do ser individual, o Outro é via de regra considerado enquanto modelo, objeto auxiliador e adversário, portanto a psicologia individual é também, desde o início, psicologia social, num sentido ampliado, mas inteiramente justificado. (FREUD, 1921/2013, p. 14).

Desse modo, demarcado de forma mais concisa o que entendemos por dejeto no que este se articula ao ofício psicanalítico, passemos a pensar as consequências da inserção da Psicanálise na instituição a fim de que tenhamos elementos para problematizar de forma mais cirúrgica as possíveis implicações desta em relação ao laço social. Aqui temos como horizonte o encontro contingente com um psicanalista nas políticas públicas do Suas. Neste ponto, partirmos da divisão didática anunciada por Jacques Lacan no *Ato de fundação* de sua Escola, em 1964, parece-nos prudente, pois, se o psicanalista francês anuncia se tratar de duas sessões (Psicanálise pura e aplicada), interessa-nos para este momento a segunda vertente, no que esta se vincula diretamente à clínica e à terapêutica, a fim de que aloquemos recursos para operar no mundo. Afinal, "o ato do analista se define pela tentativa de fazer existir o inconsciente, de apostar no sujeito frente ao real do gozo, rumo a uma clínica do possível" (ABREU, 2007, p. 219). E é justamente pelo fato de ser plástica que a Psicanálise constrói e se reconstrói a cada urgência do contemporâneo, que lhe exige explicações por meio do resgate de vozes outrora não escutadas.

Dentre tais exigências da atualidade, destacamos a incursão da Psicanálise nas políticas públicas, afinal é sempre de bom tom rememorarmos o fato de que, já no período entreguerras europeu, localizado entre o fim dos anos 10 e o fim dos anos 30 do século XX, efetivaram-se as primeiras clínicas públicas da Psicanálise, ora denominadas policlínicas, experiência berlinense, ora denominadas ambulatórios, experiência de Viena. Ou seja, o que se constata aqui é um movimento amparado em Freud, cujo artigo "Linhas de progresso da terapia analítica" (1996), apresentado no V Congresso Psicanalítico Internacional, realizado em Budapeste, ao demarcar a preocupação do psicanalista vienense em pensar o Estado enquanto um dos responsáveis a propiciar o tratamento psicanalítico a pessoas em condições de vulnerabilidade social, miséria material, evidencia-nos sua investigação recorrente em relação aos limites deste dispositivo inventado no encontro com as histéricas. Aqui, Freud discorre sobre a necessidade de revisão dos procedimentos terapêuticos e do processo inacabado de construção do conhecimento psicanalítico, orientando-nos a ter que: "admitir as imperfeições da nossa compreensão, a aprender novas coisas e a alterar os nossos métodos de qualquer forma que os possa melhorar" (FREUD, 1996, p. 201).

Portanto, o que se verifica de tais apontamentos é que, já em Freud, a Psicanálise se encontra aberta a constantes revisões; mesmo que, em determinados momentos, corramos o risco de "fundir o ouro puro da análise livre com o cobre da sugestão direta" (FREUD, 1996, p. 211), essa aposta é necessária. Pois, se prudente, é mister que investiguemos as consequências de nosso ato impossível por estrutura na cena atual a fim de que compreendamos as "formas contemporâneas da 'miséria do mundo', para retomar a expressão de Lacan (2003)" (COTTET, 2017, p. 27), o que não nos dá a conveniência da nostalgia dos velhos tempos em que a Psicanálise se encontrava bem ancorada no divã, *setting* analítico. Sensato torna-se que tragamos para este debate a advertência de Éric Laurent de que, se outrora aos analistas cabia a função de especialistas da desidentificação, doravante se trata de pensar o analista cidadão "no sentido que esse termo pode ter na moderna teoria democrática" (LAURENT, 2007, p. 143).

Ainda em Laurent: "os analistas precisam entender que há comunhão de interesses entre o discurso analítico e a democracia, e precisam entendê--lo verdadeiramente!" (LAURENT, 2007, p. 143). Constata-se uma revisão radical do papel do analista na sociedade atual e que nos convoca, enquanto psicanalistas, a sair da confortável posição do analista crítico, reservado e limitado ao seu *setting*, "a um analista que participa, a um analista sensível às formas de segregação, a um analista capaz de entender qual foi sua função e qual lhe corresponde agora" (LAURENT, 2007, p. 143). Trata-se de localizar as incidências de seu dizer silencioso sobre o tecido da civilização atual no que este é capaz de ajudar a respeitar a articulação que se dá entre as normas e os particulares de cada sujeito, a fim de que as prescrições institucionais em seu afã de querer o bem do sujeito, sua saúde mental, sua inserção social, entre outros, não segreguem aquilo que este possui de mais particular. Afinal, se para Lacan a segregação está na base de sua teoria, não percamos de vista o fato de que "o preço a pagar pela fraternidade é a segregação do gozo do outro na sociedade" (VERAS, 2017, p. 88).

Assim, se esse mesmo Lacan nos exorta, em "Função e campo da fala e da linguagem", quão contingente e necessário se faz que o psicanalista esteja à altura da subjetividade de sua época, provocando-nos a renunciar a essa prática, caso não estejamos dispostos a dialogar com o contexto de nosso tempo, necessário faz-se que compreendamos a qual Outro respondemos na atualidade, sobretudo quando pensamos as implicações da prática do psicanalista em dispositivos das políticas públicas. No que se refere ao Suas, é de valia pontuarmos que este se caracteriza enquanto uma representação do compromisso do Estado (federal, estadual e municipal), no atendimento às necessidades e à garantia de direitos aos cidadãos que demandem sua intervenção. Deste modo, ao se constituir em política de direitos destinada aos cidadãos socialmente mais vulneráveis, o Suas consolida-se enquanto uma política pública de seguridade social que visa à efetivação de direitos civis e sociais às pessoas que estão às margens, excluídas.

Contudo, é pertinente nos darmos conta de que o resultado do reconhecimento da Assistência Social enquanto seguridade social é absolutamente recente. Ou seja, em termos de Brasil, a ruptura com as velhas práticas assistencialistas em prol de uma organização dos serviços que busca as seguranças básicas de cidadania — sobrevivência (renda e autonomia); acolhida (inserção nas redes de serviços públicos); convívio familiar, comunitário e social; além de desenvolvimento da autonomia individual, familiar e social; e sobrevivência a riscos circunstanciais —, é um tanto nova e cheia de desafios. Entretanto, indiscutível torna-se sua efetivação, uma vez que nos implica, enquanto cidadãos e profissionais, a olhar para as margens da *pólis*, àqueles exilados que estão de sua condição de cidadãos e, por que não, sujeitos do Inconsciente.

Nesta primeira etapa, então, se nosso objetivo é pensar a prática do psicanalista em dispositivos do Suas, urge considerarmos a realidade social deste país continental, um legítimo "camaleão de cores e arco íris", nos dizeres do compositor Lenine, sistematicamente açoitado pelo chicote fascista da indiferença que, desde os tempos da *Casa-grande & senzala*, alusão a Gilberto Freyre, perpetua estruturas sociais e econômicas excludentes, cujo sadismo e crueldade dos senhores se furta a legitimar aos negros e à mestiçagem o status de índices de brasilidade de nosso povo. Aqui, trata-se de estabelecer coordenadas simbólicas para que, enfim, essa multiplicidade de formas de gozar que habita nosso solo, eu falo de índios, pretos, sertanejos, mamelucos, cafuzos, ioiôs, iaiás, mucamas, loucos, deficientes, mulheres, gays, trans, idosos e estrangeiros, sulque em nossa terra a letra singular de seus costumes e culturas.

O que se almeja é a efetivação de uma lógica decolonial que problematize uma visão de mundo cuja hegemonia dos modelos eurocentristas de conhecimento e de produção de subjetividades solapa nossas soluções e *bricolages* sertanejas. Em Viveiros de Castro, trata-se de, para além do Modelo, pensamento do tecnocrata, tomarmos a via do Exemplo, pensamento *bricoleur*, no que esta "assenta-se na experiência, na sensibilidade, na capacidade de inventar e de 'fazer algo diferentemente igual' ou 'igualmente diferente'" (CALDEIRA, 2018, p. 1). Quanto a tal, não deixa de ser conveniente lembrarmos que Lacan, já em "Subversão do sujeito e dialética do desejo", aponte que: "o Édipo não pode manter-se indefinidamente em cartaz em formas de sociedade nas quais se perde cada vez mais o sentido da tragédia" (LACAN, 1998, p. 827). Localiza-se aqui, já em Lacan, um questionamento do modelo edípico no que este possui de normativo; daí alguns passos para a tábua da sexuação e a constatação de um gozo Outro, para além da normalidade implantada pelo falo.

Desta forma, o que sustento de antemão é que: não há a menor possibilidade de pensarmos a Psicanálise aplicada ao Suas, se não reconhecemos a importância das políticas públicas, em sua totalidade, enquanto lócus de reparação simbólica desses sujeitos. *Falasseres* cujo gozo perturbador vez ou outra faz efração na *pólis*, tal como os dejetos psíquicos que assaltam a lógica de condomínio da consciência "supostamente justificariam" práticas segregativas, e aqui falamos da própria rede de proteção, inclui-se o SUAS, cujo "manto da normalidade é apenas pretexto para que ações totalitárias mostrem a óbvia aliança entre o discurso do mestre e o gozo anômalo que lhe faz obstáculo" (VERAS, 2017, p. 89).

Ou seja, nossa obstinação em não querer se haver com esses "restos", dejetos; em termos freudianos, uma espécie de *Verleugnung*, nada mais é do que a frenética recusa de verificarmos que o estranho gozo do próximo nos é absolutamente íntimo. Neste ponto retomo a ressonância que os versos de Rimbaud "O eu é um outro" produziram em Lacan, cujo já longínquo e

APLICADA OU IMPLICADA: QUAL PSICANÁLISE PARA A CIÊNCIA?

essencial texto "O estádio do espelho" não nos deixa esquecer: se há assunção jubilatória do Eu, esta não acontece sem o Outro, sua arquitetura simbólica e o ponto de real que o habita. Assim, se Jacques Lacan, em meados de seu ensino, observa que o Inconsciente é o discurso do Outro, vincula-se aqui a tal proposição a aula do psicanalista francês de 10/05/1967, no Seminário 14, *A lógica do fantasma*, em que, ao afirmar que o Inconsciente é a política, este destaca sua vertente transindividual no que esta se articula ao discurso do mestre.

Nesta perspectiva, o que se localiza em Lacan, com base em Miller, é a extração do Inconsciente "da esfera solipsista, para inseri-lo na cidade, fazê-lo depender da história" (MILLER, 2004, p. 21), visto que, se o Inconsciente do sujeito se estrutura em relação ao discurso do Outro, "este sujeito não tem outra realidade que não seja a de ser suposto aos significantes desse discurso que o identifica e que o veicula" (MILLER, 2004, p. 12). Desta maneira, se esta leitura ressalta que o caráter transindividual da subjetividade encontra anteparo no conceito de discurso, destaca-se que é justamente por essa via que a relação com o coletivo e com a época se articula, conforme os significantes mestres que constituem os laços sociais, que não são outra coisa que sua dimensão política. Esta discussão nos interessa, sobretudo porque nos dá recursos para pensar a presença do analista em uma época em que a pluralização dos significantes mestres pode ser articulada a discursos totalitários, fascistas ou de controle. Identifica-se aqui a importância do Suas, que visa sobretudo legitimar, enquanto política pública da assistência social, estratégias de inclusão social, cuja intenção é fazer frente aos mecanismos segregatórios, tão evidentes no cenário sociopolítico contemporâneo.

Aqui retomamos a importância do analista cidadão em Laurent, que se não se deixa inocentemente identificar pelo significante mestre da inclusão social e da igualdade de direitos, como uma espécie de militante da causa. Por outro lado, advertido está de que, para o sujeito do Inconsciente se apresentar como descontinuidade do real, faz-se necessário reconhecer os efeitos simbólicos do Outro na subjetividade. Em resumo, o que se visa é constatar que, sem esta estrutura, este anteparo simbólico, o que resta a tais sujeitos é a posição de dejeto, brevemente anunciada nesta exposição. Dejetos, justamente por não se ter encontrado ressonância no desejo deste Outro que se colore também com os matizes do Social. Portanto, se "o dizer silencioso do analista consiste em contribuir para que, a cada vez que se tenta erigir um ideal, torne-se possível denunciar que a promoção de novos ideais não é a única alternativa existente" (LAURENT, 2007, p. 147), este também revela quão fundamental se torna que destinemos dignidade ao dejeto, ao que está à margem, na condição de rebotalho, visando a sua inclusão no Campo do Outro, uma vez que tais sujeitos revelam um ponto insuportável de verdade deste Outro Social, e seus mecanismos de segregação, que, de um ou outro modo, ironicamente nos interpela em nossos condomínios. Ou seja, no simbólico ou no real, o recalcado e o foracluído sempre retornam ao bater insistentemente nas janelas de nossos luxuosos veículos pelos sinais vermelhos da cidade afora.

Assim, a fim de ilustrar quão trêmula é a voz do psicanalista diante dos ideais segregatórios estabelecidos pelo mestre, trago um pequeno fragmento de caso com o objetivo de discutirmos sobre as consequências do ato analítico em relação à rede socioassistencial. Tal ato, ao buscar restituir ao sujeito sua condição de dignidade, dada a posição de dejeto que se encontrava diante do Outro Social, de certa forma, prestou-lhe elogios. Trata-se aqui de um elogio na acepção de Erasmo de Roterdã, cujo magnânimo ensaio *Elogia da loucura*, ao devolver a palavra à loucura, permite verificar quanto esta se encontra presente no mundo dos homens, tornando-lhes a vida mais branda, suportável e interessante. O que se evidencia, então, é que a clínica com pessoas em situação de vulnerabilidade social, aos nos apresentar os desarranjos destes sujeitos com suas formas particulares de gozo, que com certa assiduidade desembocam em situações violentas, também revela "a incoerência das respostas políticas do Estado, que em nome da 'garantia de direitos' muitas vezes se aproxima dos processos de segregação" (BOECHAT; CALDAS, 2018, p. 3).

Neste momento, legítimo torna-se nos perguntarmos: o que acontece, quando nas contingências da vida, da rede, um psicanalista, em sua subversiva clandestinidade, infiltra-se como uma espécie de peste nas brechas dos tecidos discursivos da garantia de direitos? Não satisfeito, mais uma pergunta: o que nos cabe enquanto psicanalistas quando constatamos, de forma reiterada, os "louváveis" esforços empreendidos pelas instâncias sociais cujo intuito nada mais visa do que "calar a voz incômoda do gozo através da afirmação pelos ideais que podem ser resumidos pela posição frequentemente constatada através da asserção de Lacan" (BOECHAT; CALDAS, 2018, p. 3), "o que eu quero é o bem dos outros, contanto que permaneça à imagem do meu" (LACAN, 1997, p. 229)?

O que pretendemos é problematizar tais questões, uma vez que "o bem como ideal, seja pela saúde, seja pela moradia, seja pela abstinência, muito frequentemente é o ideal que resplandece ao não se levar em conta a vontade de gozo aí presente" (BOECHAT; CALDAS, 2018, p. 4). Para tal, avancemos à vinheta do caso, em virtude de que nossa aposta passa por ofertar ao sujeito uma possibilidade que busque ancoragem pela via da palavra, a fim de que, traçado outro trilhamento com base nos recursos da civilização, este possa sair do circuito pulsional mortífero no qual se encontra por meio de quem sabe uma invenção. Afinal, se Freud nos adverte de que "tudo aquilo com que nos protegemos das fontes do sofrer é parte da civilização" (FREUD, 2012, p. 31), é para nos indicar que, se o processo civilizatório implica certa dose de infelicidade, infortúnio maior se torna dispensar as ferramentas constituídas pela cultura.

Voltando ao caso, trata-se de Dionísio, adolescente de cor preta, abandonado pela família e evadido da escola, cujo histórico considerável de direitos violados desde a infância resulta no envolvimento de drogas, passando por tráfico e com posterior medida socioeducativa em decorrência de ato infracional. Partamos ao fragmento de caso.

Dionísio: *"Varginha não tem lugar para pessoas como você!"*

Conforme já colocado, Dionísio é um adolescente que, no momento atual, cumpre medida socioeducativa pelo Centro de Referência Especializado de Assistência Social (CREAS) em virtude de ato infracional grave cometido contra outro adolescente, também envolvido com o tráfico de drogas, na cidade de Varginha/MG. Ocorre que, ao ser provocado a dar provas de que era homem, o adolescente não hesitou e fez uso de um revólver que tinha em mãos, atirando em um "inimigo" apenas para dar provas de sua masculinidade — o suposto rival quase morreu. Considerando tais fatos, o caso tomou o roteiro previsível que perpassou desde a entrada em cena do Conselho Tutelar, a intervenção da Polícia Civil e o acionamento da Rede Socioassistencial a fim de que a medida socioeducativa fosse um dos desfechos do caso na intenção de responsabilizar o menor pelo seu ato.

Neste ponto, uma primeira observação torna-se prudente e pode dar notícias das possíveis articulações de um psicanalista diante do caso. Para isto, é de valia observarmos que, se a passagem ao ato para o dispositivo analítico se presentifica enquanto uma resposta subjetiva, uma solução encontrada pelo sujeito, para fazer frente ao curto-circuito, estabelece-se entre ele e o objeto. Trata-se em Lacan de um deixar cair, um largar de mão, que se articula ao objeto *a* em sua "conotação mais característica, uma vez que está ligada diretamente à função de resto" (LACAN, 2005, p. 129). Interessa-nos demarcar quanto é fundamental que Dionísio responda por seu ato a fim de que, restituída a função do campo do Outro, este possa construir uma resposta nova para seu encontro com a castração, em que o gozo possa ser circunscrito pelo laço social. Em resumo, o que se visa é, na contingência de um encontro com um psicanalista, a produção de uma questão que interpele o sujeito em relação ao seu ato e que viabilize uma modalidade de pergunta que passe pela decifração de um sintoma.

Assim, localizado esse primeiro ponto, que entendemos essencial para este caso, convém relatar que, além do cumprimento da medida, Dionísio também fora acolhido pela Casa Lar do município, dada a compreensível indisponibilidade por parte de sua idosa tia em estar com o garoto. Acontece que, logo de sua chegada de Passos, o garoto começa a cumprir a medida em regime de reclusão; Dionísio demonstra grande dificuldade de se adequar ao dia a dia do dispositivo. Mostra um comportamento intransigente, pouco afeito às regras da casa, de baixa aderência às propostas dos técnicos, que ora ou outra resulta em evasão ou em infração, dada a entrada de drogas na casa promovida por este para os demais menores na casa.

Desta forma, ressaltadas de forma breve as dificuldades que o caso encerra, torna-se oportuno constatarmos episódio recente que envolve a rede: Justiça, CRAS, CREAS, Casa Lar, Conselho Tutelar, Ministério Público, entre outros.

Ocorre que recentemente, em audiência concentrada, o caso fora trazido à tona pela Justiça a fim de localizar as intervenções mais pertinentes à condução deste. A grande questão é que, quando a situação de Dionísio fora apresentada pela equipe responsável pelo acolhimento, o que chamou atenção fora a ênfase destinada aos aspectos negativos do sujeito em questão, que, no entendimento de boa parte da rede, não fazia jus nem desejava o "bom acolhimento" ofertado pela instituição. Lembro aqui quão intrigada se mostrava uma colega, que, atônita diante da inadequação do adolescente, não conseguia compreender os motivos pelos quais o garoto não aceitava usufruir da estrutura que nunca tivera em vida. Aqui começa a ganhar relevo a particularidade do caso em face do ideal institucional, que, ao não ser escutada, resultava em uma série de atuações de Dionísio, dado o não acolhimento das entrelinhas e sutilezas que dão notícias do singular do sujeito em questão.

Deste modo, não é por demais dizer que as colocações da equipe de acolhimento ganharam consistência e começaram a ter influência na leitura

APLICADA OU IMPLICADA: QUAL PSICANÁLISE PARA A CIÊNCIA?

dos operadores da lei, sobretudo o juiz, que passara a ter reforçada a hipótese do retorno de Dionísio para Passos. Contudo, esse mesmo juiz, ao convidar outros dispositivos a dizerem algo sobre o adolescente, abriu-nos brecha para construir uma intervenção a fim de que uma espécie de anamorfose, uma mancha, um tipo de questão, fosse instalada no meio da negativa construção feita pela equipe de acolhimento. Ou seja, o que visamos fora a historização deste sujeito na aposta de fazer emergir elementos novos que retirassem Dionísio da condição de resto, de dejeto. Assim, começamos a contar sua história e, paralelamente, convocamos o CREAS para a conversa que ressaltou o modo singular como o adolescente cumpria a medida.

Neste momento, é oportuno enfatizar o mister de uma conclusão não tão apressada, para não corrermos o risco de curto-circuitar o tempo de compreender, tão necessário à condução de um tratamento e, por que não, à discussão de um caso. Afinal, se no terceiro tempo lacaniano, o momento de concluir, os sujeitos concluem sem garantias e de forma provisória, não podemos perder de vista a importância do tempo de elaboração, segundo tempo lacaniano, para que se efetive a construção de uma saída que leve em conta o Outro, no caso, o Outro da rede.

Desta forma, o caso teve desdobramento, e é justamente esse desenlace que nos interpela, que é o cerne de nossa questão, a fim de que caminhemos para o fim desta exposição, não sem consequências. Acontece então que uma segunda audiência fora marcada, e desta vez Dionísio participaria. Levando em conta que, a nosso ver, a participação do adolescente era fundamental, uma vez que lhe daria a oportunidade de se posicionar diante de um Outro representante da lei, verificando que seus atos enquanto sujeito não vêm sem consequências, aqui é interessante localizar que, para dar conta de tal, foi necessário que fumasse maconha, fato habilmente acolhido pela equipe do CREAS, cuja escuta clínica fora além das prescrições normativas e morais.

Importa-nos destacar uma frase proferida a Dionísio, que, a nosso ver, implica o psicanalista em seu percurso pela *pólis* a fim de que possa ser pensado o que pode a Psicanálise dizer à contemporaneidade, às políticas públicas, no que toca à segregação. Ou seja, em determinado momento da audiência, a seguinte colocação fora proferida ao adolescente, não sem impacto, após uma "requintada" explanação de um agente do Ministério Público, repleta de assertivas morais. Vamos a ela: *"Dionísio, Varginha não tem lugar para pessoas como você!"* A nosso ver, torna-se fundamental problematizarmos tal questão, uma vez que esta parece dar mostras dos evidentes mecanismos de segregação, outrora brevemente ressaltados nesta exposição.

O que nos traz estranheza é que ela venha de um órgão cuja competência é justamente zelar por um menor preto, que transita pelas margens da cidade e possui um amplo histórico de direitos violados. O que este dizer carrega implícita ou explicitamente (**ausência de recalque**)? Seria Varginha uma espécie de Paraíso, Jardim do Éden, um protótipo de cidade à la "Admirável Mundo Novo", de Aldous Huxley, disposta a eliminar, com as armas da "boa intenção", seus "selvagens"? Justifica-se aqui a alcunha dada a Varginha de "Princesa do Sul"? Princesa cuja alienação ao ideal do príncipe encantado a torna incapaz de verificar que em todo príncipe mora um sapo e em todo sapo mora um príncipe? Que Batman e Coringa são uma espécie de duplo? Uma banda de Moebius?

Neste ponto, deixado de lado nosso viés irônico; inevitável torna-se que acolhamos as considerações lacanianas localizadas no fim de seu Seminário 19, intitulado... *Ou pior*, em que o psicanalista francês, ao se debruçar sobre a função da Psicanálise na civilização, pondera sobre uma questão que de certo modo questiona o êxtase vivenciado pela época, início dos anos 70, que celebrava "o fim do poder dos pais e a chegada de uma sociedade dos irmãos, acompanhada do hedonismo feliz de uma nova religião do corpo" (LAURENT, 2014, p. 1). Nas palavras de Lacan,

> Quando voltamos à raiz do corpo, se revalorizamos a palavra irmão, [...] saibam que o que vem aumentando, o que ainda não viu suas últimas consequências e que, por sua vez, se enraíza no corpo, na fraternidade do corpo, é o racismo. (LACAN, 1972 *apud* MILLER, 2013, s/p).

Aqui, é interessante lembrarmos a vertente fraternal presente no discurso do agente do Ministério Público, uma fala quase pastoral.

O que constatamos é todo um desenvolvimento por parte de Lacan que antecipa a escalada do racismo na contemporaneidade e cuja perspectiva colonialista se articula a um profundo desejo de rejeitar o gozo do Outro por meio da "vontade de normalizar o gozo daquele que é deslocado, emigrado em nome de um dito bem dele" (LAURENT, 2014, p. 1). Portanto, se as proposições do psicanalista francês sobre a lógica do racismo levam em consideração a plasticidade das formas do objeto rejeitado, em suma, "suas formas distintas que vão do antissemitismo de antes da guerra, que conduz ao racismo nazista, ao racismo pós-colonial dirigido aos imigrantes" (LAURENT, 2014, p. 2), o que falar do contexto sociopolítico atual de nosso país, em que um horizonte fascista se anuncia justo no momento em que séculos de colonização do pensamento e de segregação das diferenças foram questionados por uma perspectiva política de orientação mais democrática e social?

Quando é falado a Dionísio que em Varginha não há lugar para pessoas como ele, em nosso entendimento o que se vislumbra é o retorno de uma aparelhagem discursiva que sustenta o pensamento colonial, aparelhagem útil apenas para legitimar processos de segregação. Pois, se a ideia de raça é apenas um recurso da biologia na tentativa de catalogação das diferenças a fim de se estabelecer uma classificação útil a mecanismos de sujeição e dominação, não existe raça biológica, mas raça no âmbito social, do discurso. Importante torna-se que consideremos as contribuições do filósofo camaronês Achille Mbembe, cuja leitura de nossa modernidade tardia, valendo-se da retomada do conceito de biopolítica em Michel Foucault, possibilitou-lhe conceber o conceito de Necropolítica.

Mbembe (2016, p. 128), ao nos observar que o conceito de raça sempre tivera "um lugar proeminente na racionalidade própria do biopoder", "especialmente quando se trata de imaginar a desumanidade de povos estrangeiros – ou dominá-los", desenvolve uma leitura sobre a contemporaneidade e o que esta entende por soberania, em que o que se destaca é que seu projeto central; em vez de se constituir enquanto uma luta pela autonomia, visa a "instrumentalização generalizada da existência humana e a destruição material de corpos humanos e populações" (MBEMBE, 2016, p. 125). Temos aqui um resumo, para esta exposição, do conceito de Necropolítica, cuja intenção é o desenvolvimento de uma política de morte, em que a expressão máxima da soberania reside, em grande medida, no poder e na capacidade de ditar quem pode viver e quem deve morrer.

Assim, se o filósofo e historiador camaronês nos localiza que tais formas de soberania, longe de "ser um pedaço de insanidade prodigiosa ou uma expressão de alguma ruptura entre os impulsos e interesses do corpo e das mentes" (MBEMBE, 2016, p. 125), constituem-se no dia a dia, no *nomos*, do espaço político em que vivemos, a nosso ver, o caso de Dionísio torna-se paradigmático para pensarmos tal assertiva, visto que se, para Freud em "Mal-estar na civilização", é impossível amar o próximo, pois de certa forma é impossível amar a si próprio, em resumo: o que se odeia, à luz de Lacan, é o próprio gozo, e a raiz do racismo é o ódio de meu próprio gozo. Necessário torna-se que a gente reconheça este grão de real, ponto inassimilável, para encontrar uma maneira de saber fazer com isso. Trata-se de implicar a rede do Suas com os próprios restos e as representações incompatíveis que vão na contramão de seu Ideal de Eu, na visada da desconstrução deste ódio que aponta o mais real no Outro, movimento que leva o semelhante a ser destituído de qualquer posição subjetiva.

Afinal, quem garante, exceto nossa tendência à segregação, que o melhor para Dionísio seria seu retorno a Passos? Será que realmente conseguimos de fato escutar o que esse adolescente queria nos dizer com seu comportamento intempestivo, suas passagens ao ato? Seria Dionísio, ao estilo lacaniano, nossa mensagem invertida que recebemos do Outro? Para pensar tal questão, remeto vocês a um exemplo trazido pelo psicanalista e professor Célio Garcia, em conferência pronunciada no dia de 30 de outubro de 2009. Na época, Célio contava sobre a prática de um colega psicólogo, "chamado a intervir em processos envolvendo atos infracionais de adolescentes" (BISPO, 2014, p. 86). Assim, ao destacar ocasiões em que estes sujeitos não desejavam ser incluídos nos programas comuns destinados a reinseri-los na sociedade, este ressaltara que "muitos acabavam encontrando uma solução mais pacífica para a relação com o laço social em situações mais contingentes, que não haviam sido absolutamente preparadas para educá-los" (BISPO, 2014, p. 86).

Célio observa, então, o caso de alguns garotos que, após serem encaminhados para uma roça que contava apenas com um vaqueiro (**que nada entendia de psicologia**) e poucas vacas, que lhes forneciam leite, extraído pelos próprios adolescentes, retornavam para o abrigo bem mais tranquilos, tendo amansada a exigência pulsional, o imperativo superegoico, de ter que agredir os companheiros ou arrebentar a chutes as portas do referido local. Trata-se, para o psicanalista em questão, daquilo que este nomeia como uma modalidade outra de inclusão, em que o acaso, ao funcionar para o adolescente como um encontro feliz, uma contingência, ganha valor imprevisto para o sujeito, pelo fato de não constar em nenhum protocolo de tratamento psíquico.

Aqui uma pergunta e uma constatação se impõem: voltando a Dionísio, o que teria valor de imprevisto, de improviso, para esse sujeito? Mas como responder a essa questão, se caímos na "rendição", denunciada por Miller (2011), que se vincula à lógica utilitarista dos serviços sociais? Afinal, quando o cálculo utilitário e a biopolítica "excluem totalmente da cena as dimensões incalculáveis, contingentes e sutis que concernem ao sujeito, temos o império do discurso do mestre" (BISPO, 2014, p. 88) e suas "boas intenções" higienistas, eis o avesso do discurso do analista. O único discurso capaz de acolher as invenções do sujeito, suas idiossincrasias e possíveis *bricolages*.

APLICADA OU IMPLICADA: QUAL PSICANÁLISE PARA A CIÊNCIA?

Portanto, se para Miller (2011) o analista é aquele que teve êxito em fazer de sua posição de dejeto o princípio de um novo discurso, importa-nos localizar que o discurso do analista é uma das únicas maneiras de tornar possível um laço social que inclui o dejeto e dialoga com o gozo. Somente desta maneira é possível pensar uma Psicanálise politicamente mais que aplicada, implicada ao laço social, também ao Suas, cuja posição atópica, uma espécie de contingência, ao restituir para Dionísio um lugar possível na *pólis*, suporta o mal-entendido constituinte de cada sujeito falante e seu estranho modo de gozar. Pois, se "a ética da contingência implica a valorização subjetiva – e por que não dizer política, no caso das circunstâncias sociais – daquilo que é sutil e imprevisível, mas que marca a própria causa do desejo de cada um" (BISPO, 2014, p. 86), trata-se de nos darmos conta de que, pelo fato de se tratar de uma ética que não exclui a salvação pelos dejetos, nem por isso os torna necessários, em suma, não fixa o sujeito na posição de rebotalho. Aqui o elogio cai junto ao dejeto, e o que se eleva é Dionísio. Em resumo, o que ganha dignidade é o caso, em específico Dionísio, o jovem adolescente, sua medida socioeducativa em Varginha e suas possíveis vacas prenhes de leite. Loucura ou inclusão social do particular? A nosso ver, por que não ambos?

Finalizando, pensar uma Psicanálise implicada às políticas públicas remete-nos ao desejo decidido de Antígona de estabelecer os rituais fúnebres, frutos da cultura, ao corpo dejeto de seu irmão Polinices. Afinal, se este estava abandonado aos urubus no solo da *pólis*, dada sua investida contra Creonte, visando ao trono de Tebas, trata-se de recolher seus restos, na aposta de que o Outro da cultura possa se inscrever. Assim, o que Lacan nos orienta com base em sua leitura de Antígona no Seminário 7, *A ética da Psicanálise*, é que a filha de Édipo, ao se situar no ponto de falta do Outro, *Das Ding*, encontra-se um passo além de Creonte, cuja representação da lei da Cidade de Tebas, daquele que conduz a comunidade para o bem de todos, acaba por se situar no âmbito dos serviços dos bens.

A grande questão é que Antígona, para além do que seu irmão Polinices pôde fazer de certo ou errado, mantém-se em uma posição inquebrantável de sepultá-lo, desprovida assim de qualquer orientação que possa se referir ao valor do bem e do mal. Localiza-se aqui um outro estilo de política, política que elogia os dejetos, os restos, cuja advertência de Lacan de que "o bem não poderá reinar sobre tudo sem que apareça um excesso, de cujas consequências fatais nos adverte a tragédia" (LACAN, 1997, p. 314) autoriza-nos a pensar o lugar do psicanalista no que este se articula ao seu ato solitário e a subversão que efetiva ao suspender os valores higienistas da Cidade que nada querem saber do gozo.

Surgem as questões do desejo e seu bem dizer e uma possível implicação diante dos restos, em que o que se pode fazer no interior de um discurso que visa aos bens é justamente subvertê-lo a fim de que emerja o permanente conflito estrutural entre o equilíbrio da cidade e a singularidade de cada sujeito. Neste caso, o sujeito Dionísio, a particularidade de seu caso e a possibilidade de estarmos atentos ao fato de que, parafraseando Erasmo de Roterdã: *eu, o dejeto, também falo.*

Referências

ABREU, D. Psicoterapia, Psicanálise pura e Psicanálise aplicada à terapêutica. **CES Revista**, Juiz de Fora, v. 21, 2007.

BISPO, F. A ética da contingência e a implicação da Psicanálise no laço social. **Ver. Psi.**, São Paulo, v. 23, n. 1, p. 75-95, 2014.

BOECHAT, C.; CALDAS, H. A clínica psicanalítica na rua diante da violência e segregação. **Subjetividades**, 2018. Edição especial: A psicanálise e as formas do político.

CALDEIRA, A. P. S. Sobre modelos e exemplos. **Varia Hist.**, [S. l.], v. 34, n. 64, 2018.

COTTET, S. Clínica da miséria. **Revista Curinga**, Minas Gerais, n. 44, 2017.

FREUD, S. (1919-1918). Linhas de progresso na terapia psicanalítica. *In*: FREUD, S. **Edição standard brasileira das obras psicológicas completas de Sigmund Freud**. Rio de Janeiro: Imago. v. 17.

FREUD, S. (1930). Mal-estar na civilização. *In*: FREUD, S. **Obras completas**. São Paulo: Companhia das Letras, 2012.

FREUD, S. (1921). Psicologia das massas e análise do eu e outros textos. *In*: FREUD, S. **Obras completas**. São Paulo: Companhia das Letras, 2013. v. 15.

LACAN, J. **Escritos**. Rio de Janeiro: Jorge Zahar editor, 1998.

LACAN, J. **O seminário, livro 10**: a angústia. Rio de Janeiro: Jorge Zahar editora, 2005.

LACAN, J. **O seminário, livro 7**: a ética da Psicanálise. Rio de Janeiro: Jorge Zahar editora, 1997.

LAURENT, E. **A sociedade como sintoma**. Rio de Janeiro: Zahar editora, 2007.

LAURENT, E. **O racismo 2.0**: o analista em tempos de evaporação do pai? Trabalho apresentado à Jornada da seção Nordeste, 2., 2014, EBP.

MBEMBE, A. **Necropolítica**. Rio de Janeiro: Arte & Ensaios, 2016.

MILLER, J. A. As profecias de Lacan. **Le Point.fr.**, [*S. l.*], 18 ago. 2013.

MILLER, J. A. **Perspectivas dos escritos e outros escritos de Lacan**: entre desejo e gozo. Rio de Janeiro: Zahar editora, 2011.

MILLER, J. A. **Sutilezas analíticas**. Buenos Aires: Paidós, 2004.

TEIXEIRA, A. A interpretação nos tempos do falasser. **Boletim Ecos**, Minas Gerais, n. 4, 2021.

VERAS, M. O avesso da segregação. **Revista Curinga**, Minas Gerais, n. 44, 2017.

O QUE SE FAZ AO FIM?

Roberta Ecleide de Oliveira Gomes Kelly
Sílvio Memento Machado

Dos trabalhos aqui apresentados, encontramos várias formas de articulação, de reflexão e de pensamento que indicam outras conduções e outro manejo. Nada fáceis, nem por isso impossíveis. E, mais uma vez, houve um limite de apresentação.

No limite, o fim deste trabalho.

A finitude é o cenário de todas as situações. Tudo tem um fim. Todavia, como aponta Silva Jr. (2020), é esse mesmo destino que dá a cada coisa forjada ou tramada pelo ser humano a chance de se cumprir a própria existência com algum sentido.

Há muito a se escrever, a se delimitar e circunscrever — ainda mais quando pensamos como cada vida é curta e limitada em chances. Para cada humano, o leque de oportunidades é curto. Há a História, como arcabouço maior; e a historicidade, que cada um recorta de acordo com o que é, com o que vive, em muitas e variadas formas.

Entre a História e a historicidade, a trama da narrativa das pessoas que se encontram e, também, se desencontram no mesmo espaço. Esses (des) encontros trazem conflitos, indisposições, atritos e dissensões, realidade humana inevitável.

Destacamos, sobre o espaço, que este nem sempre é de natureza física. A Pandemia de Covid-19 — entre 2020 e 2023 —, mostrou-nos isso. Trouxe a confluência entre o espaço físico e espaço virtual, em um tempo *pandemizado*. Isso parece trazer, até mesmo, novas marcas civilizatórias para as crianças que nasceram nesta época.

No espaço físico, a passagem do tempo, o trançamento de cada acontecimento no tempo e no espaço com limitações do aqui e agora; resgatável em memórias. No espaço virtual, quase um metaverso, a brincadeira com a ubiquidade — sendo possível estar em casa e em uma reunião a quilômetros de distância.

Se no espaço físico há a importância da atenção e da concentração enquanto mediação com o outro, no espaço virtual a atenção passa a uma *nova economia* — da dispersão, da hipermobilidade comunicacional e informacional. Neste outro interjogo tempo-espaço, há um contraste profundo com as limitações humanas físicas — mesmo que nosso cérebro acompanhe a rapidez das virtualidades, há o corpo, os órgãos e condições que divergem.

Tais considerações se tornam necessárias quando discutimos a Psicanálise que pensa o humano consigo mesmo e na cultura. "Mudanças culturais, resultantes de transformações tecnológicas nos modos de produção de linguagem, produzem impactos não só sociais, mas, sobretudo, psíquicos" (SANTAELLA, 2017, p. 49).

Ou seja, as alterações, inovações e acontecimentos inesperados que criam outros movimentos sociais trazem novas formas de sofrimento. De novo, isto interessa à Psicanálise.

Como em Kelly e Machado (2021), talvez isso nos leve a novos começos. Sem problemas. Que venham novas possibilidades.

Referências

KELLY, R. E. O. G.; MACHADO, S. M. **Psicanálise e universidade**: incursões (im)possíveis. Curitiba: Appris, 2017.

SANTAELLA, L. **Extensões ecotécnicas do humano**: fugidias paisagens do pensamento. São Paulo: Instituto Langage, 2017.

SILVA JR., N. O mal-estar no sofrimento e a necessidade de sua revisão pela Psicanálise. *In*: SAFATLE, V.; SILVA JR., N.; DUNKER, C. (org.). **Patologias do social**: arqueologias do sofrimento psíquico. Belo Horizonte: Autêntica, 2020.

SOBRE OS AUTORES, POR ELES MESMOS

Cláudia Márcia Ferreira Geoffroy

Graduada em Psicologia pela Universidade José do Rosário Vellano (Unifenas) e pós-graduada em Teoria e Clínica Psicanalítica pela mesma Universidade. Membro do LaçoAnalítico/Escola de Psicanálise, subsede Varginha/MG. Integrante do corpo clínico do Hospital Varginha de 2009 a 2019.

Orcid: 0009-0005-3562-5718

Celso Fernandes Patelli (*in memoriam*)

Mestre em Psicologia (PUC Minas); especialista em Teoria Psicanalítica (Unifenas); psicólogo; psicanalista; professor universitário; membro do Núcleo de Estudos em Psicanálise e Educação (Nepe); membro do TranspareSer. Poços de Caldas, MG.

Orcid: 0000-0001-9986-4180

Daniel Luiz da Silva

Psicólogo pela Universidade José do Rosário Velano e pós-graduado em Teoria e Clínica Psicanalítica pela mesma universidade. Aluno de Formação em Psicanálise pelo Nepe.

Orcid: 0009-0002-6355-7060

Fernanda Oliveira Queiroz de Paula

Doutora e mestra em Teoria Psicanalítica pela UFRJ/PPGTP. Docente da Pós-Graduação em Teoria e Clínica Psicanalítica da Universidade José do Rosário Vellano (Unifenas/Varginha). Docente da Faculdade de Ciências Médicas e da Saúde de Juiz de Fora – Suprema/MG. Membro do Instituto Sephora de Ensino e Pesquisa de Orientação Lacaniana (Isepol).

Orcid: 0000-0002-7303-6907

Jaqueline Pala Gatti

Graduada em Psicologia pela Universidade José do Rosário Vellano (Unifenas), pós-graduada (MBA) em Psicologia Organizacional pelo Centro Universitário do Sul de Minas (Unis), especialista em Teoria e Clínica Psicanalítica pela Unifenas. Capacitada em Detecção de Sinais de Risco de Autismo e Indicações de Tratamento, e Aplicação do Protocolo Preaut pelo Núcleo de Estudos em Psicanálise e Educação (Nepe). Atualmente, atua como psicóloga clínica em consultório particular, atendendo crianças, adolescentes e adultos. Interessa-se por Psicologia infantil, Psicanálise e autismo.

Orcid: 0000-0002-8639-4527

Karina Corcetti Valim Silva

Psicóloga e especialista em Teoria e Clínica Psicanalítica. Psicóloga organizacional e clínica em consultório particular.

Orcid: 0009-0001-5894-3613

Leonardo Henrique de Oliveira Teixeira

Graduado em Psicologia pela Faculdade São Lourenço/Unisepe; especialista em Teoria e Clínica Psicanalítica pela Unifenas/Varginha. Cursou pós-graduação em Aperfeiçoamento em Educação Especial Inclusiva pelo Instituto Federal de Educação, Ciência e Tecnologia do Espírito Santo (Ifes). Pós-graduando em Psicologia do Trânsito pelo Grupo Educacional da Faculdade Venda Nova do Imigrante (Faveni). Atua no setor de Psicologia Clínica e Avaliação Psicológica.

Orcid: 0009-0008-8471-417X

Lígia Maria Sério Amaral

Atua como psicóloga clínica dentro da abordagem psicanalítica em São Sebastião, Litoral Norte Paulista. Experiência em psicologia escolar, orientação vocacional, hospitalar, social e clínica. Graduação concluída em 2017 na Universidade José do Rosário Vellano (Unifenas), Campus II, em Varginha, no sul de Minas Gerais. Especialização em Teoria e Clínica Psicanalítica, também realizada na Unifenas, concluída em 2018.

Orcid: 0009-0002-9901-8392

Lívia Bastos Rocha Dias

Mestranda em Educação pela Universidade Federal de Alfenas (Unifal/MG), pós-graduada em Teoria e Clínica Psicanalítica pela Universidade José do Rosário Vellano (Unifenas, Varginha/MG, 2019), graduada em Psicologia pela Unifenas (Alfenas/MG, 2008), formação teórica básica em Psicanálise nas dependências no Laço Analítico Escola de Psicanálise (Laep, Varginha, 2010), onde participa de seminários de formação permanente. Áreas de interesse: Psicanálise, Educação, luta de classes.

Orcid: 0009-0003-9765-9206

Maria Caroline Cardoso Gomes

Mestranda no Programa de Pós-Graduação em Psicologia da UFSJ. Especialista em Teoria e Clínica Psicanalítica pela Universidade José do Rosário Vellano (2020). Graduada em Psicologia pela Unifenas (2017). Atua na clínica desde 2018.

Orcid: 0000-0001-9950-8661

Maria de Fátima Monnerat Cruz Chaves

Pedagoga (Faculdade de Filosofia, Ciências e Letras de Boa Esperança), Psicóloga (Universidade José do Rosário Vellano), mestre em Engenharia de Produção (Universidade Federal de Santa Catarina). Professora Titular da Fundação de Ensino e Pesquisa do Sul de Minas, Professora Titular do Centro Universitário do Sul de Minas. Analista Membro de Escola – Laço Analítico Escola de Psicanálise.

Orcid: 0009-0009-0906-1436

Magali Milene Silva

Professora de graduação da Universidade Federal de São João del-Rei. Membro do Laço Analítico Escola de Psicanálise. Doutora em Psicanálise pela UFRJ (2012). Mestra em Psicologia pela UFMG (2007). Graduada em Psicologia pela UFSJ (2003).

Orcid: 0000-0001-8602-7084

Paula Cristina Reis Silva

Psicóloga e psicanalista. Possui lato sensu em Psicopedagogia Clínica e Institucional pela Universidade Castelo Branco (UCB, Rio de Janeiro), especialização em Teoria e Clínica Psicanalítica pela Universidade José do Rosário Vellano (Unifenas) e graduação em Psicologia pelo Centro Universitário de Lavras (Unilavras). Participa do Núcleo Laço Analítico Escola de Psicanálise em Lavras/MG. Diretora psicopedagógica nos serviços públicos educacionais. Supervisora, orientadora e coordenadora de cursos de Psicopedagogia no serviço público. Membro do Comitê Grupo de Trabalho Intersetorial Municipal (GTI-M), ligado à saúde.

Orcid: 0000-0002-0374-406X

Rafael Pereira Gomes

Doutorando em Psicologia pela PUC Minas. Mestre em Educação pela Unifal/MG. Pós-graduado em Teoria Psicanalítica pela Unifenas. Pós-graduado em Avaliação Psicológica pela PUC Minas.

Orcid: 0000-0001-8989-1820

Roberta Ecleide de Oliveira Gomes Kelly

Psicóloga (PUC Minas, BH) de graduação, mestra em Psicologia (PUC-Campinas), doutora em Psicologia Clínica (PUC-SP, SP), com pós-doutorado em Filosofia da Educação (USP). Psicanalista em permanente formação. Docente universitária. Coordenadora do Núcleo de Estudos em Psicanálise e Educação (Nepe, Poços de Caldas/MG). Estuda Psicopatologia, Educação e Clínica Psicanalítica.

Orcid: 0000-0002-8675-2873

Sidney Kelly Santos

Arquiteto (PUC Minas, 2007), especialista em Gestão Ambiental e Desenvolvimento (Uninter, 2013), mestre em Desenvolvimento Sustentável e Qualidade de Vida (Unifae, 2016), especialista em Teoria e Clínica Psicanalítica (Unifenas, 2022). Profissional liberal, docente universitário (graduação, pós-graduação), psicanalista em formação permanente.

Orcid: 0000-0002-7657-7768

Sílvio Memento Machado

Mestre em Educação. Psicólogo e psicanalista. Exerce a clínica em consultório particular e participa da transmissão da Psicanálise na universidade e em grupos de estudo; atua como docente na Universidade Prof. Edson Antônio Vellano (Unifenas) e na Faculdade de Direito de Varginha (Fadiva). Organizador do livro *Psicanálise e universidade: incursões (im)possíveis* (2022), coautor dos livros *Cura à mineira: indagações sobre a cura em Psicanálise* (2021) e *A educação enquanto fenômeno social: política, economia, ciência e cultura* (2020).

Orcid: 0000-0001-7289-3715

Tatiane Regina de Assis Sousa

Graduada em Psicologia; mestranda em Psicanálise e Laço Social pelo Departamento de Fundamentos Teóricos e Filosóficos da Psicologia da UFSJ; pós-graduanda em Teoria e Clínica Psicanalítica pela Unifenas (campus Varginha).

Orcid: 0000-0002-1141-5856

Thiago Bellato de Paiva

Psicanalista com atuação em Políticas Públicas, tem mestrado em Psicologia/Psicanálise pela UFSJ, é doutorando em Psicologia/Psicanálise pela UFMG e atua como professor em diversos cursos de pós-graduação.

Orcid: 0009-0009-6389-2185

Wericson Miguel Martins

Graduado em Psicologia com Ênfase em Clínica Ampliada em Saúde Mental, especializando em Educação Infantil e Psicomotricidade Clínica, psicanalista em formação, membro do Núcleo de Estudos em Psicanálise e Educação (Nepe), membro da Rede de Estudos Bebês de Minas Gerais, preceptor de Estágio em Clínica Ampliada em Saúde Mental do curso de Psicologia da Faculdade Pitágoras, de Poços de Caldas/MG. Atua na clínica e estuda Psicomotricidade, Psicopatologia e Psicanálise.

Orcid: 0000-0002-8023-5832